高等职业教育交通土建类专业“十三五”规划教材
高等职业教育交通土建类专业“互联网+”创新规划教材

钢筋混凝土与钢结构

（第二版）

杨维国　许红叶　主　编
罗荣凤　刘　娜　副主编
罗世干　符雪峰　参　编

中国铁道出版社有限公司

2021年·北　京

内 容 简 介

本书以模块为导向，按混凝土结构、钢结构和组合结构三大块开展情景教学。主要内容包括：混凝土结构概述，材料的物理力学性能，结构设计方法，受弯构件正截面承载力计算，受弯构件斜截面承载力计算，钢筋混凝土轴心拉压构件，钢筋混凝土受弯构件的应力、裂缝和变形计算，预应力混凝土结构；钢结构概述，钢结构材料性能及种类，钢结构的连接，轴心受力构件，受弯构件，钢结构的制造与防护；钢一混凝土组合梁与新旧混凝土叠合梁，钢管混凝土构件。

本书为高职高专交通土建类相关专业的教学用书，也可供相关人员参考。

本书内容如有不符最新规章标准之处，以最新规章标准为准。

图书在版编目(CIP)数据

钢筋混凝土与钢结构/杨维国，许红叶主编. —2版. —北京：中国铁道出版社，2017.6(2021.12重印)

高等职业教育交通土建类专业"十三五"规划教材　高等职业教育交通土建类专业"互联网＋"创新规划教材

ISBN 978-7-113-22880-4

Ⅰ.①钢…　Ⅱ.①杨…　②许…　Ⅲ.①钢筋混凝土结构-高等职业教育-教材②钢结构-高等职业教育-教材Ⅳ.①TU375②TU391

中国版本图书馆CIP数据核字(2017)第038744号

书　　名：钢筋混凝土与钢结构
作　　者：杨维国　许红叶

策划编辑：侯　驰
责任编辑：陈美玲　李丽娟　　**编辑部电话**：(010)51873240　　**电子信箱**：992462528@qq.com
封面设计：王镜夷
责任校对：王　杰
责任印制：高春晓

出版发行：中国铁道出版社有限公司(100054，北京市西城区右安门西街8号)
网　　址：http://www.tdpress.com
印　　刷：三河市兴达印务有限公司
版　　次：2015年3月第1版　2017年6月第2版　2021年12月第2次印刷
开　　本：787 mm×1 092 mm　1/16　印张：12.75　字数：330千
书　　号：ISBN 978-7-113-22880-4
定　　价：35.00元

第二版前言

自2015年本教材出版以来，我们征求了湖南高速铁路职业技术学院的教师们和多名企业专家的意见，在通过各种渠道得来的反馈意见或修改建议的基础上，结合了"互联网+教育"、微课、二维码等元素对第一版教材进行了修订。本教材相对第一版教材增加了混凝土结构耐久性、钢结构涂装施工工艺及钢管混凝土构件等内容，并对第一版的个别错误进行了修正。

本书按混凝土结构、钢结构和组合结构开展情景教学。通过3个模块16个项目的学习与训练，使学生能够掌握基本构件的计算方法，熟悉其原理，从而掌握工程技术人员必备的技能。

本书由湖南高速铁路职业技术学院杨维国、许红叶任主编，罗荣凤、刘娜任副主编，罗世干和符雪峰参编。其中杨维国负责编写项目1～项目6，许红叶负责编写项目9～项目14，罗荣凤负责编写项目7～项目8，刘娜负责编写项目15，罗世干负责编写项目16的任务16.1和16.2，符雪峰负责编写项目16的任务16.3和16.4。

本书在编写过程中，参考了很多专家学者的论著，在此向他们表示衷心的感谢。鉴于编者能力有限，疏漏和不当之处恳请读者批评指正。

编　者

2016年12月

第一版前言

钢筋混凝土与钢结构是铁道工程技术、道路桥梁工程技术、城市轨道交通工程技术、高速铁道工程技术、桥隧检测与加固工程技术等专业的一门重要的专业基础课。

本教材内容坚持理论教学以“必须、够用”为度，按照应用型人才培养的要求，针对高职院校注重实践和应用的特点，以掌握概念和结构的基本计算原理为重点，侧重理解及知识应用，重点培养学生的应用知识能力和分析问题、解决问题的能力。

本书以模块为导向，按混凝土结构、钢结构和组合结构开展情景教学，通过3个模块15个项目的学习和训练，使学生能够掌握基本构件的计算方法，熟悉其原理，从而具备工程技术人员的基本技能。

本书由湖南高速铁路职业技术学院杨维国任主编，许红叶、刘娜任副主编。其中模块1由杨维国编写，模块2由许红叶编写，模块3由刘娜编写，全书由杨维国统稿。

本书在编写过程中，参考了很多专家学者的论著，在此向他们表示衷心的感谢。由于时间仓促，编者水平和经验有限，书中难免有欠妥和错误之处，恳请读者批评指正。

编　者

2014年11月

第一版前言

目 录

模块 1 混凝土结构

模块2　钢结构

模块 1　混凝土结构

项目 1　混凝土结构概述

主要知识点	结构、构件、混凝土结构的特点及分类
重点及难点	混凝土结构的特点及分类
学习指导	通过本项目的学习，掌握混凝土结构的特点及分类，了解本课程的学习方法

混凝土是当代最主要的土木工程材料之一。混凝土结构（Concrete Structure）是指以混凝土为主制作的结构，包括素混凝土结构、钢筋混凝土结构和预应力混凝土结构等。

所谓结构，是构造物的承重骨架组成部分的统称。构造物的结构是由若干基本构件连接而成的。如桥梁结构是由桥面板、主梁、横梁、墩台、拱、索等基本构件组成的，其中梁、板、拱、索等即为基本构件。

构件的形式虽然多种多样，但按其受力特点可分为受弯构件（梁、板）、受压构件（柱、拱）、受拉构件（索）和受扭构件（轴）等典型的基本构件。

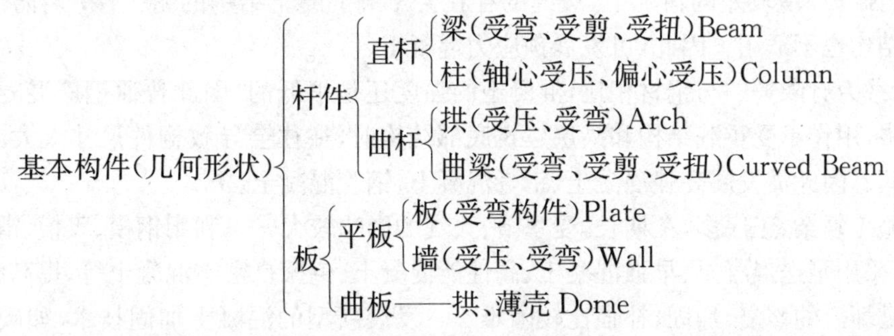

在实际工程中，结构及基本构件都是由建筑材料制作成的。根据所使用的建筑材料种类，结构一般可分为混凝土结构、钢结构、钢—混凝土组合结构。

钢筋混凝土与钢结构课程讨论的是工程结构基本构件的受力性能、计算方法及构造的设计原理，是学习和掌握土木工程结构设计的基础。

任务 1.1　熟悉混凝土结构的特点及分类

1. 混凝土结构的特点

(1)材料利用合理——结构承载力与其刚度比例合适，基本无局部稳定问题，单位面积造价低，对于一般工程结构，经济指标优于钢结构。

(2)可模性好——混凝土可根据需要浇筑成各种形状和尺寸,适用于各种形状复杂的结构,如空间薄壳、箱形结构。近年来采用高性能混凝土浇筑的清水混凝土,具有特殊的建筑效果。

(3)耐久性和耐火性较好,维护费用低——钢筋与混凝土具有良好的化学相容性,混凝土属碱性性质,会在钢筋表面形成一层氧化膜,钢筋有混凝土作为保护层,一般环境下不会产生锈蚀,而且混凝土的强度随时间的推移而增加。混凝土是不良导热体,使钢筋不致因发生火灾时升温过快而丧失强度,一般 30 mm 厚混凝土保护层,可耐火约 2.5 h;同时,在常温至300 ℃范围,混凝土的抗压强度基本不降低。

(4)整体性好(对现浇结构),防振和防辐射性能较好——现浇混凝土结构的整体性好,且通过合适的配筋,可获得较好的延展性,适用于抗震、抗爆结构;同时防振性和防辐射性能较好,适用于防护结构。

(5)刚度大、阻尼大——有利于结构的变形控制。

(6)易于就地取材——混凝土所用的大量砂、石,易于就地取材,近年来,已经有工地利用现场工业废料来制造人工骨料,或作为水泥的外加成分,改善混凝土的性能。有利于当地建材的利用和工业废料的再利用。

(7)自重大(对重力坝,自重大是一个优点)——不适用于大跨度、高层结构。因此需发展轻质混凝土、高强混凝土和预应力混凝土。

(8)抗裂性差,影响结构的耐久性——普通钢筋混凝土结构,在正常使用阶段往往是带裂缝工作的。一般情况下,因荷载作用产生的微小裂缝,不会影响混凝土结构的正常使用。但由于开裂,限制了普通钢筋混凝土用于大跨结构,也影响到高强钢筋的应用。此外,在露天、沿海、化学侵蚀等环境较差的情况下,裂缝的存在会影响混凝土结构的耐久性;对防渗、防漏要求较高的结构也不适用。因此,可发展预应力混凝土。

(9)承载力有限——与钢材相比,混凝土的强度还是很低的,因此普通钢筋混凝土构件的承载力有限,用作承受重载结构和高层建筑底部结构时,往往会导致构件尺寸太大,占据较多的使用空间。因此需发展高强混凝土、钢骨混凝土、钢管混凝土。

(10)施工复杂,工序多,工期长,受季节、天气的影响较大——利用钢模、飞模、滑模等先进施工技术,采用泵送混凝土、早强混凝土、高性能混凝土、免振自密实混凝土等,提高施工效率。

(11)破坏后的修复、加固、补强比较困难——发展新型的混凝土加固技术,如碳纤维布加固混凝土结构技术。

(12)混凝土结构对资源、环境和生态的不利影响——作为工程结构的主要形式,混凝土结构的原材料——水泥和钢铁都是大量消费资源和高耗能的产品,而砂和石(包括生产水泥的原材料)的大量使用又对环境造成很大影响。

2.混凝土结构的分类

混凝土结构按照配筋形式可分为:

(1)素混凝土结构——由无筋或不配置受力钢筋的混凝土制成的结构。

(2)钢筋混凝土结构——由配置普通钢筋、钢筋网或钢筋骨架的混凝土制成的结构。

(3)预应力混凝土结构——由配置受力的预应力钢筋通过张拉或其他方法建立预加应力的混凝土制成的结构。

任务1.2　学法指导

通过本课程的学习，应掌握结构基本构件的构造特点、力学特点及分析计算方法。为此，应从以下几个方面予以注意：

(1)逐步培养“土木工程素养”。钢筋混凝土与钢结构课程是土木工程专业一门非常重要的专业基础课，是从基础课程(如数学、工程力学及工程材料)到专业课(如桥梁工程、隧道工程)的关键。在这门课程中，将遇到许多非纯理论性问题，比如某一公式，并非由理论推导而来，而可能是以经验、试验为基础得到的；对某一问题的解答，可能并无唯一性，而只存在合理性、经济性；构造方面可能比理论计算更加重要；设计过程往往是一个多次反复的过程等等。这就是说，专业课、专业基础课与基础课有各自的特点，应该注意融会贯通。

(2)钢筋混凝土与钢结构课程的重要内容是结构构件设计。结构设计应遵循技术先进、安全可靠、耐久适用和经济合理的原则，涉及方案比较、材料选择、构件选型及合理布置等多方面，是一个多因素的综合性问题。设计结果是否满足要求，主要是看是否符合设计规范要求，并且满足经济性和施工可行性等。

(3)在学习本课程中要学会应用设计规范。设计规范是国家颁布的关于设计计算和构造要求的技术规定和标准，是具有一定约束性和技术法规性的文件。目前颁布使用的结构设计规范有：《混凝土结构设计规范》(GB 50010—2010)、《钢结构设计标准》(GB 50017—2017)、《公路桥涵设计通用规范》(JTG D60—2015)、《公路钢筋混凝土及预应力混凝土桥涵设计规范》(JTG D62—2004)等。

(4)利用世界大学城网络资源学习。2009年世界大学城网站诞生。世界大学城是一座网络虚拟城市，它是以运用Web2.0、Sns、Blog、Tag、Rss、Wiki等为核心，依据六度分隔理论、XML、Ajax等理论和技术设计并以网络交互远程教育为核心，综合了远程教学、网络办公、即时通讯、商务管理、全民媒体、个性化数字图书馆等功能的一座既虚拟又真实的大学社区平台。通过这一平台学生既可以更好地学习《钢筋混凝土与钢结构》，也可以拓宽自己的知识面。

网址：

http://www.worlduc.com/blog2012.aspx? bid=24195135

二维码：

(5)利用好微课和慕课资源。“微课”是指以视频为主要载体，记录教师在课堂内外教育教学过程中围绕某个知识点(重点、难点及疑点)或教学环节而开展的精彩教与学活动全过程。慕课，简称“MOOC”，是新近涌现出来的一种在线课程开发模式，慕课的范围不仅覆盖了广泛的科技学科，比如数学、工程学、计算机科学和自然科学，也包括了社会科学和人文学科。慕课

课程绝大多数都是免费的。我们除了在课堂上学习,也可以课后利用移动终端(如智能手机、笔记本、平板电脑及车载电脑等)进行实时学习,非常便利。

习　题

1. 什么是结构?什么是构件?
2. 学习本课程应注意哪些问题?
3. 本课程涉及的主要设计规范有哪些?

项目 2　材料的物理力学性能

主要知识点	混凝土和钢筋的协同工作机理、混凝土的强度和变形、钢筋的强度和变形
重点及难点	混凝土的强度和变形
学习指导	通过本项目的学习，掌握混凝土的强度和变形；掌握钢筋的强度和变形；熟悉混凝土和钢筋协同工作的机理

钢筋混凝土结构是指用钢筋增强的混凝土结构。

混凝土是一种人造石材，其抗压强度较高而抗拉强度很低(为抗压强度的 1/18～1/8)。采用素混凝土(Plain Concrete)制成的构件(指无筋或不配置受力钢筋的混凝土构件)，例如，素混凝土简支梁(以下简称素混凝土梁)，当其承受竖向荷载作用时[图 2.1(a)]，在梁垂直于梁轴线的截面(正截面)上受到弯矩作用，截面中和轴以上受压，以下受拉。当荷载达到某一数值 F_c 时，受拉边缘混凝土的拉应变达到极限拉应变，随即出现竖向弯曲裂缝。这时，裂缝处截面的受拉区混凝土退出工作，该截面处受压高度随之减小，即使荷载不增加，竖向弯曲裂缝也会急速向上发展，导致梁突然断裂[图 2.1(b)]。这种破坏是没有先兆的。F_c 为素混凝土梁受拉区出现裂缝的荷载，一般称为素混凝土梁的破坏荷载。由此可见，素混凝土梁的承载能力是由混凝土的抗拉强度控制的，而受压区混凝土的抗压强度远未被充分利用。在制造混凝土梁时，倘若在梁的受拉区配置适量的纵向(梁长方向)受力钢筋，就构成钢筋混凝土梁。试验表明，和素混凝土梁有相同截面尺寸的钢筋混凝土梁承受竖向荷载作用时，荷载略大于 F_c 时的受拉区混凝土仍会出现裂缝。在出现裂缝的截面处，受拉区混凝土虽退出工作，但配置在受拉区的钢筋将可承担几乎全部的拉力。这时，钢筋混凝土梁不会像素混凝土梁那样立即断裂，而能继续承受荷载作用[图 2.1(c)]，直至受拉钢筋的应力达到屈服强度，继而截面受压区的混凝土也被压碎，梁才破坏。因此，混凝土的抗压强度和钢筋的抗拉强度都能得到充分的利用，钢筋混凝土梁的承载能力可较素混凝土梁提高很多。

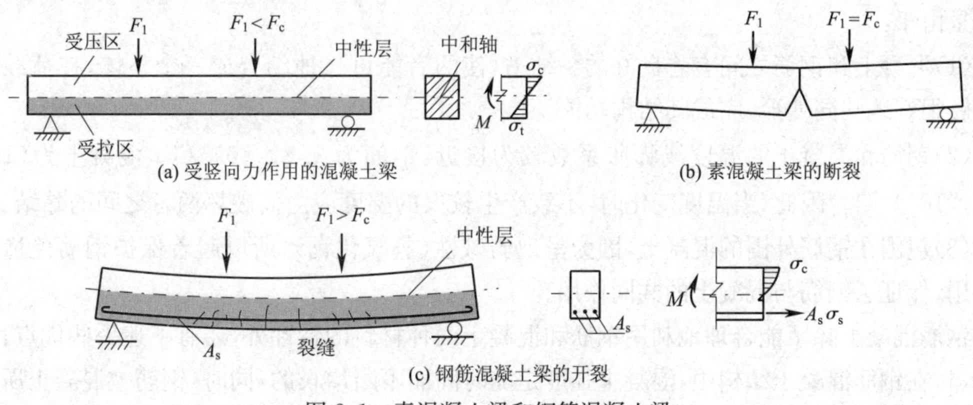

图 2.1　素混凝土梁和钢筋混凝土梁

对素混凝土梁和钢筋混凝土梁进行荷载试验对比,取跨度均为 4 m 的简支素混凝土梁和简支钢筋混凝土梁,混凝土强度等级为 C20,跨中作用集中荷载 P,梁截面尺寸为 200 mm×300 mm,试验结果表明:

(1)素混凝土梁的极限荷载 $P=8$ kN,由混凝土抗拉强度控制,破坏形态为脆性;

(2)钢筋混凝土梁的极限荷载 $P=36$ kN,由钢筋受拉、混凝土受压而破坏,破坏形态为延性。

由此得出钢筋和混凝土结合的有效性:既可以大大提高结构的承载力,又可以使结构的受力性能得到改善。

混凝土的抗压强度较高,常用于受压构件(如柱)。试验表明,相同尺寸的钢筋混凝土受压构件与素混凝土受压构件相比较,不仅承载能力大为提高,而且受力性能得到改善(图 2.2)。在这种情况下,钢筋的主要作用是协助混凝土共同承受压力。

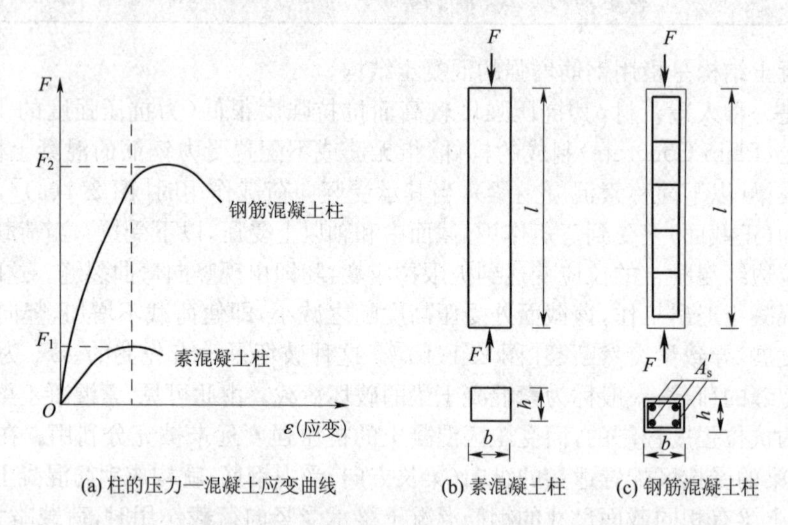

图 2.2 素混凝土和钢筋混凝土轴心受压构件的受力性能比较

综上所述,根据构件受力状况配置钢筋构成钢筋混凝土构件,可以充分利用钢筋和混凝土各自的材料特点,把它们有机地结合在一起共同工作,从而提高构件的承载能力、改善构件的受力性能。钢筋的作用是代替混凝土受拉(如梁)或协助混凝土受压(如柱)。

钢筋和混凝土这两种受力力学性能不同的材料之所以能有效的结合在一起而协同工作,主要是由于:

(1)混凝土和钢筋之间有着良好的黏结力,使两者能可靠地结合成一个整体,在荷载作用下能够很好地共同变形,完成其结构功能。

(2)钢筋和混凝土的温度线膨胀系数较为接近,钢筋为 1.2×10^{-5}/℃,混凝土为$(1.0\sim1.5)\times10^{-5}$/℃。因此,当温度变化时,不致产生较大的温度应力而破坏两者之间的黏结。

(3)包围在钢筋外围的混凝土,因为呈现弱碱性(氢氧化钙),所以起着保护钢筋免遭锈蚀的作用,保证了钢筋与混凝土的共同作用。

钢筋混凝土除了能合理地利用钢筋和混凝土两种材料的特性外,还有下述一些优点:

(1)在钢筋混凝土结构中,混凝土强度是随时间而不断增长的,同时,钢筋被混凝土所包裹而不易锈蚀,所以,钢筋混凝土结构的耐久性是较好的。钢筋混凝土结构的刚度较大,在荷载作用下的变形较小,故可有效地用于对变形有要求的工程结构中。

(2)钢筋混凝土结构既可以整体现浇,也可以预制装配,并且可以根据需要浇制成各种构件形状和截面尺寸。

(3)钢筋混凝土结构所用的原材料中,砂、石所占的比重较大,而砂、石易于就地取材,故可以降低工程造价。

钢筋混凝土结构也存在以下缺点:

(1)钢筋混凝土构件的截面尺寸一般较大,因而自重较大,$\gamma=25\ kN/m^3$,这对于大跨度结构是不利的,可以发展轻质高强混凝土。

(2)抗裂性能较差,在正常使用时往往是带裂缝工作的,可以施加预应力来解决。

(3)施工受气候条件影响较大,修补或拆除较困难,可以在工厂预制构件。

(4)隔热、隔声性能较差,可以发展保温或隔热砂浆。

随着钢筋混凝土结构的不断发展,上述缺点已经或正在逐步加以改善。

任务2.1 熟悉混凝土的物理力学性能

钢筋混凝土由钢筋和混凝土这两种力学性能不同的材料所组成。为正确合理地进行钢筋混凝土结构设计,必须深入了解钢筋混凝土结构及其构件的受力性能和特点。

2.1.1 混凝土的强度

1. 混凝土立方体抗压强度 f_{cu}

混凝土的立方体抗压强度是由规定的标准试件和标准试验方法得到的,是混凝土强度基本代表值。我国取用的标准试件为边长相等的混凝土立方体。这种试件的制作和试验均比较简便,而且离散性较小。

我国国家标准《普通混凝土力学性能试验方法标准》(GB/T 50081—2002)规定以每边边长为150 mm的立方体为标准试件,在(20±2)℃的温度和相对湿度在95%以上的潮湿空气中养护28天,依照标准试验方法测得的抗压强度值(以N/mm^2,即MPa为单位)作为混凝土的立方体抗压强度,用符号f_{cu}表示。按这样的规定,就可以排除不同制作方法、养护环境等因素对混凝土立方体强度的影响。

混凝土立方体抗压强度与试验方法有着密切的关系。在通常情况下,试件的上、下表面与试验机承压板之间将产生阻止试件向外自由变形的摩阻力,阻滞了裂缝的发展,从而提高了试块的抗压强度。破坏时,远离承压板的试件中部混凝土所受的约束最少,混凝土也剥落得最多,形成两个对顶叠置的截头方锥体[图2.3(a)]。在承压板和试件上下表面之间涂以油脂润滑剂(如黄油),则试验加压时摩擦力将大为减少,所测得的抗压强度较低,其破坏形态如图2.3(b)所示。规范采用的方法是不加油脂润滑剂的试验方法。

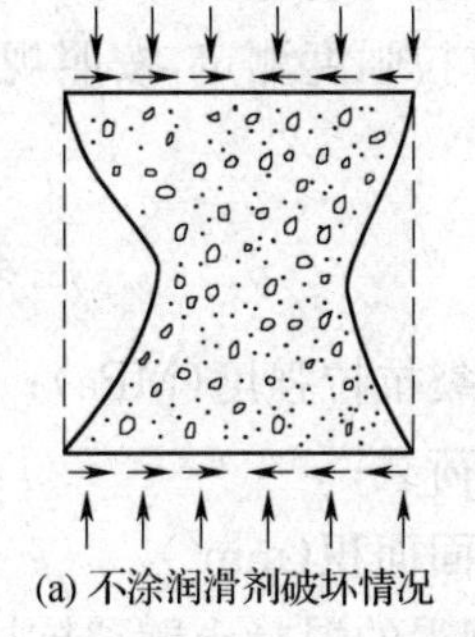
(a) 不涂润滑剂破坏情况

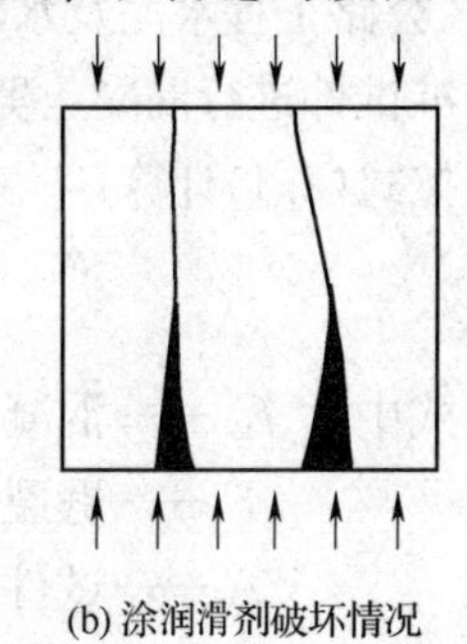
(b) 涂润滑剂破坏情况

图2.3 立方体抗压强度试件

我国规范规定的混凝土强度等级，是按立方体抗压强度标准值确定的，用符号C表示，共有14个等级，即：C15、C20、C25、C30、C35、C40、C45、C50、C55、C60、C65、C70、C75、C80。其中，C50级及以下为普通强度混凝土，C50级以上为高强度混凝土。字母C后面的数字表示以N/mm^2(MPa)为单位的立方体抗压强度标准值。例如，强度等级为C30的混凝土是指30 MPa$\leqslant f_{cu,k}<$35 MPa。

2. 混凝土轴心抗压强度(棱柱体抗压强度)f_c

通常钢筋混凝土构件的长度比截面边长要大得多，因此，棱柱体试件(高度大于截面边长的试件)的受力状态更接近于实际构件中混凝土的受力情况。按照与立方体试件相同条件制作和试验方法所得的棱柱体试件的抗压强度值，称为混凝土轴心抗压强度，用符号f_c表示。棱柱体抗压试验如图2.4所示。

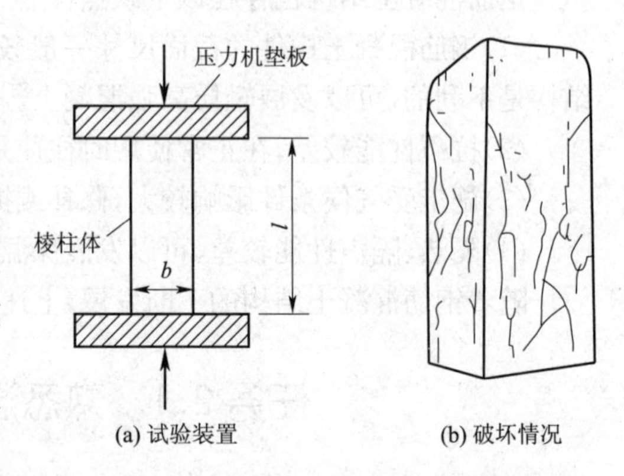

图2.4　混凝土棱柱体抗压试验和破坏情况

我国国家标准《普通混凝土力学性能试验方法标准》(GB/T 50081—2002)规定，混凝土的轴心抗压强度试验以150 mm×150 mm×300 mm的试件为标准试件。

3. 混凝土抗拉强度f_t

混凝土抗拉强度和抗压强度一样，都是混凝土的基本强度指标。但是混凝土的抗拉强度比抗压强度低得多，它与同龄期混凝土抗压强度的比值大约在1/18～1/8。这项比值随混凝土抗压强度等级的增大而减少，即混凝土抗拉强度的增加慢于抗压强度的增加。

混凝土轴心受拉试验有两种。一种是直接试验，这种试验对于对中的准确性非常敏感，对试验尺寸要求严格，由于混凝土内部的不均匀性，加之安装试件的偏差等原因，准确测定抗拉强度是比较困难的；另一种就是劈裂试验，可间接地测试混凝土的轴心抗拉强度。

劈裂试验是在卧置的立方体(或圆柱体)试件与万能试验机(图2.5)压板之间放置钢垫条及三合板(或纤维板)垫层(图2.6)，万能试验机通过垫条对试件中心纵向对称面施加均匀的条形分布荷载。这样，除垫条附近外，在试件中间垂直面上就产生了拉应力，方向与加载方向垂直，并且基本上是均匀的。当拉应力达到混凝土的抗拉强度时，试件即被劈裂成两半。我国《公路工程水泥及水泥混凝土试验规程》(JTG E 30—2005)规定，采用150 mm立方块作为标准试件进行混凝土劈裂抗拉强度测定，按照规定的试验方法操作，则混凝土劈裂抗拉强度f_{ts}按式(2.1)计算：

$$f_{ts}=\frac{2F}{\pi A} \tag{2.1}$$

式中　f_{ts}——混凝土劈裂抗拉强度(MPa)；

F——劈裂破坏荷载；

A——试件劈裂面面积(mm^2)。

采用上述试验方法测得的混凝土劈裂抗拉强度值在换算成轴心抗拉强度时，应乘以换算系数0.9，即$f_t=0.9f_{ts}$。

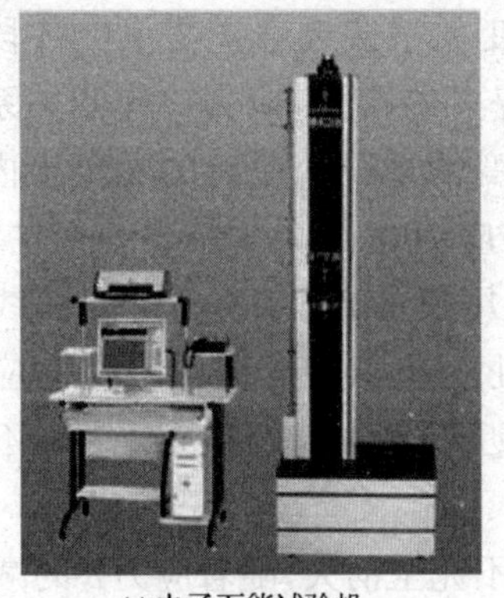
(a) 电子万能试验机

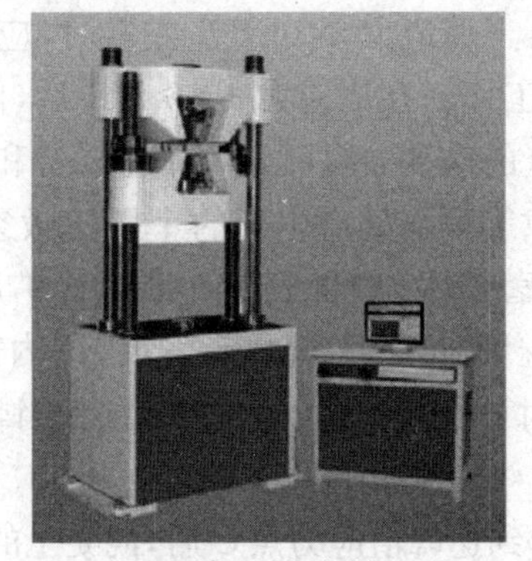
(b) 液压万能试验机

图 2.5　万能试验机

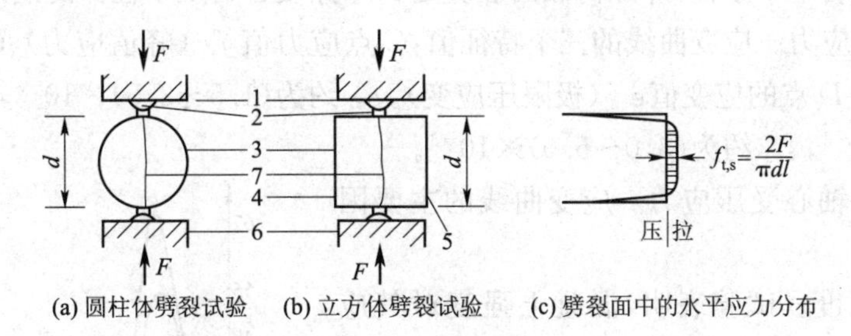

(a) 圆柱体劈裂试验　(b) 立方体劈裂试验　(c) 劈裂面中的水平应力分布

图 2.6　劈裂试验

1—压力机上压板；2—弧形垫条和垫层；3—试件；4—浇模顶面；

5—浇模底面；6—压力机下压板；7—试件破裂线

2.1.2　混凝土的变形

混凝土的变形可分为两类。一类是受力变形，如单调短期加载的变形或荷载长期作用下的变形以及多次重复加载的变形。另一类是体积变形，如混凝土收缩以及温度变化引起的变形。

1. 混凝土在单调、短期加载作用下的变形性能

(1)混凝土的轴心受压应力—应变曲线

混凝土的轴心受压应力—应变关系是混凝土力学性能的一个重要方面，是研究钢筋混凝土构件的截面应力分布，建立承载能力和变形计算理论所必不可少的依据。

在试验时，需使用刚度较大的试验机，或者在试验中用控制应变速度的特殊装置来等应变速度地加载，或者在普通压力机上用高强弹簧(或油压千斤顶)与试件共同受压，测得混凝土试件受压时典型的应力—应变曲线(图 2.7)。

完整的混凝土轴心受压应力—应变曲线由上升段 OC、下降段 CD 和收敛段 DE 三个阶段组成。

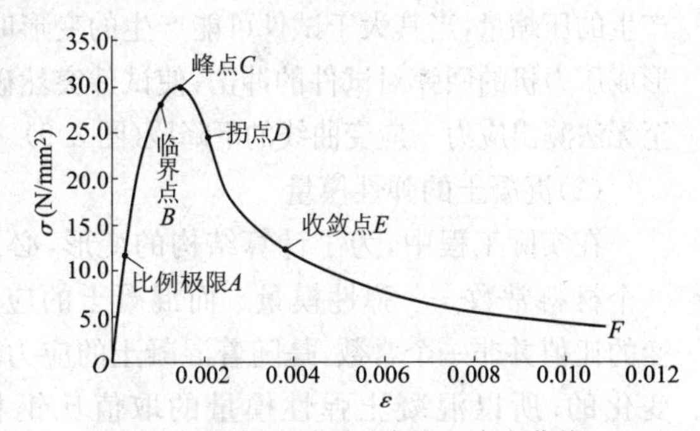

图 2.7　混凝土受压时应力—应变曲线

上升段:当压应力 $\sigma<0.3f_c$ 左右时,应力—应变关系接近直线变化(OA 段),混凝土处于弹性阶段工作。在压应力 $\sigma\geqslant0.3f_c$ 后,随着压应力的增大,应力—应变关系愈来愈偏离直线,任一点的应变 ε 均可分为弹性应变和塑性应变两部分。原有的混凝土内部微裂缝发展,并在孔隙等薄弱处产生新的个别的微裂缝。当应力达到 $0.8f_c$(B 点) 左右后,混凝土塑性变形显著增大,内部裂缝不断延伸扩展,并有几条贯通,应力—应变曲线斜率急剧减小,如果不继续加载,裂缝也会发展,即内部裂缝处于非稳定发展阶段。当应力达到最大应力 $\sigma=f_c$ 时(C 点),应力—应变曲线的斜率已接近于水平,试件表面出现不连续的可见裂缝。

下降段:到达峰值应力点 C 后,混凝土的强度并不完全消失,随着应力 σ 的减少(卸载),应变仍然增加,曲线下降坡度较陡,混凝土表面裂缝逐渐贯通。

收敛段:在拐点 D 之后,应力下降的速率减慢,趋于稳定的残余应力。表面纵向裂缝把混凝土棱柱体分成若干个小柱,外加荷载由裂缝处的摩擦咬合力及小柱体的残余强度所承受。

混凝土受压应力—应变曲线的三个特征值:C 点应力值 f_c(峰值应力)、C 点的应变值 ε_{c0}(峰值应变)以及 D 点的应变值 ε_{cu}(极限压应变)。ε_{c0} 约为 $(1.5\sim2.5)\times10^{-3}$,通常取其平均值为 $\varepsilon_{c0}=2.0\times10^{-3}$,$\varepsilon_{cu}$ 约为 $(3.0\sim5.0)\times10^{-3}$。

影响混凝土轴心受压应力—应变曲线的主要因素有:

①混凝土强度。试验表明,混凝土强度对其应力—应变曲线有一定影响,如图 2.8 所示。对于上升段,混凝土强度的影响较小。对于下降段,混凝土强度则有较大影响。混凝土强度愈高,应力—应变曲线下降愈剧烈,延性就愈差(延性是材料在受力而产生破坏之前的塑性变形能力)。

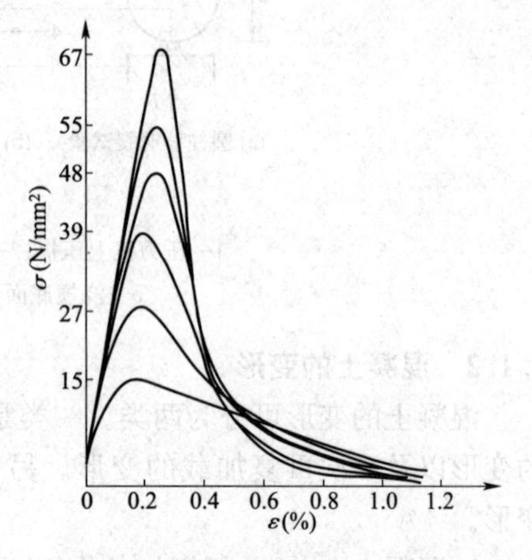

图 2.8　强度等级不同的混凝土应力—应变曲线

②应变速度。应变速度小,峰值应力 f_c 降低,ε_{c0} 增大,下降段曲线坡度显著地减缓。

③测试技术和试验条件。应该采用等应变加载。如果采用等应力加载,则很难测得下降段曲线。压力机的刚度对下降段的影响很大。如果压力机的刚度不足,在加载过程中积蓄在压力机内的应变能立即释放所产生的压缩量,当其大于试件可能产生的变形时,结果形成压力机的回弹对试件的冲击,使试件突然破坏,以至无法测出应力—应变曲线的下降段(图 2.9)。

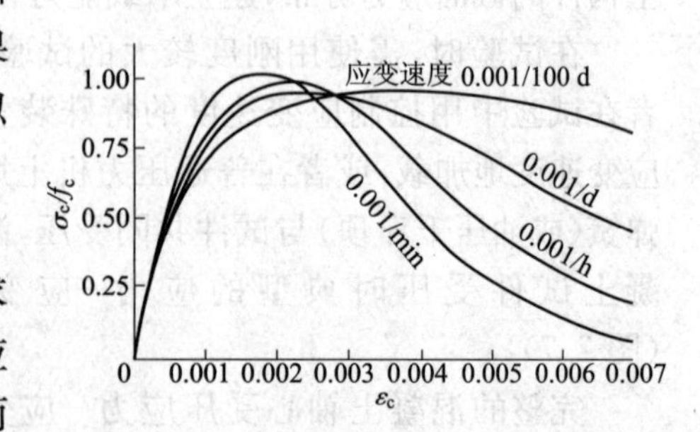

图 2.9　应变速度不同的混凝土应力—应变曲线

(2)混凝土的弹性模量

在实际工程中,为了计算结构的变形,必须要求一个材料常数——弹性模量。而混凝土的应力—应变的比值并非一个常数,是随着混凝土的应力变化而变化的,所以混凝土弹性模量的取值比钢材复杂得多。

混凝土的弹性模量有三种表示方法(图 2.10):

①原点模量

在混凝土受压应力—应变曲线图的原点作一切线,该切线的斜率即为原点弹性模量,即

$$E'_c = \frac{\sigma}{\varepsilon_{ce}} = \tan\alpha_0 \qquad (2.2)$$

②切线模量

在混凝土应力—应变曲线上某一应力 σ_c 处作一切线,该切线的斜率即为相应于应力 σ_c 时的切线模量,即

$$E''_c = \frac{d\sigma}{d\varepsilon} \qquad (2.3)$$

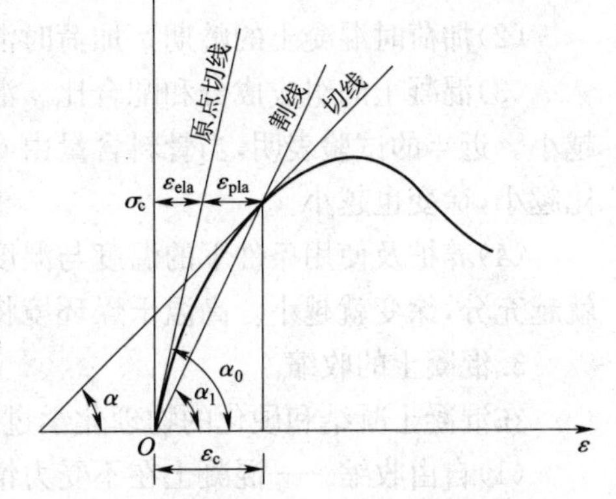

图 2.10　混凝土变形模量的表示方法

③割线模量

通过混凝土应力—应变曲线的原点 O 及曲线上某一点作割线,设该点混凝土应力为 $\sigma_c(=0.5f_c)$,则该割线的斜率称为割线模量,即

$$E'''_c = \tan\alpha_1 = \frac{\sigma_c}{\varepsilon_c} \qquad (2.4)$$

2. 混凝土在荷载长期作用下的变形性能——徐变

在荷载的长期作用下,混凝土的变形将随时间而增加,即在应力不变的情况下,混凝土的应变随时间继续增长,这种现象被称为混凝土的徐变。

图 2.11 为 100 mm×100 mm×400 mm 的棱柱体试件在相对湿度为 65%、温度为 20 ℃、承受 $\sigma=0.5f_c$ 压应力并保持不变的情况下变形与时间的关系曲线。

从图 2.11 可见,24 个月的徐变变形约为加荷时立即产生的瞬时弹性变形的 2～4 倍,前期徐变变形增长很快,6 个月可达到最终徐变变形的 70%～80%,以后徐变变形增长逐渐缓慢。

混凝土的徐变主要由两种原因引起:一是水泥凝胶体在荷载作用下的黏性流动;二是混凝土微裂缝在荷载长期作用下不断发展。

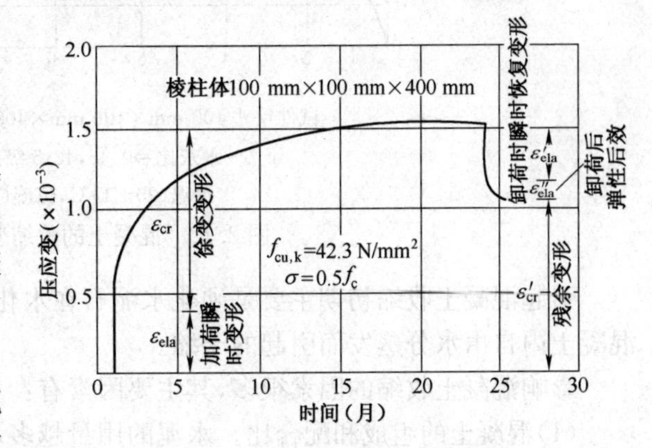

图 2.11　混凝土的徐变曲线

徐变有两个特性:一是引起混凝土结构变形增大;二是有利于结构内力重分布。

影响混凝土徐变的因素很多,其主要因素有:

(1)混凝土在长期荷载作用下产生的应力大小。

徐变
- 线性徐变 $\sigma \leqslant 0.5f_c$
- 非线性徐变
  - $0.5f_c < \sigma \leqslant 0.8f_c$(收敛)
  - $\sigma > 0.8f_c$(不收敛)

当徐变大致与应力成正比时,称为线性徐变。线性徐变在加荷初期增长很快,一般在两年左右趋于稳定,三年左右线性徐变基本终止。

当徐变的增长比应力的增长快时,这种情况称为非线性徐变。

(2)加荷时混凝土的龄期。加荷时混凝土龄期越短,则徐变越大。

(3)混凝土的组成成分和配合比。混凝土中骨料本身没有徐变,骨料的体积比越大,徐变越小。近年的试验表明,当骨料含量由60%增大为75%时,徐变可减少50%。混凝土的水灰比越小,徐变也越小。

(4)养护及使用条件下的温度与湿度。混凝土养护时温度越高,湿度越大,水泥水化作用就越充分,徐变就越小。高温干燥环境将使徐变显著增大。

3.混凝土的收缩

在混凝土凝结和硬化的物理化学过程中,体积随时间推移而减小的现象称为收缩。

(1)自由收缩——混凝土在不受力情况下的收缩。

(2)约束收缩——在受到外部或内部(钢筋)约束时的收缩。这种收缩将产生混凝土拉应力,甚至使混凝土开裂。

混凝土的收缩是一种随时间而增长的变形(图2.12)。结硬初期收缩变形发展很快,一个月约可完成50%,一般两年后趋于稳定,最终收缩值约为$(2\sim6)\times10^{-4}$。

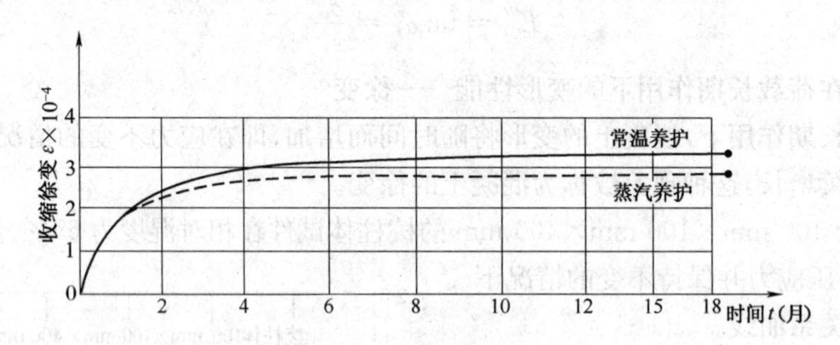

试件尺寸100 mm×100 mm×400 mm,$f_{cu}=42.3$ MPa,
水灰比=0.45,42.5级硅酸盐水泥,
恒温(20±1)℃,恒湿(65%±5%)

图2.12 混凝土的收缩变形与时间关系

引起混凝土收缩初期主要是硬化水泥石在水化凝结过程中产生的体积变化,后期主要是混凝土内自由水分蒸发而引起的干缩。

影响混凝土收缩的因素很多,其主要因素有:

(1)混凝土的组成和配合比。水泥的用量越多,水灰比较大,收缩就越大。骨料的级配好、密度大、弹性模量高、粒径大能减小混凝土的收缩。

(2)失水。构件的养护条件、使用环境的温度与湿度以及凡是影响混凝土中水分保持的因素,都对混凝土的收缩有影响。

(3)体表比。体表比决定着混凝土中水分蒸发的速度。体表比较小的构件如工字形、箱形等薄壁构件,收缩量较大。

任务2.2 熟悉钢筋的物理力学性能

钢筋混凝土结构使用的钢筋,不仅要强度高,而且要具有良好的可塑性和可焊性,同时还要求与混凝土有较好的黏结性能。

2.2.1　钢筋的强度与变形

钢筋的力学性能主要有强度(主要是抗拉强度)和变形(包括弹性变形和塑性变形)两种。单向拉伸试验是确定钢筋力学性能的主要手段。通过试验可以看出,钢筋的拉伸应力—应变关系曲线可分为两大类,即有明显流幅(图2.13)和没有明显流幅的应力—应变曲线(图2.14)。

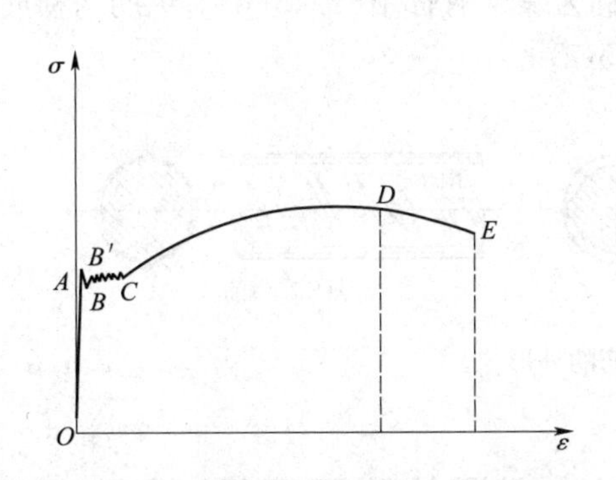

图2.13　有明显流幅的钢筋应力—应变曲线

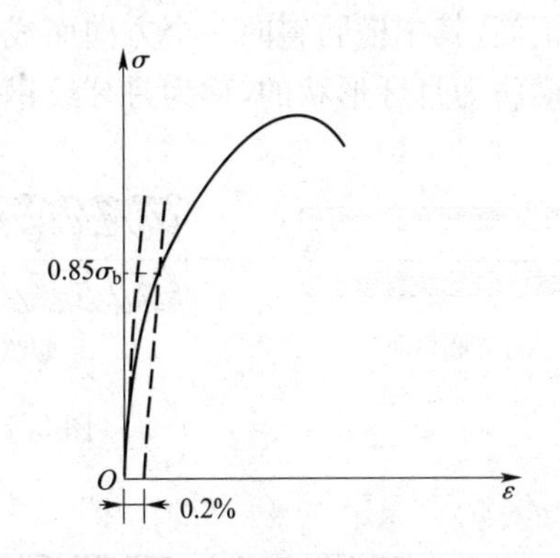

图2.14　没有明显流幅的钢筋应力—应变曲线

1.有明显流幅的应力—应变曲线

有明显流幅的钢筋拉伸应力—应变曲线如图2.13所示。低碳钢有明显的流幅。在达到比例极限A点之前,材料处于弹性阶段,应力与应变的比值为常数,即为钢筋的弹性模量E_s。此后应变比应力增加快,到达B点后进入屈服阶段,即应力不增加,应变却继续增加很多,应力—应变曲线图形接近水平线,称为屈服台阶(或流幅)。对于有屈服台阶的钢筋来讲,有两个屈服点,即屈服上限(B'点)和屈服下限(C点)。过了C点后,材料又恢复部分弹性进入强化阶段,应力—应变关系表现为上升的曲线,到达曲线最高点D,D点的应力称为极限强度。过了D点后,在试件的薄弱处发生局部"颈缩"现象,应力开始下降,应变仍继续增加,到E点后发生断裂,E点所对应的应变(用百分数表示)称为伸长率,用δ_{10}或δ_5表示(分别对应于量测标距为$10d$或$5d$,d为钢筋直径)。

有明显流幅的钢筋,在结构设计时,以屈服强度(屈服下限)作为设计指标。

2.没有明显流幅的钢筋

在拉伸试验中没有明显流幅的钢筋,其应力—应变曲线如图2.14所示。高强度碳素钢丝和钢绞线的拉伸应力—变曲线均没有明显的流幅。

对没有明显流幅的钢筋,以残余应变为0.2%时的应力$\sigma_{0.2}$作为屈服点(又称条件屈服强度),《公路钢筋混凝土及预应力混凝土桥涵设计规范》(JTG D62—2004)取$\sigma_{0.2}=0.85\sigma_b$。

没有明显流幅的钢筋,在结构设计时,以条件屈服强度作为设计指标。

2.2.2　钢筋的成分、级别和品种

我国钢材按化学成分可分为碳素钢和普通低合金钢两大类。

碳素钢除含铁元素外,还含有少量的碳、锰、硅、磷等元素。其中含碳量愈高,钢筋的强度愈高,但钢筋的塑性和可焊性愈差。按含碳量多少可分为低碳钢[$w(C)\leqslant 0.25\%$]、中碳钢[$w(C)=0.25\%\sim 0.6\%$]和高碳钢[$w(C)=0.6\%\sim 1.4\%$]。

普通低合金钢是在碳素钢的成份中加入少量合金元素。如20MnSi、20MnSiV及Cr7等。由于加入了合金元素,普通低合金钢虽含碳量高,强度高,但是其拉伸应力—应变曲线仍具有

明显的流幅。

普通钢筋按照外形可分为热轧光圆钢筋和热轧带肋钢筋。

热轧光圆钢筋[图 2.15(a)]是经热轧成型并自然冷却的表面平整、截面为圆形的钢筋。热轧带肋钢筋是经热轧成型并自然冷却而其圆周表面带有两条纵肋和沿长度方向有均匀分布横肋的钢筋,其中横肋斜向一个方向而成螺纹形的称为螺纹钢筋[图 2.15(b)];纵肋与横肋不相交且横肋为月牙形状的,称为月牙纹钢筋[图 2.15(c)]。

图 2.15 热轧钢筋的外形

任务 2.3 理解钢筋与混凝土之间的协同工作

在钢筋混凝土结构中,钢筋和混凝土这两种材料之所以能共同工作的基本前提是具有足够的黏结强度,能承受由于相对滑移而生产的沿钢筋与混凝土接触面上的剪应力,通常把这种剪应力称为黏结应力。

2.3.1 黏结的作用

通过对黏结力基准试验和模拟构件试验,可以测定出黏结应力的分布情况,了解钢筋和混凝土之间的黏结作用。

在实际工程中,通常以拔出试验中黏结失效(钢筋被拔出,或者混凝土被劈裂)时的最大平均黏结应力作为钢筋和混凝土的黏结强度。平均黏结应力 τ 的计算式为

$$\bar{\tau}=\frac{F}{\pi dl} \tag{2.5}$$

式中 F——拉拔力;

d——钢筋直径;

l——钢筋埋置长度。

2.3.2 黏结机理分析

黏结作用主要由三部分组成:

(1)混凝土中水泥胶体与钢筋表面的化学胶着力;

(2)钢筋与混凝土接触面上的摩擦力;

(3)钢筋表面粗糙不平产生的机械咬合力。

试验表明,一般情况下,带肋钢筋与混凝土的黏结强度比光圆钢筋高得多,螺纹钢筋的黏结强度约为 2.5~6.0 MPa,光圆钢筋则约为 1.5~3.5 MPa。

2.3.3 影响黏结强度的因素

影响钢筋与混凝土之间黏结强度的因素很多,其中,主要为混凝土强度、浇筑位置、钢筋净距、保护层厚度及钢筋外形等。

(1)光圆钢筋及变形钢筋的黏结强度均随混凝土强度等级的提高而提高。试验表明,当其

他条件基本相同时，黏结强度与混凝土抗拉强度 f_t 近乎成正比。

(2)黏结强度与浇筑混凝土时钢筋所处的位置有明显关系。水平位置钢筋比竖向位置的钢筋黏结强度显著降低。

(3)钢筋混凝土构件截面上有多根钢筋并列一排时，钢筋之间的净距对黏结强度有重要影响。净距不足，钢筋外围混凝土将会发生在钢筋位置水平面上贯穿整个梁宽的劈裂裂缝。

(4)混凝土保护层厚度对黏结强度有着重要影响。特别是采用带肋钢筋时，若混凝土保护层太薄时，则容易发生沿纵向钢筋方向的劈裂裂缝，并使黏结强度显著降低。

(5)带肋钢筋与混凝土的黏结强度一般比光圆钢筋与混凝土的黏结强度大。

习　题

1.配置在混凝土梁截面受拉区钢筋的作用是什么？

2.混凝土轴心受压的应力—应变曲线有何特点？影响轴心受压应力—应变曲线的因素有哪几个？

3.什么是钢筋和混凝土之间的黏结应力和黏结强度？

4.钢筋和混凝土协同工作的条件是什么？

项目3　结构设计方法

主要知识点	结构可靠性、可靠度、极限状态、作用、作用效应、结构抗力、标准值、设计值
重点及难点	可靠度、极限状态、作用、标准值、设计值
学习指导	通过本项目的学习，掌握结构设计的基本概念，熟悉材料强度取值方法，理解极限状态设计表达式

任务3.1　理解结构设计的基本概念

3.1.1　结构可靠性与可靠度

结构设计的目的，就是要使所设计的结构，在规定的时间内能够在具有足够可靠性的前提下，完成全部预定功能的要求。

结构的功能是由其使用要求决定的，具体有如下三个方面：

(1)安全性，包括承载能力和稳定性。

承载能力——结构应能承受在正常施工和正常使用期间可能出现的各种荷载、外加变形、约束变形等的作用。

稳定性——在偶然荷载(如地震、强风)作用下或偶然事件(如爆炸)发生时和发生后，结构仍能保持整体稳定性，不发生倒塌。

(2)适用性。结构在正常使用条件下具有良好的工作性能。例如，不发生影响正常使用的过大变形或局部损坏。

(3)耐久性。结构在正常使用和正常维护的条件下，在规定的时间内，具有足够的耐久性。例如，不发生开展过大的裂缝宽度，不发生由于混凝土保护层碳化导致钢筋的锈蚀。

结构的安全性、适用性和耐久性三者总称为结构的可靠性。结构可靠度是结构完成"预定功能"的概率度量。

根据当前国际上的一致看法是，结构可靠度指结构在规定的时间内，在规定的条件下，完成预定功能的概率。所谓的"规定时间"是指对结构进行可靠度分析时，结合结构使用期，考虑各种基本变量与时间的关系所取用的基准时间参数；"规定的条件"是指结构正常设计、正常施工和正常使用的条件，即不考虑人为过失的影响；"预定功能"是指上面提到的三项基本功能。

3.1.2　结构可靠度与极限状态

结构在使用期间的工作情况，称为结构的工作状态。

结构能够满足各项功能要求而良好地工作，称为结构"可靠"；反之则称结构"失效"。结构工作状态是处于可靠还是失效的标志用"极限状态"来衡量。

当整个结构或结构的一部分超过某一特定状态而不能满足设计规定的某一功能要求时，则此特定状态称为该功能的极限状态。

国际上一般将结构的极限状态分为如下三类。

1. 承载能力极限状态

这种极限状态对应于结构或结构构件达到最大承载能力或不适于继续承载的变形或变位的状态。当结构或构件出现下列状态之一时，即认为超过了承载能力极限状态：

(1)整个结构或结构的一部分作为刚体失去平衡(如滑动、倾覆等)；

(2)结构构件或连接处因超过材料强度而破坏(包括疲劳破坏)，或因过度的塑性变形而不能继续承载；

(3)结构转变成机动体系；

(4)结构或结构构件丧失稳定(如柱的压屈失稳等)。

2. 正常使用极限状态

这种极限状态对应于结构或结构构件达到正常使用或耐久性能的某项限值的状态。当结构或结构构件出现下列状态之一时，即认为超过了正常使用极限状态：

(1)影响正常使用或外观的变形；

(2)影响正常使用或耐久性能的局部损坏；

(3)影响正常使用的振动；

(4)影响正常使用的其他特定状态。

3. "破坏——安全"极限状态

这种极限状态又称为条件极限状态。超过这种极限状态而导致的破坏，是指允许结构物发生局部损坏，而对已发生局部破坏结构的其余部分，应该具有适当的可靠度，能继续承受降低了的设计荷载。其指导思想是，当偶然事件发生后，要求结构仍保持完整无损是不现实的，也是没有必要和不经济的，只能要求结构不致因此而造成更严重的损失。所以，这种设计理论可应用于桥梁抗震和连拱推力墩的计算。现在，我们给出地震与建设工程的微课资源。

微课课件网址：

http://www.worlduc.com/blog2012.aspx? bid=53834991 

微课视频网址：

http://weike.hnedu.cn/wkstudytowkdetail.do? channelId=564c24a0516e22852afa189d&weikeId=583022f784ae1732d3db5a11 

3.1.3　目标可靠指标

用作公路桥梁结构设计依据的可靠指标，称为目标可靠指标。

根据《公路工程结构可靠度设计统一标准》(GB/T 50283—1999)的规定，按持久状况进行承载能力极限状态设计时，公路桥梁结构的目标可靠指标应符合表3.1的规定。

表3.1　公路桥梁结构的目标可靠指标

结构安全等级 / 构件破坏类型	一级	二级	三级
延性破坏	4.7	4.2	3.7
脆性破坏	5.2	4.7	4.2

注：表中延性破坏系指结构构件有明显变形或其他预兆的破坏；脆性破坏系指结构构件无明显变形或其他预兆的破坏。

任务 3.2 掌握材料强度取值的方法

钢筋混凝土结构和预应力混凝土结构的主要材料是普通钢筋、预应力钢筋和混凝土。按照承载能力极限状态和正常使用极限状态进行设计计算时,结构构件的抗力计算中必须用到这两种材料的强度值。

3.2.1 材料强度指标的分类

在实际工程中,按同一标准生产的钢筋或混凝土各批次之间的强度是有差异的,不可能完全相同,这就是材料强度的变异性。为了在设计中合理取用材料强度值,《公路钢筋混凝土及预应力混凝土桥涵设计规范》(JTG D62—2004)对材料强度的取值采用了标准值和设计值。

1. 材料强度的标准值

材料强度标准值是材料强度的一种特征值,也是设计结构或构件时采用的材料强度的基本代表值。

$$f_k = f_m(1-1.645\delta_f) \tag{3.1}$$

式中 f_m ——材料强度的平均值;

δ_f ——材料强度的变异系数。

2. 材料强度的设计值

材料强度的设计值是材料强度标准值与材料性能分项系数的比值,基本表达式为

$$f = \frac{f_k}{\gamma_m} \tag{3.2}$$

式中 γ_m ——材料性能分项系数,根据目标可靠指标及工程经验来确定。

3.2.2 混凝土强度标准值和强度设计值

1. 混凝土立方体抗压强度标准值 $f_{cu,k}$

按照标准方法制作和养护的边长为 150 mm 的立方体试件,在 28 天龄期时用标准试验方法测得的具有 95%保证率的抗压强度称为混凝土立方体抗压强度标准值,用 $f_{cu,k}$ 表示。

《公路钢筋混凝土及预应力混凝土桥涵设计规范》(JTG D62—2004)根据混凝土立方体抗压强度标准值对其进行了强度等级的划分,具体分级参见附表 1.1。

2. 混凝土轴心抗压强度标准值 f_{ck} 和抗拉强度标准值 f_{tk}

(1)混凝土轴心抗压强度标准值 f_{ck}

$$f_{ck} = 0.88\alpha_{c1}\alpha_{c2}f_{cu,k} \tag{3.3}$$

式中 α_{c1} ——混凝土轴心抗压强度与立方体抗压强度的比值;

α_{c2} ——混凝土脆性折减系数。

(2)混凝土抗拉强度标准值 f_{tk}

$$f_{tk} = 0.348\alpha_{c2}(f_{cu,k})^{0.55}(1-1.645\delta_f)^{0.45} \tag{3.4}$$

3. 混凝土轴心抗压强度设计值 f_{cd} 和轴心抗拉强度设计值 f_{td}

《公路钢筋混凝土及预应力混凝土桥涵设计规范》(JTG D62—2004)取混凝土轴心抗压强度和轴心抗拉强度的材料性能分项系数为 1.45,接近按二级安全等级结构分析的脆性破坏构件目标可靠指标的要求。具体设计值参见附表 1.1。

3.2.3　钢筋的强度标准值 f_{sk} 和强度设计值 f_{sd}

对有明显流幅的热轧钢筋，钢筋的抗拉强度标准值 f_{sk} 采用现行国家标准中规定的钢筋屈服点，其保证率不小于95%。

对于无明显流幅的钢筋，如钢丝、钢绞线等，钢筋的抗拉强度标准值 f_{sk} 根据国家标准中规定的极限抗拉强度值确定，其保证率也不小于95%，并取 $0.85\sigma_b$（σ_b 为国家标准中规定的极限抗拉强度）作为设计取用的条件屈服强度。

《公路钢筋混凝土及预应力混凝土桥涵设计规范》(JTG D62—2004)对热轧钢筋和精轧螺纹钢筋的材料性能分项系数取1.20，对钢绞线、钢丝等的材料性能分项系数取1.47。将钢筋的强度标准值除以相应的材料性能分项系数1.20或1.47，则得到钢筋抗拉强度的设计值。

任务3.3　理解极限状态的设计表达式

3.3.1　结构的作用效应与结构抗力

所有结构或结构构件中都存在着对立的两个方面：作用效应和结构抗力。

作用——使结构产生内力、变形、应力和应变的所有原因。

作用效应——结构对所受作用的反应，如内力（如轴力、弯矩、剪力、扭矩等）和变形（挠度、转角等）。

结构抗力——结构构件承受内力和变形的能力，如构件的承载能力。

3.3.2　结构上的作用分类

1. 按出现方式不同分

直接作用——施加在结构上的集中力或分布力，如火车、汽车、人群、结构自重等。

间接作用——引起结构外加变形和约束变形的原因，如地震、基础不均匀沉降、混凝土收缩、温度变化等。

2. 按时间的变异性和出现的可能性分（表3.2）

表3.2　作用分类

编号	作用分类	作用名称	编号	作用分类	作用名称
1	永久作用	结构重力（包括结构附加重力）	12	可变作用	人群荷载
2		预加力	13		汽车制动力
3		土的重力	14		风力
4		土侧压力	15		流水压力
5		混凝土收缩及徐变作用	16		冰压力
6		水的浮力	17		温度（均匀温度和梯度温度）作用
7		基础变位作用	18		支座摩阻力
8	可变作用	汽车荷载	19	偶然作用	地震作用
9		汽车冲击力	20		船舶或漂流物的撞击作用
10		汽车离心力	21		汽车撞击作用
11		汽车引起的土侧压力			

(1)永久作用——在结构使用期间,其量值不随时间变化,或其变化值与平均值比较可忽略不计的作用。

(2)可变作用——在结构使用期间,其量值随时间变化,且其变化值与平均值相比较不可忽略的作用。

(3)偶然作用——在结构使用期间出现的概率很小,一旦出现,其值很大且持续时间很短的作用。

3.3.3 作用的代表值

结构或结构构件设计时,针对不同设计目的采用不同的作用代表值。

作用标准值——结构或结构构件设计时采用的基本代表值,其值可根据作用在设计基准期内最大概率分布的某一分值确定。

作用频遇值——结构上较频繁出现的且量值较大的作用取值,比标准值小,是由标准值乘以频遇值系数得到。

作用准永久值——结构上经常出现的作用取值,比频遇值小,是由标准值乘以准永久值系数得到。

公路桥涵设计时,对不同的作用应采用不同的代表值:

(1)永久作用采用标准值作为代表值。

(2)可变作用采用标准值、频遇值或准永久值作为代表值。

(3)偶然作用采用标准值作为代表值。

3.3.4 作用效应组合

公路桥涵结构设计时应当考虑到结构上可能出现多种作用,例如桥涵结构构件上除构件永久作用(如自重等)外,可能同时出现汽车荷载、人群荷载等可变作用。《公路桥涵设计通用规范》(JTG D60—2015)要求这时应按承载能力极限状态和正常使用极限状态,结合相应的设计状况进行作用效应组合,并取其最不利组合进行设计。

作用效应组合——结构上几种作用分别产生的效应的随机叠加。

作用效应最不利组合——所有可能的作用效应组合中对结构或结构构件产生总效应最不利的一组作用效应组合。

1. 承载能力极限状态计算时的作用效应组合

《公路桥涵设计通用规范》(JTG D60—2015)规定按承载能力极限状态设计时,应根据各自的情况选用基本组合和偶然组合中的一种或两种作用效应组合。下面介绍作用效应基本组合表达式。

(1)基本组合——即永久作用标准值效应与可变作用标准值效应的组合,基本表达式为

$$\gamma_0 S_{ud} = \gamma_0\left(\sum_{i=1}^{m}\gamma_{Gi}S_{Gik} + \gamma_{Q1}S_{Q1k} + \psi_c\sum_{j=2}^{n}\gamma_{Qj}S_{Qjk}\right) \tag{3.5}$$

式中 S_{ud}——承载能力极限状态下作用基本组合的效应组合设计值;

γ_0——结构重要性系数,按结构设计安全等级采用,对于安全等级一级、二级和三级,分别为 1.1、1.0 和 0.9;

γ_{Gi}——第 i 个永久作用效应的分项系数;

S_{Gik}——第 i 个永久作用效应的标准值;

γ_{Q1} ——汽车荷载效应（含汽车冲击力、离心力）的分项系数，$\gamma_{Q1}=1.4$，当某个可变作用在效应组合中超过汽车荷载效应时，则该作用取代汽车荷载，其分项系数应采用汽车荷载的分项系数；

S_{Q1k} ——汽车荷载效应（含汽车冲击力、离心力）的标准值；

ψ_c ——在作用效应组合中除汽车荷载效应（含汽车冲击力、离心力）外的其他可变作用效应的组合系数；

γ_{Qj} ——在作用效应组合中除汽车荷载效应（含汽车冲击力、离心力）、风荷载外的其他第 j 个可变作用效应的分项系数，取 $\gamma_{Qj}=1.4$，但风荷载的分项系数取 $\gamma_{Qj}=1.1$；

S_{Qjk} ——在作用效应组合中除汽车荷载效应（含汽车冲击力、离心力）外的其他第 j 个可变作用效应的标准值。

(2)偶然组合——永久作用标准值效应与可变作用某种代表值效应、一种偶然作用标准值效应相组合。

2.正常使用极限状态计算时的作用效应组合

《公路桥涵设计通用规范》(JTG D60—2004)规定按正常使用极限状态设计时，应根据不同结构的设计要求，选用以下一种或两种效应组合。

(1)作用短期效应组合——永久作用标准值效应与可变作用频遇值效应的组合，其基本表达式为

$$S_{sd}=\sum_{i=1}^{m}S_{Gik}+\sum_{j=1}^{n}\psi_{1j}S_{Qjk} \tag{3.6}$$

式中　S_{sd} ——作用短期效应组合设计值；

ψ_{1j} ——第 j 个可变作用效应的频遇值系数；

$\psi_{1j}S_{Qjk}$ ——第 j 个可变作用效应的频遇值。

其他符号意义同前。

(2)作用长期效应组合——永久作用标准值效应与可变作用准永久值效应的组合，其基本表达式为

$$S_{ld}=\sum_{i=1}^{m}S_{Gik}+\sum_{j=1}^{n}\psi_{2j}S_{Qjk} \tag{3.7}$$

式中　S_{ld} ——作用长期效应组合设计值；

ψ_{2j} ——第 j 个可变作用效应的准永久值系数；

$\psi_{2j}S_{Qjk}$ ——第 j 个可变作用效应的准永久值。

习　题

1.桥梁结构的功能包括哪几方面？什么是结构的可靠性？

2.结构的设计基准期和使用寿命有何区别？

3.什么是作用？作用分为几类？什么是作用的标准值？

4.作用和荷载有什么区别？

项目 4　受弯构件正截面承载力计算

主要知识点	配筋率、单筋截面、双筋截面、平截面假定、少筋破坏、适筋破坏、超筋破坏、相对界限受压区高度、极限弯矩
重点及难点	配筋率、平截面假定、极限弯矩
学习指导	通过本项目的学习，掌握单筋矩形截面和T形截面承载力的计算

受弯构件主要是指用来承受横向荷载的构件，即荷载的作用方向垂直于构件的纵向轴线，其截面内力为弯矩 M 和剪力 V。在荷载作用下，受弯构件的截面将承受弯矩 M 和剪力 V 的作用。因此，设计受弯构件时，一般应满足下列两方面要求：

(1)由于弯矩 M 的作用，构件可能沿某个正截面发生破坏[图 4.1(a)]，故需要进行正截面承载力计算。

(2)由于弯矩 M 和剪力 V 的共同作用，构件可能沿某个斜截面发生破坏[图 4.1(b)]，故还需进行斜截面承载力计算。

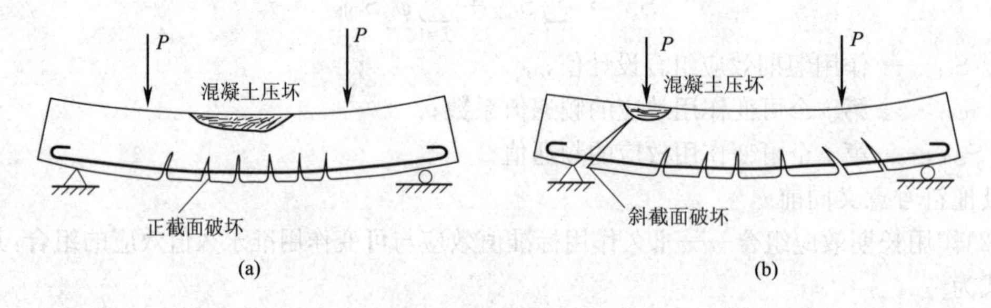

图 4.1　受弯构件破坏形式

本项目主要讨论钢筋混凝土梁的正截面承载力计算，目的是根据弯矩组合设计值 M_d 来确定钢筋混凝土梁截面上钢筋的配置。

任务 4.1　熟悉受弯构件的构造

4.1.1　截面形式和尺寸

钢筋混凝土受弯构件常用的截面形式如图 4.2 所示。

钢筋混凝土梁根据使用要求和施工条件可以采用现浇或预制方式制造。为使梁截面尺寸有统一的标准，便于施工，对常见的矩形截面和 T 形截面梁截面尺寸可按下述建议选用。

(1)矩形截面梁的高宽比 h/b 可取 2.0～3.0，T 形截面梁的高宽比 h/b 可取 2.5～4.0；

(2)梁的高跨比 h/l 可取 1/18 ～ 1/6 。

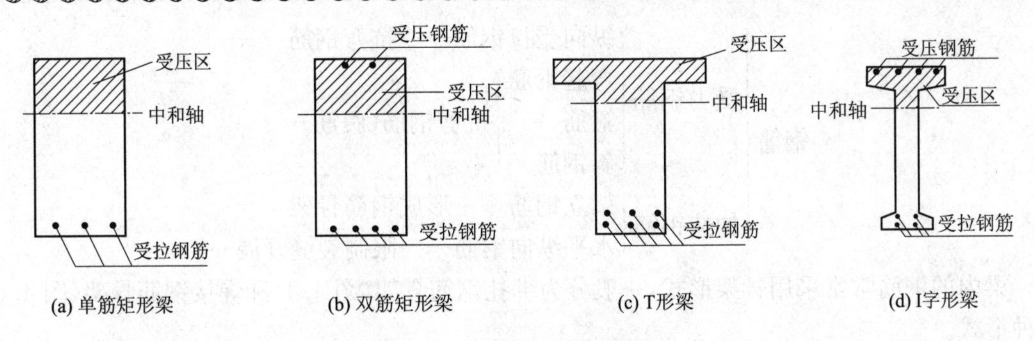

图 4.2　受弯构件的截面形式

4.1.2　受弯构件的钢筋构造

1. 单筋受弯构件和双筋受弯构件

钢筋混凝土梁正截面承受弯矩作用时，中和轴以上受压，中和轴以下受拉(图 4.2)，故在梁的受拉区配置纵向受拉钢筋，此种构件称为单筋受弯构件[图 4.2(a)、(c)]；如果同时在截面受压区也配置受力钢筋，则此种构件称为双筋受弯构件[图 4.2(b)、(d)]。现在，我们给出受弯构件截面形式的微课资源。

微课课件网址：

http://www.worlduc.com/blog2012.aspx? bid=28060998 

微课视频网址：

http://218.76.27.74/course/show/6349 

2. 配筋率

截面上配置钢筋的多少，通常用配筋率来衡量。所谓配筋率是指所配置的钢筋截面面积与规定的混凝土截面面积的比值(化为百分数表达)。对于矩形截面和 T 形截面，其受拉钢筋的配筋率 ρ(%)表示为

$$\rho=\frac{A_s}{bh_0} \tag{4.1}$$

式中　A_s——截面纵向受拉钢筋全部截面积；

b——矩形截面宽度或 T 形截面梁肋宽度；

h_0——截面的有效高度，$h_0=h-a_s$，其中 h 为截面高度，a_s 为纵向受拉钢筋全部截面的重心至受拉边缘的距离；

x——截面受压区高度(图 4.3)。

图 4.3　配筋率的计算图

3. 梁的钢筋组成

梁内的钢筋有受力钢筋和构造钢筋之分，受力钢筋如纵向受拉钢筋(主钢筋)、弯起钢筋或斜钢筋、箍筋；构造钢筋如架立钢筋和水平纵向钢筋。

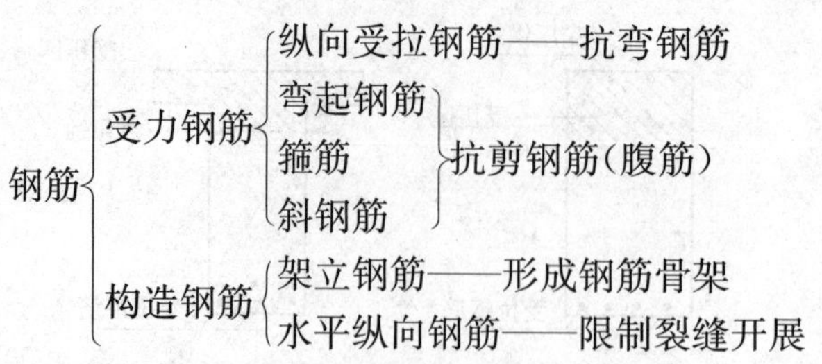

梁内的钢筋常常采用骨架形式，一般分为绑扎钢筋骨架(图 4.4)和焊接钢筋骨架(图 4.5)两种形式。

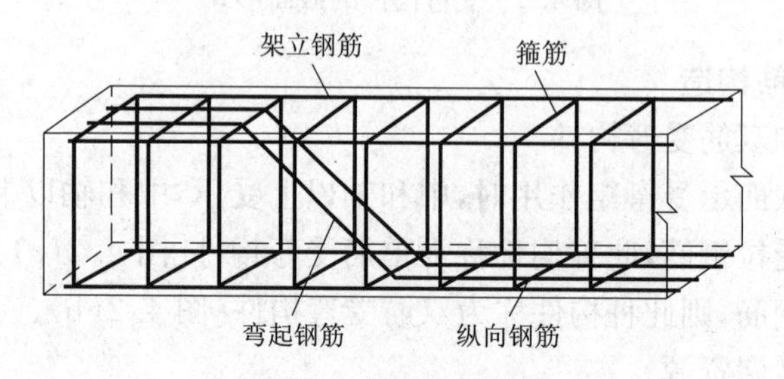

图 4.4　绑扎钢筋骨架

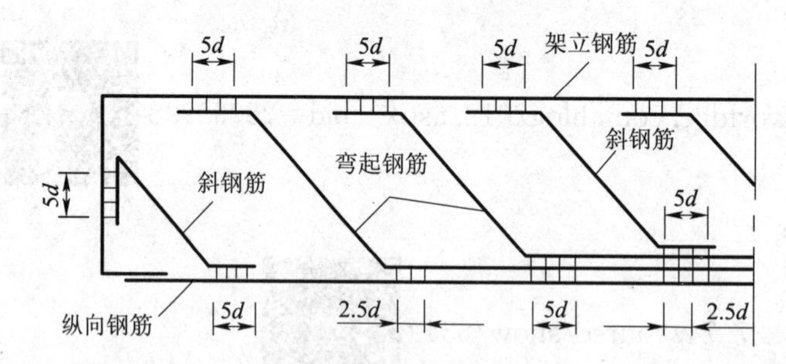

图 4.5　焊接钢筋骨架

在同一根梁内主钢筋宜用相同直径的钢筋，当采用两种以上直径的钢筋时，为便于施工识别，直径间应相差 2 mm 以上。

《公路钢筋混凝土及预应力混凝土桥涵设计规范》(JTG D62—2004)规定，钢筋的最小混凝土保护层厚度应不小于钢筋的公称直径，且应符合附表 1.6 的规定值。

绑扎钢筋骨架中，各主钢筋的净距应满足[图 4.6(a)]中的要求。

焊接钢筋骨架中，多层主钢筋竖向不留空隙，用焊缝连接，钢筋层数一般不宜超 6 层，单根直径不应大于 32 mm。

焊接钢筋骨架的净距要求见图 4.6(b)。

梁内弯起钢筋是由纵向主筋按规定的部位和角度(30°、45°或 60°)弯于梁上部，并满足锚固要求的钢筋；斜钢筋是专门设置的斜向钢筋，其设置及数量均由抗剪计算确定。

梁内箍筋是沿梁纵轴方向按一定间距配置并箍住纵向钢筋的横向钢筋(图 4.7)。箍筋除了帮助混凝土抗剪外，在构造上还起着固定纵向钢筋位置的作用，并与梁内各种钢筋组成骨架。因此，无论计算上是否需要，梁内均应设置箍筋。

箍筋的直径不宜小于 8 mm 且不小于纵向主钢筋直径的 1/4。

架立钢筋是为构成钢筋骨架而设置的纵向钢筋。

水平纵向钢筋的作用主要是当梁侧面发生混凝土裂缝时，可以减小混凝土裂缝宽度。

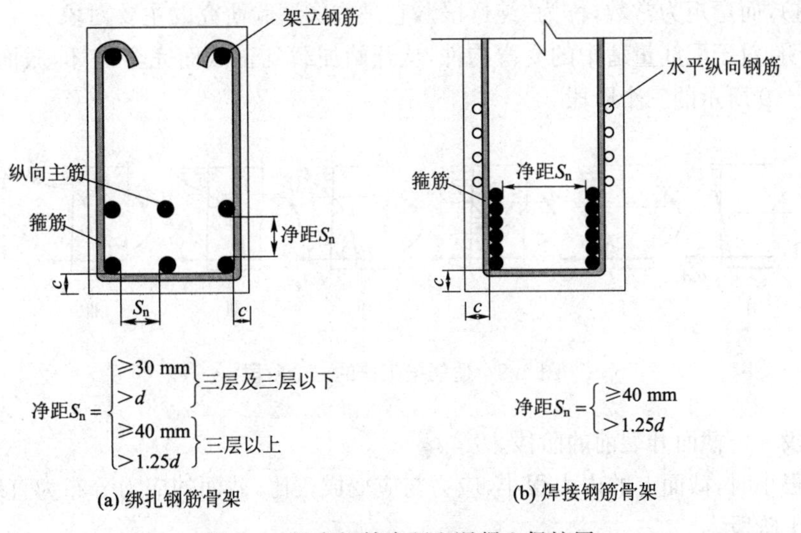

图 4.6　梁主钢筋净距和混凝土保护层

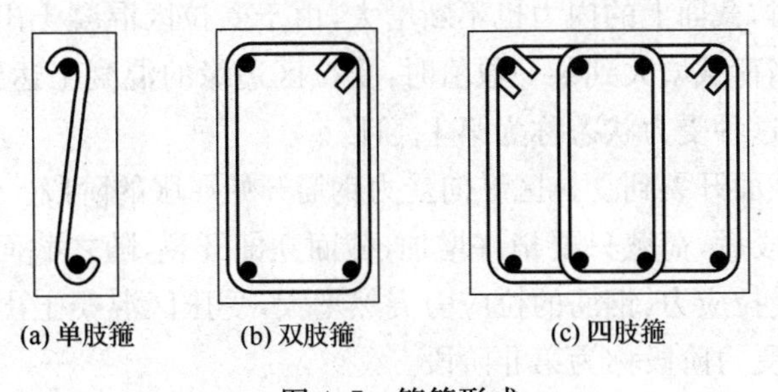

图 4.7　箍筋形式

任务 4.2　理解受弯构件正截面各应力阶段及破坏特点

4.2.1　试验研究

以图 4.8 所示的钢筋混凝土简支梁作为试验梁，其截面为矩形。

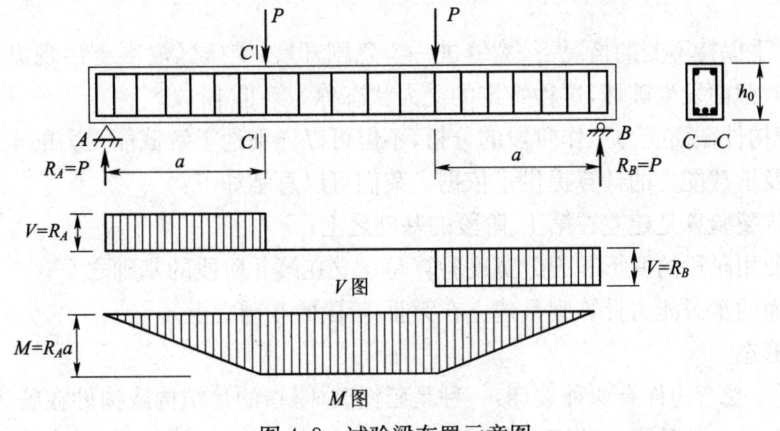

图 4.8　试验梁布置示意图

试验梁上作用两个集中荷载 P,其弯矩图和剪力图如图 4.8 所示,在梁的中段,剪力为零(忽略梁自重),而弯矩为常数,称为“纯弯段”,它是本次试验研究的主要对象。

试验表明,对于配筋量适中的受弯构件,从开始加载到正截面完全破坏,截面的受力状态可以分为图 4.9 所示的三个阶段。

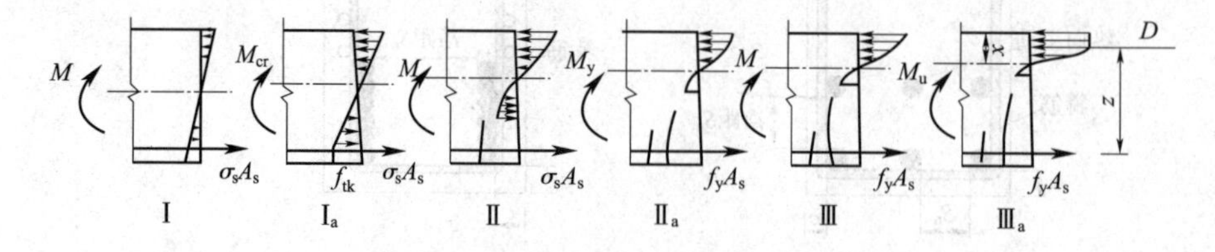

图 4.9　适筋梁工作的三个阶段

第一阶段——截面开裂前的阶段。

当荷载很小时,截面上的内力很小,应力与应变成正比,截面的应力分布为直线,这种受力阶段称为第Ⅰ阶段。

当荷载不断增大时,截面上的内力也不断增大,由于受拉区混凝土出现塑性变形,受拉区的应力图形呈曲线。当荷载增大到某一数值时,受拉区边缘的混凝土达到抗拉强度。截面处在开裂前的临界状态,这种受力状态称为第 $Ⅰ_a$ 阶段。

第二阶段——从截面开裂到受拉区纵向受力钢筋开始屈服的阶段。

截面受力达 $Ⅰ_a$ 阶段后,荷载只要稍许增加,截面立即开裂,随之截面上应力发生重分布,裂缝处混凝土不再承受拉应力,钢筋的拉应力突然增大,受压区混凝土出现明显的塑性变形,应力图形呈曲线,这种受力阶段称为第Ⅱ阶段。

荷载继续增加,裂缝进一步开展,钢筋和混凝土的应力不断增大。当荷载增加到某一数值时,受拉区纵向受力钢筋开始屈服,钢筋应力达到其屈服强度,这种特定的受力状态称为 $Ⅱ_a$ 阶段。

第三阶段——破坏阶段。

受拉区纵向受力钢筋屈服后,截面的承载能力无明显的增加,但塑性变形急速发展,裂缝迅速开展,并向受压区延伸,受压区面积减小,受压区混凝土应力迅速增大,这是截面受力的第Ⅲ阶段。

在荷载几乎保持不变的情况下,裂缝进一步急剧开展,受压区混凝土出现纵向裂缝,混凝土被完全压碎,截面发生破坏,这种特定的受力状态称为第 $Ⅲ_a$ 阶段。

进行受弯构件截面受力工作阶段的分析,不但可以详细地了解截面受力的全过程,而且为裂缝、变形以及承载能力的计算提供了依据。我们可以总结如下:

(1)截面抗裂验算是建立在第 $Ⅰ_a$ 阶段的基础之上;

(2)构件使用阶段的变形和裂缝宽度验算是建立在第Ⅱ阶段的基础之上;

(3)而截面的承载能力计算则是建立在第 $Ⅲ_a$ 阶段的基础之上。

4.2.2　破坏形态

钢筋混凝土受弯构件有两种破坏:一种是延性破坏,指的是结构或构件在破坏前有明显变形或其他征兆;另一种是脆性破坏,指的是结构或构件在破坏前无明显变形或其他征兆。对常用的热轧钢筋和普通强度混凝土梁，破坏形态主要受到配筋率的影响，因此按照配筋情况及相应破坏时的性质可得到正截面破坏的三种形态(图 4.10)。

(1)当构件的配筋率不是太低也不是太高时，构件的破坏首先是由于受拉区纵向受力钢筋屈服，然后受压区混凝土被压碎，钢筋和混凝土的强度都得到充分利用，这种破坏称为适筋破坏。适筋破坏在构件破坏前有明显的塑性变形和裂缝预兆，破坏不是突然发生的，呈延性性质[图 4.10(a)]。

(2)当构件的配筋率超过某一定值时，构件的破坏特征又发生质的变化。构件的破坏是由受压区的混凝土被压碎而引起，受拉区纵向受力钢筋不屈服，这种破坏称为超筋破坏。超筋破坏在破坏前虽然也有一定的变形和裂缝预兆，但不像适筋破坏那样明显，而且当混凝土压碎时，破坏突然发生，钢筋的强度得不到充分利用，破坏带有脆性性质[图 4.10(b)]。

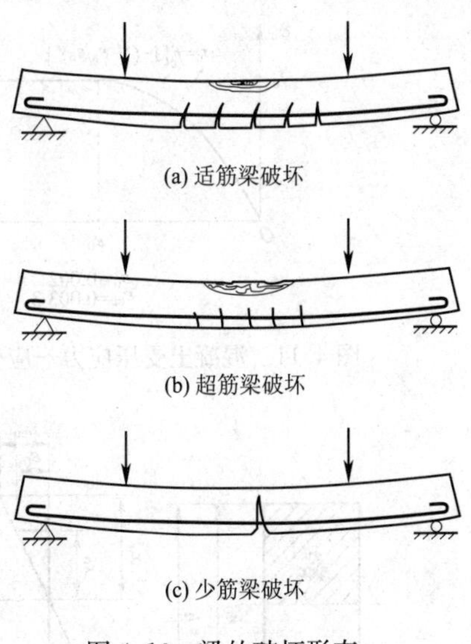
(a) 适筋梁破坏
(b) 超筋梁破坏
(c) 少筋梁破坏
图 4.10　梁的破坏形态

(3)当构件的配筋率低于某一定值时，构件不但承载能力很低，而且只要其一开裂，裂缝就急速开展，裂缝截面处的拉力全部由钢筋承受，钢筋由于突然增大的应力屈服，构件立即发生破坏[图 4.10(c)]，这种破坏称为少筋破坏。

由上所述可见，少筋破坏和超筋破坏都具有脆性性质，破坏前无明显预兆，破坏时将造成严重后果，材料的强度得不到充分利用。因此，应避免将受弯构件设计成少筋构件和超筋构件，只允许设计成适筋构件。

任务 4.3　理解受弯构件正截面承载力计算的基本原则

4.3.1　基本假定

根据受弯构件正截面的破坏特征，正截面承载力计算采用下述基本假定。

(1)平截面假定。对于钢筋混凝土受弯构件，从开始加载直至破坏的各阶段，截面的平均应变都能较好地符合平截面假定。因此，在承载力计算时采用平截面假定是可行的。

平截面假定为钢筋混凝土受弯构件正截面承载力计算提供了变形协调的几何关系，可加强计算方法的逻辑性和条理性，使计算公式具有更明确的物理意义。

(2)不考虑混凝土的抗拉强度。在裂缝截面处，受拉区混凝土已大部分退出工作，仅在靠近中和轴附近有部分混凝土承担着拉应力，但其拉应力较小，且内力偶臂也不大。因此，在计算中可忽略不计混凝土的抗拉强度。

(3)混凝土受压的应力—应变关系采用“抛物线＋水平直线”所构成的曲线(图 4.11)。

(4)钢筋的应力应变曲线采用“弹性—全塑性”曲线(图 4.12)。

4.3.2　压区混凝土形等效矩形应力图形

计算钢筋混凝土受弯构件正截面承载力 M_u 时，需知道破坏时混凝土压应力的分布图形，特别是受压区混凝土的压应力合力 C 及其作用位置(图 4.13)。

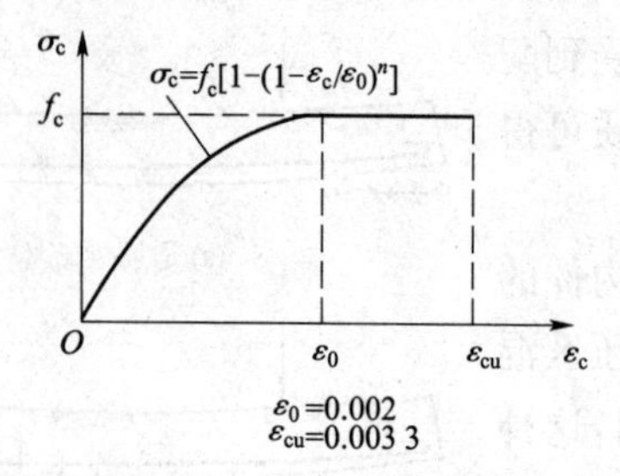

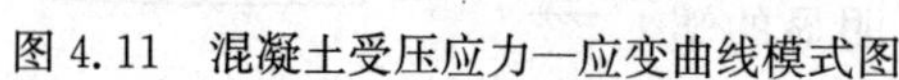
图 4.11 混凝土受压应力—应变曲线模式图

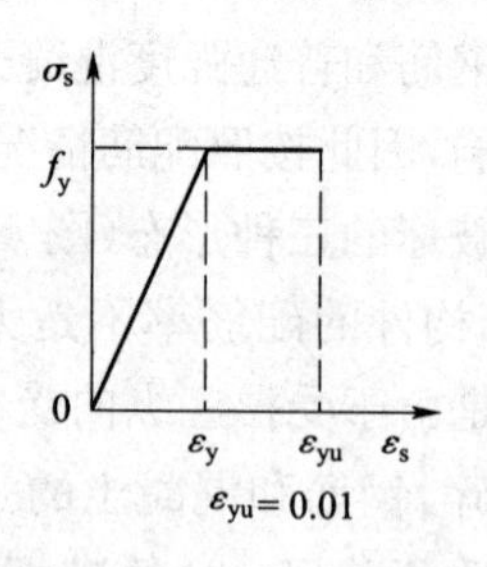

图 4.12 钢筋受压应力—应变曲线模式图

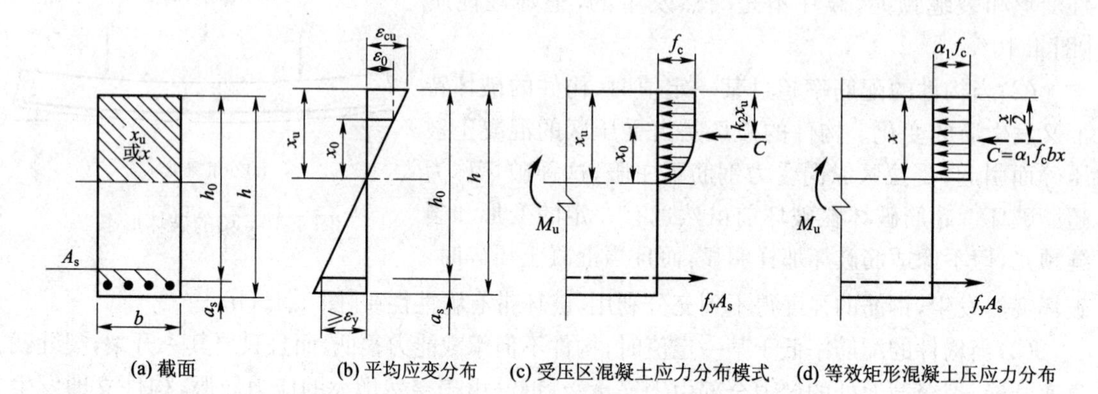

图 4.13 受压区混凝土等效矩形应力图

为了计算方便起见,可以设想在保持压应力合力 C 的大小及其作用位置不变条件下,用等效矩形的混凝土压应力图来替换实际的混凝土压应力分布图形。

4.3.3 相对界限受压区高度 ξ_b

根据给定的ε_{cu}和平截面假定可以做出界限破坏时截面平均应变示意图(图 4.14)。

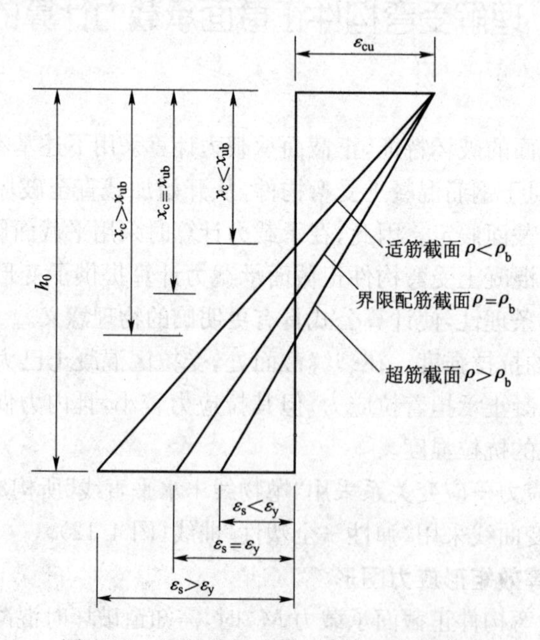

图 4.14 界限破坏时截面平均应变示意图

受压区高度为 $x_b=\xi_b h_0$。ξ_b 被称为相对界限混凝土受压区高度，相对界限受压区高度 ξ_b 见表 4.1。

表 4.1　相对界限受压区高度 ξ_b

钢筋种类 \ 混凝土强度等级	C50 及以下	C55、C60	C65、C70
R235	0.62	0.60	0.58
HRB335	0.56	0.54	0.52
HRB400	0.53	0.51	0.49

4.3.4　最小配筋率 ρ_{min}

为避免少筋梁破坏，必须确定钢筋混凝土受弯构件的最小配筋率 ρ_{min}。

最小配筋率是少筋梁与适筋梁的界限。当梁的配筋率由 ρ_{min} 逐渐减小时，梁的工作特性也从钢筋混凝土逐渐向素混凝土结构过渡。所以，ρ_{min} 可按如下原则确定：采用最小配筋率 ρ_{min} 的钢筋混凝土梁在破坏时，正截面承载力 M_u 等于同样截面尺寸、同样材料的素混凝土梁正截面开裂弯矩的标准值。

由上述原则的计算结果，同时考虑到温度变化、混凝土收缩应力的影响以及过去的设计经验，《公路钢筋混凝土及预应力混凝土桥涵设计规范》(JTG D62—2004)规定了受弯构件纵向受力钢筋的最小配筋率 ρ_{min}，详见附表 1.7。

任务 4.4　熟练掌握单筋矩形截面正截面承载力计算

4.4.1　基本公式及适用条件

1. 计算应力图形

根据受弯构件正截面承载力计算的基本原则，可以得到单筋矩形截面受弯构件承载力计算简图(图 4.15)。

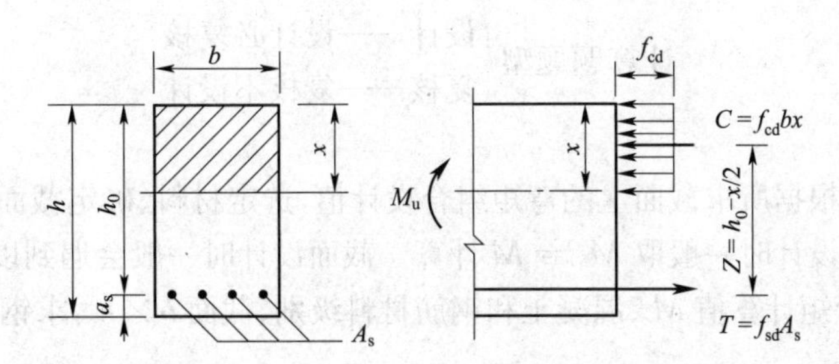

图 4.15　单筋矩形截面受弯构件正截面承载力计算简图

2. 计算公式

按照项目 3 所述计算原则，受弯构件计算截面上的最不利荷载基本组合效应计算值 $\gamma_0 M_d$ 不应超过截面的承载能力(抗力) M_u。

由图 4.15 可以写出单筋矩形截面受弯构件正截面计算的基本公式。由截面上水平方向内力之和为零的平衡条件，即 $T+C=0$，可得到：

$$f_{cd}bx = f_{sd}A_s \tag{4.2}$$

由截面上对受拉钢筋合力 T 作用点的力矩之和等于零的平衡条件,可得到:

$$\gamma_0 M_d \leqslant M_u = f_{cd}bx\left(h_0 - \frac{x}{2}\right) \tag{4.3}$$

由对压区混凝土合力 C 作用点取力矩之和为零的平衡条件,可得到:

$$\gamma_0 M_d \leqslant M_u = f_{sd}A_s\left(h_0 - \frac{x}{2}\right) \tag{4.4}$$

式中　M_d ——计算截面上的弯矩组合设计值;

γ_0 ——结构的重要性系数;

M_u ——计算截面的抗弯承载力;

f_{cd} ——混凝土轴心抗压强度设计值;

f_{sd} ——纵向受拉钢筋抗拉强度设计值;

A_s ——纵向受拉钢筋的截面面积;

x ——按等效矩形应力图的计算受压区高度;

b ——截面宽度;

h_0 ——截面有效高度。

3. 公式适用条件

式(4.2)~式(4.4)仅适用于适筋梁,而不适用于超筋梁和少筋梁。因此,公式的适用条件如下所述:

(1)为防止出现超筋梁情况,计算受压区高度 x 应满足:

$$x \leqslant \xi_b h_0 \tag{4.5}$$

式中　ξ_b ——相对界限受压区高度,可根据混凝土强度级别和钢筋种类由表 4.1 查得。

(2)为防止出现少筋梁的情况。计算的配筋率应当满足:

$$\rho \geqslant \rho_{min} \tag{4.6}$$

4.4.2　计算方法

受弯构件正截面承载力计算,在实际设计中可分为截面设计和截面复核两类问题。

计算题题型 {设计——设计必复核; 复核——复核不设计}

1. 截面设计

截面设计是指根据所求截面上的弯矩组合设计值,选定材料、确定截面尺寸和配筋。利用基本公式进行截面设计时一般取 $M_u = M$ 计算。截面设计时一般会遇到以下两种情况。

情况 1:已知弯矩计算值 M 、混凝土和钢筋材料级别、截面 $b \times h$,求钢筋面积 A_s 。

计算步骤如下:

(1)假设钢筋截面重心到截面受拉边缘距离 a_s ,在Ⅰ类环境条件下,对于绑扎钢筋骨架的梁,可设 $a_s \approx 40$ mm(布置一层钢筋时)或 65 mm(布置两层钢筋时)。对于焊接钢筋骨架的梁,可设 $a_s = 30$ mm$+(0.07\sim0.1)h$。

(2)由式(4.3)解一元二次方程求得受压区高度 x ,并满足 $x \leqslant \xi_b h_0$ 。

(3)由式(4.2)直接求得所需的钢筋面积。

(4)选择钢筋直径并按构造要求进行布置后,得到实际配筋面积 A_s 、a_s 及 h_0 。实际配筋

率 ρ 应满足 $\rho \geqslant \rho_{\min}$ 。

情况2:已知弯矩计算值 M 、混凝土和钢筋材料级别,求截面尺寸 $b \times h$ 和钢筋面积 A_s 。

此时由于未知数多于独立方程个数,为此采取以下计算步骤:

(1)假定 b 及经济合理配筋率 ρ(对矩形梁可取 $0.6\% \sim 1.5\%$),求出 ξ($\xi = \rho f_{sd}/f_{cd}$),并得出 $x = \xi h_0$;

(2)得出 h_0 ,并由估计的 a_s,求出 $h = h_0 + a_s$;

(3)按截面尺寸已知的情况,计算 A_s 并进行布置。

上述计算中,若 $\rho > \rho_{\max}$ 说明截面偏小,应增大截面尺寸;若 $\rho < \rho_{\min}$ 说明截面偏大,应减小截面尺寸。

2. 截面复核

截面复核是指已知截面尺寸、混凝土强度级别和钢筋在截面上的布置,要求计算截面的承载力 M_u ,或复核控制截面承受某个弯矩计算值 M 是否安全,截面复核方法及计算步骤如下。

(1)检查钢筋布置是否符合规范要求;

(2)计算配筋率 ρ 且应满足 $\rho \geqslant \rho_{\min}$;

(3)计算受压区高度 x ;

(4)若 $x > \xi_b h_0$,则为超筋截面,其承载能力为:

$$M_u = f_{cd} b h_0^2 \xi_b (1 - 0.5\xi_b) \tag{4.7}$$

若 $M_u < M$ 时,可采取提高混凝土级别、修改截面尺寸,或改为双筋截面等措施。

(5)当 $x \leqslant \xi_b h_0$ 时,由式(4.3)或式(4.4)可计算得到 M_u 。

【例4.1】 已知矩形截面梁尺寸 $b \times h = 240\ \text{mm} \times 500\ \text{mm}$,采用C20混凝土,R235级钢筋,$A_s = 1\ 256\ \text{mm}^2$ (4ф20)。钢筋布置如图4.16。梁处于Ⅰ类环境条件,安全等级为二级。复核该截面是否能承受计算弯矩 $M = 95\ \text{kN} \cdot \text{m}$ 的作用。

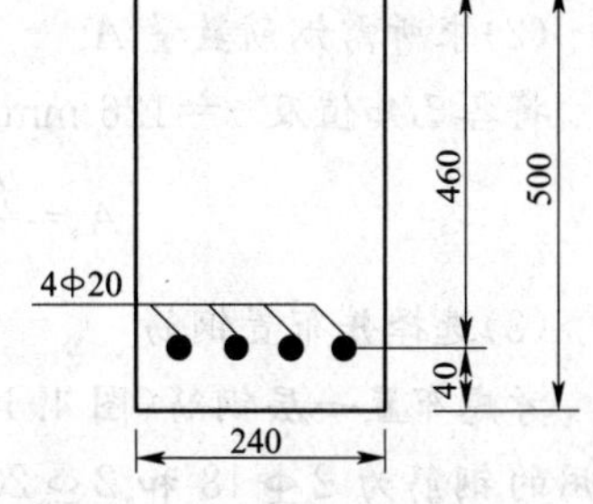

图4.16　钢筋布置图(单位:mm)

【解】 根据已给材料条件,查附表1.1、附表1.3得 $f_{cd} = 9.2\ \text{MPa}$,$f_{td} = 1.06\ \text{MPa}$,$f_{sd} = 195\ \text{MPa}$。由表4.1可知 $\xi_b = 0.62$。根据最小配筋率原则,查附表1.7,知:$45(f_{td}/f_{sd}) = 45(1.06/195) = 0.24$,且不应小于0.2,故取 $\rho_{\min} = 0.24\%$。

由图4.16可以得到混凝土保护层 $c = a_s - d/2 = 40 - 20/2 = 30(\text{mm})$,符合《公路钢筋混凝土及预应力混凝土桥涵设计规范》的要求且大于公称直径 $d = 20\ \text{mm}$。钢筋间净距 $S_n = \dfrac{240 - 2 \times 30 - 4 \times 20}{3} \approx 33(\text{mm})$,符合图4.6中 $S_n \geqslant 30\ \text{mm}$ 及 $d = 20\ \text{mm}$ 的要求。

实际配筋率 $\rho = \dfrac{1\ 256}{240 \times 460} = 1.14\% > \rho_{\min}(=0.24\%)$。

(1)求受压区高度 x

由式(4.2)可得到

$$x = \frac{f_{sd} A_s}{f_{cd} b} = \frac{195 \times 1\ 256}{9.2 \times 240} = 111\ \text{mm} < \xi_b h_0 (= 0.62 \times 460 = 285\ \text{mm})$$

不会发生超筋梁情况。

(2)求抗弯承载力M_u

由式(4.3)可得到

$$M_u=f_{cd}bx\left(h_0-\frac{x}{2}\right)=9.2\times240\times111\times\left(460-\frac{111}{2}\right)$$
$$=99.1\times10^6(\mathrm{N\cdot mm})=99.1(\mathrm{kN\cdot m})>M(=95\ \mathrm{kN\cdot m})$$

经复核,梁截面可以承受计算弯矩$M=95\ \mathrm{kN\cdot m}$的作用。

【例 4.2】 已知矩形截面梁尺寸$b\times h=250\ \mathrm{mm}\times500\ \mathrm{mm}$,最不利截面处弯矩组合设计值$M_d=115\ \mathrm{kN\cdot m}$,采用C20混凝土,HRB335级钢筋。梁处于Ⅰ类环境条件,安全等级为二级。试进行配筋计算。

【解】 根据已给材料分别查附表1.1和附表1.3得$f_{cd}=9.2\ \mathrm{MPa}$,$f_{td}=1.06\ \mathrm{MPa}$,$f_{sd}=280\ \mathrm{MPa}$。由表4.1可知$\xi_b=0.56$。安全等级为二级对应的桥梁结构的重要性系数$\gamma_0=1$,则弯矩计算值$M=\gamma_0M_d=115(\mathrm{kN\cdot m})$。

采用绑扎钢筋骨架,按一层钢筋布置,假设$a_s=40\ \mathrm{mm}$,则有效高度$h_0=500-40=460(\mathrm{mm})$。

(1)求受压区高度x

将各已知值代入式(4.3),则可得到

$$1\times11.5\times10^7=9.2\times250\times x\times\left(460-\frac{x}{2}\right)$$

整理后可得到
$$x^2-920x+100\ 000=0$$

解得
$$x_1=794(\mathrm{mm})(\text{大于梁高,舍去})$$
$$x_2=126\ \mathrm{mm}<\xi_bh_0(=0.56\times460\ \mathrm{mm}=258\ \mathrm{mm})$$

(2)求所需钢筋数量A_s

将各已知值及$x=126\ \mathrm{mm}$代入式(4.2),可得到

$$A_s=\frac{f_{cd}bx}{f_{sd}}=\frac{9.2\times250\times126}{280}=1\ 035(\mathrm{mm^2})$$

(3)选择并布置钢筋

考虑布置一层钢筋(图4.17),共计4根,由附表1.5知可供使用的钢筋为2⌀18和2⌀20。钢筋截面积$A_s=509+628=1\ 137\ \mathrm{mm^2}$。查附表1.5知,⌀20钢筋外径为22.7 mm。

取混凝土保护层厚度$c=30\ \mathrm{mm}$,大于钢筋直径$d(=20\ \mathrm{mm})$且满足规范要求,故$a_s=30+\frac{22.7}{2}=41.35(\mathrm{mm})$,取$a_s=45\ \mathrm{mm}$,则有效高度$h_0=455(\mathrm{mm})$。

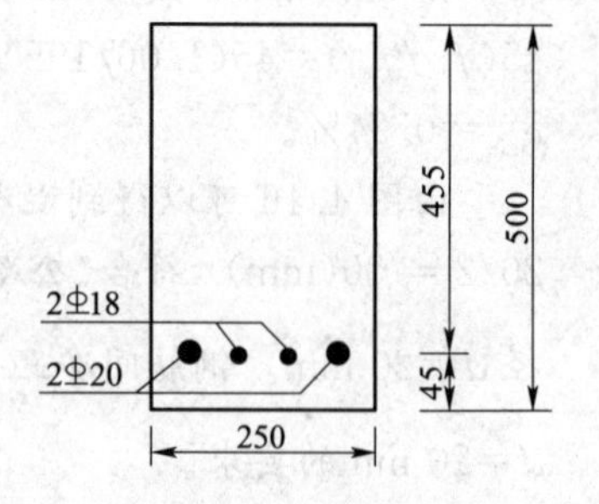

图4.17 例题4.2图
(单位:mm)

(4)ρ_{min}校核

查附表1.7,知最小配筋率:$45(f_{td}/f_{sd})=45(1.06/280)=0.17$,小于0.2%,故取其较大者,即$\rho_{min}=0.2\%$。

实际配筋率
$$\rho=\frac{A_s}{bh_0}=\frac{1\ 137}{250\times455}=1\%>\rho_{min}=0.2\%$$

任务 4.5　掌握双筋矩形截面正截面承载力计算

4.5.1　概　述

双筋矩形截面可以提高梁的承载力，但利用钢筋受压，耗钢量较大，一般是不经济的，因此不宜大量使用。但是，受压钢筋的存在可以提高截面的延性并可减少长期荷载作用下受弯构件的变形。通常双筋矩形截面梁适用于以下情况：

(1)当截面承受的弯矩组合设计值 M_d 较大，而梁截面尺寸受到使用条件限制或混凝土强度又不宜提高。

(2)梁截面承受异号弯矩。有时，由于结构本身受力图式的变化，例如连续梁的内支点处截面，将会产生事实上的双筋截面。

双筋截面受弯构件的受力特点和破坏特征基本上与单筋截面相似。

双筋截面受弯构件必须设置封闭式箍筋。一般情况下，箍筋的间距不大于 400 mm，并不大于受压钢筋直径 d' 的 15 倍；箍筋直径不小于 8 mm 或 $d'/4$，d' 为受压钢筋直径。

为了充分发挥受压钢筋的作用并确保其达到屈服强度，《公路钢筋混凝土及预应力混凝土桥涵设计规范》(JTG D62—2004)规定，$\sigma_s'=f_{sd}'$ 时必须满足：$x\geqslant 2a_s'$。

4.5.2　基本计算公式及适用条件

双筋矩形截面受弯构件正截面抗弯承载力计算图式如图 4.18 所示。

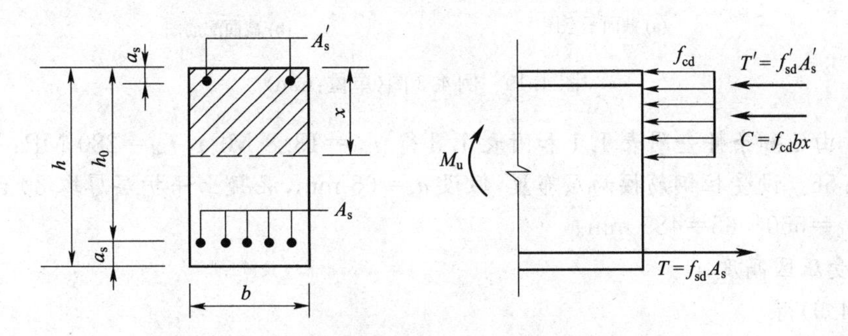

图 4.18　双筋矩形截面的正截面承载力计算图示

由图可写出双筋截面正截面计算的基本公式。由截面上水平方向内力之和为零的平衡条件，即 $T+C+T'=0$，可得到：

$$f_{cd}bx+f_{sd}'A_s'=f_{sd}A_s \tag{4.8}$$

由截面上对受拉钢筋合力 T 作用点的力矩之和等于零的平衡条件，可得到：

$$\gamma_0 M_d\leqslant M_u=f_{cd}bx\left(h_0-\frac{x}{2}\right)+f_{sd}'A_s'(h_0-a_s') \tag{4.9}$$

由对压区混凝土合力力 C 作用点取力矩之和为零的平衡条件，可得到

$$\gamma_0 M_d\leqslant M_u=f_{sd}A_s\left(h_0-\frac{x}{2}\right)+f_{sd}'A_s'(h_0-a_s') \tag{4.10}$$

式中　f_{sd}'——受压区钢筋的抗压强度设计值；

A_s'——受压区钢筋的截面面积；

a_s'——受压区钢筋合力点至截面受压边缘的距离。

上述公式适用条件如下所述：

(1)为防止出现超筋梁情况，计算受压区高度 x 应满足：

$$x \leqslant \xi_b h_0 \tag{4.11}$$

(2)为了保证受压钢筋 A'_s 达到抗压强度设计值 f'_{sd}，计算受压区高度 x 应满足：

$$x \geqslant 2a'_s \tag{4.12}$$

(3)为防止出现少筋梁的情况，计算的配筋率应当满足(本条一般自动满足)：

$$\rho \geqslant \rho_{min} \tag{4.13}$$

【例 4.3】 矩形截面梁尺寸 $b \times h = 300\ \text{mm} \times 550\ \text{mm}$，截面最大弯矩计算值 $M = \gamma_0 M_d = 400\ \text{kN} \cdot \text{m}$，采用 C30 混凝土，绑扎钢筋骨架，HRB335 级钢筋。梁体处于Ⅰ类环境条件，安全等级为二级。受压区已有钢筋 $A'_s = 1\ 140\ \text{mm}^2$ (3⌀22)，$a'_s = 45$ mm，如图 4.19 所示。试求受拉钢筋截面面积。

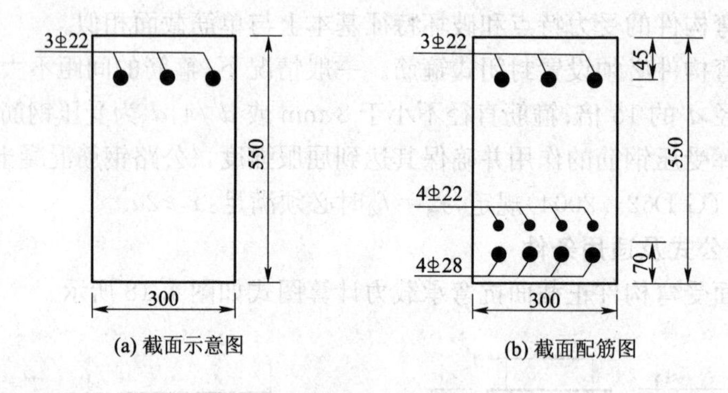

图 4.19　例 4.3 图(单位：mm)

【解】 由已知条件查附表 1.1 和附表 1.3 得 $f_{cd} = 13.8$ MPa，$f_{sd} = 280$ MPa。查表 4.1 可知 $\xi_b = 0.56$。设受拉钢筋按两层布置，假设 $a_s = 65$ mm，混凝土保护层厚取 30 mm，有效高度计算值 $h_0 = 550 - 65 = 485$ mm。

(1)求受压区高度 x

由式(4.9)得

$$x = h_0 - \sqrt{h_0^2 - \frac{2[M - f'_{sd}A'_s(h_0 - a'_s)]}{f_{cd}b}}$$

$$= 485 - \sqrt{485^2 - \frac{2[400 \times 10^6 - 280 \times 1\ 140 \times (485 - 45)]}{13.8 \times 300}}$$

$$= 154(\text{mm}) \begin{cases} < \xi_b h_0 (= 0.56 \times 485 = 271.6\ \text{mm}) \\ > 2a'_s (= 90\ \text{mm}) \end{cases}$$

(2)求所需受拉钢筋面积

由式(4.8)得

$$A_s = \frac{f_{cd}bx + f'_{sd}A'_s}{f_{sd}} = \frac{13.8 \times 300 \times 154 + 280 \times 1\ 140}{280} = 3\ 417\ (\text{mm}^2)$$

选择受拉区钢筋为 4⌀22 和 4⌀28，$A'_s = 1\ 580 + 2\ 463 = 3\ 983\ \text{mm}^2$。查附表 1.5，⌀22 外径 25.1 mm，⌀28 外径 31.6 mm。

钢筋净间距　$S_n = \dfrac{300 - 2 \times 30 - 4 \times 31.6}{3} = 38(\text{mm})$

钢筋净间距大于构造要求的 30 mm 及钢筋直径 $d=28$ mm，满足 4.1.2 的构造要求。

实际全部受拉纵向钢筋面积重心距截面混凝土下边缘距离

$$a_s=\frac{1\,520\times(30+31.6+31.6+25.1/2)+2\,463(30+31.6/2)}{3\,983}=68.7(\text{mm})$$

取 $a_s=70$ mm，实际截面有效高度 $h_0=480$ mm。

任务 4.6　熟练掌握 T 形截面正截面承载力计算

矩形截面梁在破坏时，受拉区混凝土早已开裂。在开裂截面处，受拉区的混凝土对截面的抗弯承载力已不起作用，即受拉区混凝土的宽度对承载力没有贡献。因此，可将受拉区混凝土挖去一部分，将受拉钢筋集中布置在剩余受拉区混凝土内，形成钢筋混凝土 T 形梁的截面，其承载能力与原矩形截面梁相同，但节省了混凝土，降低了工程造价。

4.6.1　基本公式及适用条件

T 形截面按受压区高度的不同可分为两类：受压区高度在翼缘厚度以内，即 $x\leqslant h_f'$ 为第一类 T 形截面；受压区包括翼缘和部分梁肋，即 $x>h_f'$ 为第二类 T 形截面（图 4.20）。

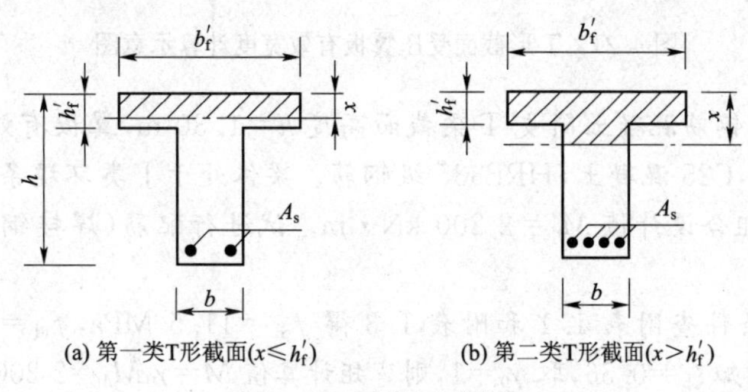

图 4.20　两类 T 形截面

1. 第一类 T 形截面

(1)基本计算公式：

$$f_{cd}b_f'x=f_{sd}A_s \tag{4.14}$$

$$\gamma_0 M_d\leqslant M_u=f_{cd}b_f'x(h_0-\frac{x}{2}) \tag{4.15}$$

$$\gamma_0 M_d\leqslant M_u=f_{sd}A_s(h_0-\frac{x}{2}) \tag{4.16}$$

(2)公式适用条件：

① $x\leqslant\xi_b h_0$；② $\rho\geqslant\rho_{min}$。

2. 第二类 T 形截面

(1)基本计算公式：

$$f_{cd}bx+f_{cd}h_f'(b_f'-b)=f_{sd}A_s \tag{4.17}$$

$$\gamma_0 M_d\leqslant M_u=f_{cd}bx(h_0-\frac{x}{2})+f_{cd}(b_f'-b)h_f'(h_0-\frac{h_f'}{2}) \tag{4.18}$$

(2)公式适用条件：

① $x\leqslant\xi_b h_0$；② $\rho\geqslant\rho_{min}$。

4.6.2 受压翼缘板有效宽度 b_f'

《公路钢筋混凝土及预应力混凝土桥涵设计规范》(JTG D62—2004)规定,T形截面梁(图4.21)的受压翼缘板有效宽度 b_f' 取下列三者中的最小值:

(1)简支梁计算跨径的1/3;

(2)相邻两梁的平均间距;

(3) $b+2b_h+12h_f'$。

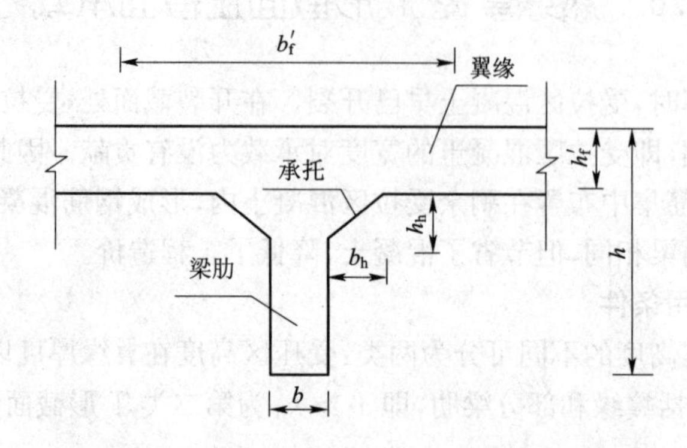

图4.21 T形截面受压翼板有效宽度计算示意图

【例4.4】 预制钢筋混凝土简支T梁截面高度 h=1.30 m,翼板有效宽度 b_f'=1.60 m(预制宽度1.58 m),C25混凝土,HRB335级钢筋。梁体处于Ⅰ类环境条件,安全等级为二级。跨中截面弯矩组合设计值 M_d=2 200 kN·m。试进行配筋(焊接钢筋骨架)计算及截面复核。

【解】 由已知条件查附表1.1和附表1.3得 f_{cd}=11.5 MPa,f_{td}=1.23 MPa,f_{sd}=280 MPa。由表4.1知 ξ_b=0.56,取 γ_0=1,则弯矩计算值 $M=\gamma_0 M_d$=2 200(kN·m)。

为了便于进行计算,将图4.22(a)的实际T形截面换成图4.22(b)所示的计算截面,翼缘板平均厚度 $h_f'=\dfrac{100+140}{2}$=120(mm),其余尺寸不变。

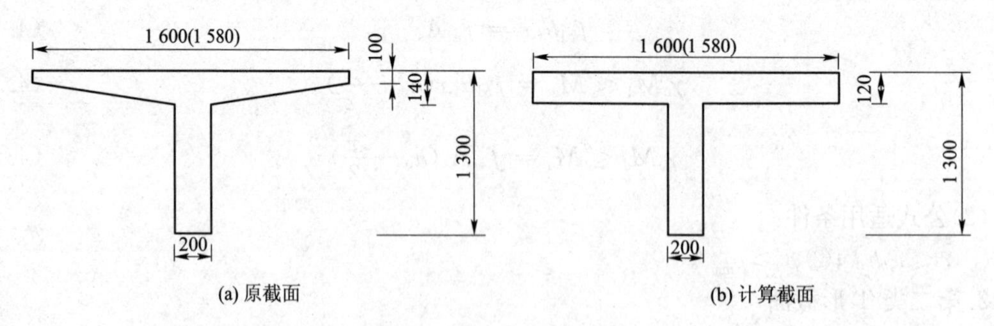

图4.22 例4.4图(单位:mm)

1.截面设计

(1)求有效高度 h_0

因采用的是焊接钢筋骨架,根据任务4.4之4.4.2可知,可设 a_s=30+0.07h=30+0.07×1 300=121(mm),则截面有效高度 h_0=1 300−121=1 179(mm)。

(2)判定T形截面类型

根据式(4.15)：

$$f_{cd}b'_f h'_f(h_0-\frac{h'_f}{2})=11.5\times1\ 600\times120\times(1\ 179-\frac{120}{2})$$
$$=2\ 470.75(\text{kN}\cdot\text{m})>M(=2\ 200\ \text{kN}\cdot\text{m})$$

故属于第一类T形截面。

(3)求受压区高度

由式(4.15)，可得到

$$2\ 200\times10^6=11.5\times1\ 600\times x\times(1\ 179-\frac{x}{2})$$

整理后，可得到　$x^2-2\ 358x+239\ 130=0$

解方程得合适解为　$x=106(\text{mm})<h'_f=120\ \text{mm}$

(4)求受拉钢筋面积A_s

将各已知值及$x=106$ mm代入式(4.14)，可得到

$$A_s=\frac{f_{cd}b'_f x}{f_{sd}}=\frac{11.5\times1\ 600\times106}{280}=6\ 966(\text{mm}^2)$$

现选择钢筋为8⌀32+4⌀16，截面面积$A_s=7\ 238\ \text{mm}^2$。

钢筋叠高6层，布置如图4.23所示。

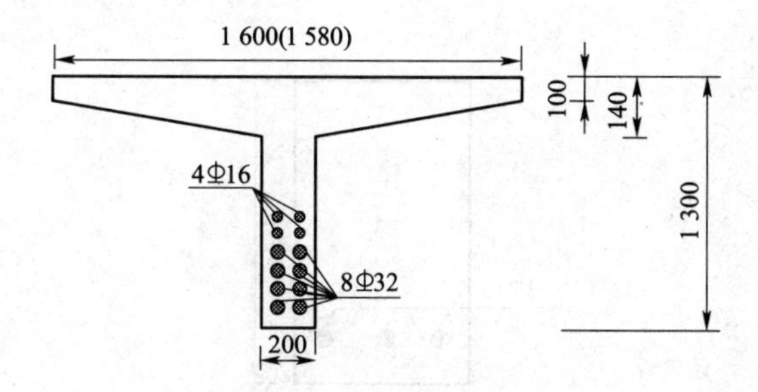

图4.23　例4.4钢筋布置图(单位：mm)

混凝土保护层厚度取35 mm，大于钢筋直径32 mm且满足《公路钢筋混凝土及预应力混凝土桥涵设计规范》(JTG D62—2004)规定的30 mm。钢筋间横向净距$S_n=200-2\times35-2\times35.8=58$(mm)，满足规定的大于40 mm及大于$1.25d=1.25\times32=40$(mm)的要求。故满足构造要求。

2. 截面复核

已设计的受拉钢筋中，8⌀32的面积为6 434 mm²，4⌀16的面积为804 mm²，$f_{sd}=280$ MPa。由图4.23钢筋布置图可求得a_s，即

$$a_s=\frac{6\ 434\times(35+2\times35.8)+804\times(35+4\times35.8+18.4)}{6\ 434+804}=117(\text{mm})$$

则实际有效高度$h_0=1\ 300-117=1\ 183$(mm)。

(1)判定T形截面类型

$$f_{cd}b'_f h'_f=11.5\times1\ 600\times120=2.21\times10^6(\text{N}\cdot\text{mm})=2.21(\text{kN}\cdot\text{m})$$
$$f_{sd}A_s=280\times(6\ 434+804)=2.03\times10^6(\text{N}\cdot\text{mm})=2.03(\text{kN}\cdot\text{m})$$

由于 $f_{cd}b'_fh'_f > f_{sd}A_s$，故为第一类T形截面。

(2)求受压区高度 x

根据式(4.14)有

$$x=\frac{f_{sd}A_s}{f_{cd}b'_f}=\frac{280\times 7\ 238}{11.5\times 1\ 600}=110(\text{mm})<h'_f(=120\ \text{mm})$$

(3)正截面抗弯承载力

根据式(4.15)有

$$M_u=f_{cd}b'_fx(h_0-\frac{x}{2})=11.5\times 1\ 600\times 110\times(1\ 183-\frac{110}{2})$$

$$=2\ 283.07\times 10^6(\text{N}\cdot\text{mm})=2\ 283.07(\text{kN}\cdot\text{m})>M(=2\ 200\ \text{kN}\cdot\text{m})$$

又 $\rho=\frac{A_s}{bh_0}=\frac{7\ 238}{200\times 1183}=3.06\%>\rho_{min}=0.2\%$，故截面复核满足。

习 题

1. 什么叫钢筋混凝土少筋梁、适筋梁和超筋梁？各自有什么样的破坏形态？

2. 截面尺寸 $b\times h=200\ \text{mm}\times 450\ \text{mm}$ 的钢筋混凝土矩形截面梁。采用C20混凝土和HRB335级钢筋(3⌀16)，截面构造如图4.24所示，弯矩计算值 $M_d=66\ \text{kN}\cdot\text{m}$，复核截面是否安全。

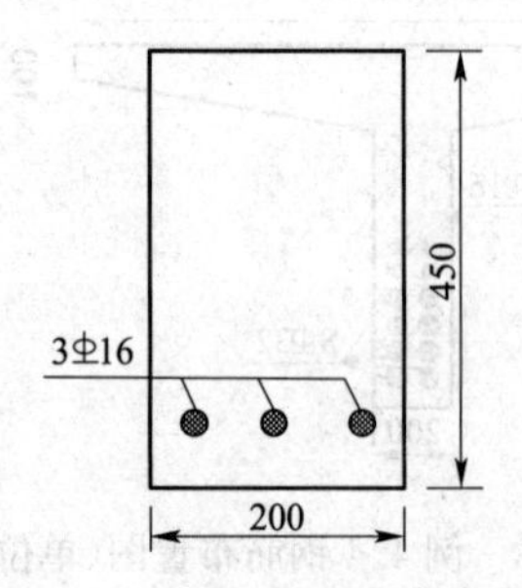

图4.24　习题2图(单位:mm)

3. 受均布荷载作用的矩形截面简支梁，跨长5.2 m。永久荷载(包括自重)标准值 $g_k=5\ \text{kN/m}$，可变荷载标准值 $p_k=10\ \text{kN/m}$，荷载分项系数分别为1.2及1.4，安全等级为二级。试按正截面受弯承载能力要求设计此梁截面并确定其配筋。

项目 5　受弯构件斜截面承载力计算

主要知识点	腹筋、配箍率、剪跨比、包络图
重点及难点	配箍率、剪跨比
学习指导	通过本项目的学习，掌握受弯构件斜截面的计算，并熟悉相关构造要求

任务 5.1　熟悉受弯构件斜截面的受力特点和破坏形态

在项目 4 受弯构件的构造中，介绍过钢筋混凝土梁设置的箍筋、弯起钢筋和斜钢筋都起抗剪作用。一般把箍筋、弯起钢筋和斜钢筋统称为梁的腹筋。把配有纵向受力钢筋和腹筋的梁称为有腹梁筋；而把仅有纵向受力钢筋而不设腹筋的梁称为无腹筋梁。在对受弯构件斜截面受力分析中，为便于探讨斜截面破坏的特性，常以无腹筋梁为基础，再引伸到有腹筋梁。

5.1.1　无腹筋简支梁斜裂缝出现前后的受力状态

图 5.1 为一无腹筋简支梁，作用有双集中荷载。全梁分为三段：剪弯段—纯弯段—剪弯段。

当梁上荷载较小时，裂缝尚未出现，钢筋和混凝土的应力—应变关系都处在弹性阶段，所以，把梁近似看作匀质弹性体，可用工程力学方法来分析它的应力状态。

在剪弯段截面上任一点都有剪应力和正应力存在，由单元体应力状态可知，它们的共同作用将产生主拉应力 σ_{tp} 和主压应力 σ_{cp}，图 5.1 即为无腹筋简支梁的主应力迹线。

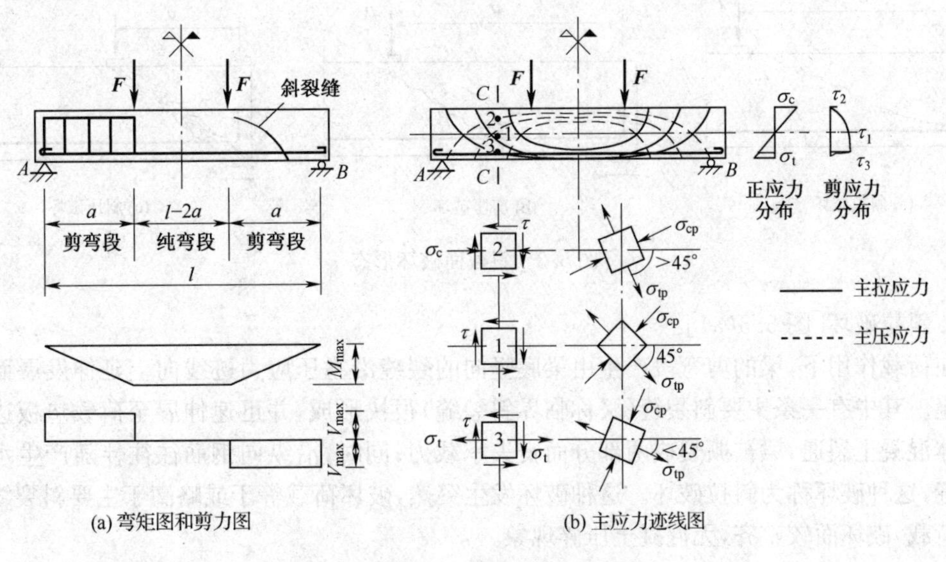

图 5.1　梁内力图及主应力迹线图

从主应力迹线可以看出,剪弯段主拉应力方向是倾斜的,与梁轴线的交角约为45°,而在梁的下边缘主拉应力方向接近于水平。在矩形截面梁中,主拉应力的数值是沿着某一条主拉应力轨迹线自上向下逐步增大的。

混凝土的抗压强度较高,但其抗拉强度较低。在梁的剪弯段,当主拉应力超过混凝土的极限抗拉强度时,就会出现斜裂缝。

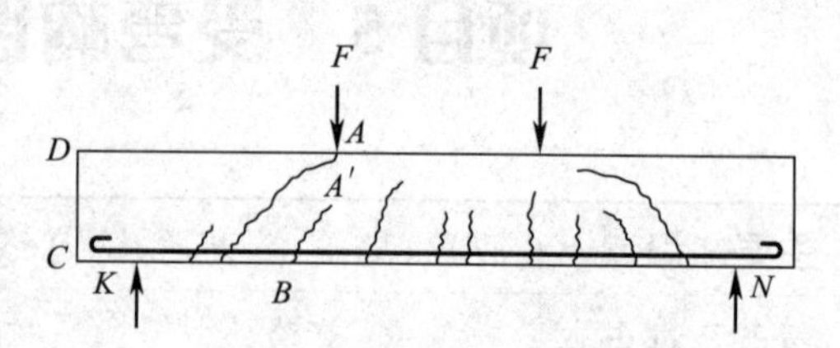

梁的剪弯段出现斜裂缝后,截面的应力状态就发生了质变,或者说发生了应力重分布。这时,不能用工程力学来计算梁截面上的正应力和剪应力,此时,梁不再是完整的匀质弹性梁。

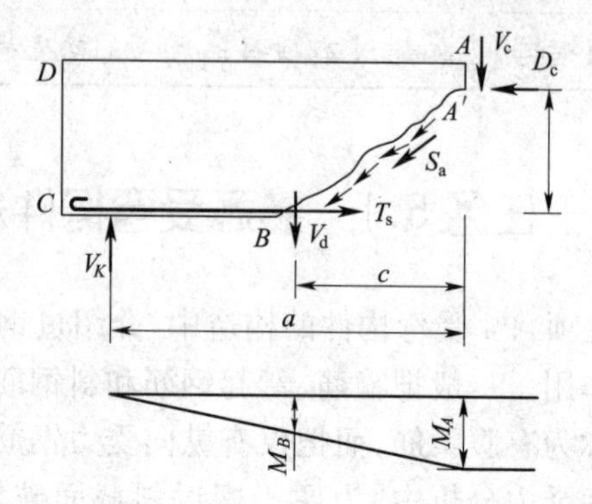

图 5.2　无腹筋梁出现斜裂缝后的隔离体图

图 5.2 为一根出现斜裂缝后的无腹筋梁。现取左边五边形 $AA'BCD$ 隔离体来分析它的平衡状态。在隔离体上,外荷载在斜截面 $AA'B$ 上引起的弯矩为 M_A,剪力为 V_K,而斜截面上的抵抗力则有:①斜截面上端混凝土剪压面(AA')上的压力 D_c 和剪力 V_c;②纵向钢筋拉力 T_s;③在梁的变形过程中,斜裂缝的两边将发生相对剪切位移,使斜裂缝面上产生摩擦力以及骨料凹凸不平相互间的骨料咬合力,它们的合力为 S_a;④由于斜裂缝两边有相对的上下错动,从而使纵向受拉钢筋受剪,通常称其为纵筋的销栓力 V_d。

5.1.2　无腹筋简支梁斜截面破坏形态

试验研究表明,随着剪跨比 $m=\frac{\text{剪跨}}{\text{有效高度}}=\frac{a}{h_0}=\frac{M}{Vh_0}$ 的变化,无腹筋简支梁沿斜截面破坏的主要形态有以下三种(图 5.3)。

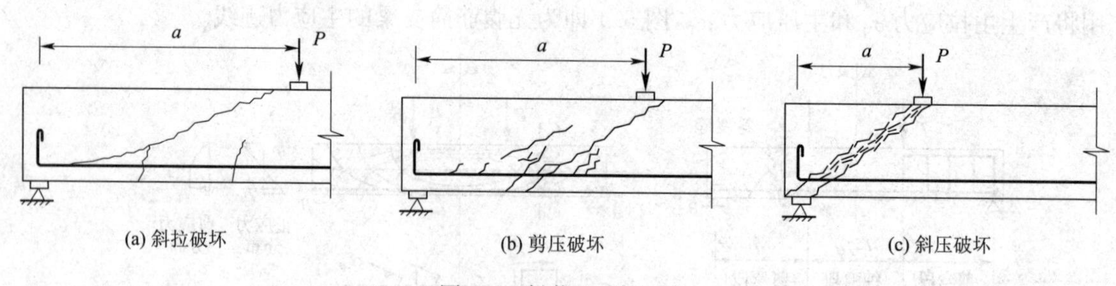

(a) 斜拉破坏　(b) 剪压破坏　(c) 斜压破坏

图 5.3　斜截面破坏形态

1. 斜拉破坏[图 5.3(a)]

在荷载作用下,梁的剪弯段产生由梁底竖向的裂缝沿主压应力迹线向上延伸发展而成的斜裂缝。其中有一条主要斜裂缝(又称临界斜裂缝)很快形成,并迅速伸展至荷载垫板边缘而使梁体混凝土裂通,梁被撕裂成两部分而丧失承载力;同时,沿纵向钢筋往往伴随产生水平撕裂裂缝,这种破坏称为斜拉破坏。这种破坏发生突然,破坏荷载等于或略高于主要斜裂缝出现时的荷载,破坏面较整齐,无混凝土压碎现象。

这种破坏往往发生于剪跨比 $m>3$ 时。

2. 剪压破坏[图 5.3(b)]

梁在剪弯段内出现斜裂缝。随着荷载的增大,陆续出现几条斜裂缝,其中,一条发展成为临界斜裂缝。临界斜裂缝出现后,梁还能继续承受荷载,而斜裂缝延伸至荷载垫板下。直到斜裂缝顶端(剪压区)的混凝土在正应力、剪应力及荷载引起的竖向局部压应力的共同作用下被压酥而破坏。破坏处可见到很多平行的斜向短裂缝和混凝土碎渣,这种破坏称为剪压破坏。

这种破坏往往发生于剪跨比 $1 \leqslant m \leqslant 3$ 的情况中。

3. 斜压破坏[图 5.3(c)]

首先是荷载作用点和支座之间出现一条斜裂缝,然后出现若干条大体相平行的斜裂缝,梁肋被分割成若干个倾斜的小柱体。随着荷载增大,梁肋发生类似混凝土棱柱体被压坏的情况。破坏时斜裂缝多而密,但没有主裂缝,故称为斜压破坏。

这种破坏往往发生于剪跨比 $m<1$ 的情况中。

总的来看,不同剪跨比无腹筋简支梁的破坏形态虽有不同,但荷载达到峰值时梁的跨中挠度都不大,而且破坏较突然,均属于脆性破坏。

5.1.3　有腹筋简支梁斜裂缝出现后的受力状态

当梁中配置箍筋或弯起钢筋后,有腹筋梁中力的传递和抗剪机理将发生较大的变化。

对于有腹筋梁,在荷载作用较小、斜裂缝出现之前,腹筋中的应力很小。在配有箍筋试验梁的荷载试验中,观察到的箍筋实测应力很小[图 5.4(a)]:当荷载 $F=24$ kN 时,箍筋实测应力仅 8 MPa。因而,在斜裂缝出现前,箍筋的作用不大,但是,斜裂缝出现后,与斜裂缝相交的箍筋中应力突然增大,起到抵抗剪切破坏的作用。

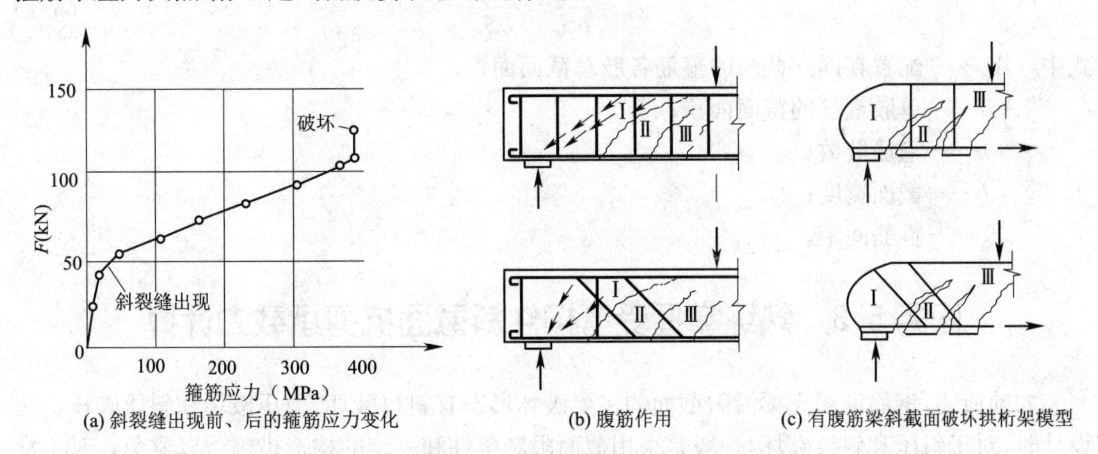

(a) 斜裂缝出现前、后的箍筋应力变化　(b) 腹筋作用　(c) 有腹筋梁斜截面破坏拱桁架模型

图 5.4　有腹筋梁斜裂缝出现后受力及力传递示意图

在斜裂缝出现后,腹筋的作用表现在:

(1)把小拱体Ⅱ、Ⅲ向上拉住[图 5.4(b)],使沿纵向钢筋的撕裂裂缝不发生,从而使纵筋的销栓作用得以发挥,这样,小拱体Ⅱ、Ⅲ就能更多地传递主压应力;

(2)腹筋将拱体Ⅱ、Ⅲ传递过来的主压应力,传到基本拱体Ⅰ上断面尺寸较大的还有潜力的部位上去,这就减轻了基本拱体Ⅰ拱顶处所承压的应力,从而提高了梁的抗剪承载力;

(3)腹筋能有效地减小斜裂缝开展宽度,从而提高了斜截面上混凝土骨料咬合力。

腹筋将被斜裂缝分割的拱形混凝土块体牢固地连接在一起,箍筋本身并不能把剪力直接传递到支座上。在有腹筋梁中,箍筋、斜筋或弯起钢筋和斜裂缝之间的混凝土块体可比拟成一个拱形桁架[图 5.4(c)]。在拱形桁架模型中,基本拱体Ⅰ视为拱形桁架的上弦压杆,拱体Ⅱ、Ⅲ是受压腹杆,纵向钢筋是下弦拉杆,箍筋等腹筋是受拉腹杆。

由上述有腹筋梁的抗剪机理分析可见,配置箍筋是提高梁抗剪承载力的有效措施。箍筋一般是沿梁剪跨布置的,在梁的剪跨范围内只要出现斜裂缝,相应部位的箍筋就发挥作用。弯起钢筋或斜筋只有与临界斜裂缝相交后才能发挥作用,可以提高梁的抗剪承载力。弯起钢筋虽能提高梁的抗剪承载力,但数量少而面积集中,对限制大范围内的斜裂缝宽度的作用不大,所以,弯筋不宜单独使用,而总是与箍筋联合使用。

设置腹筋的简支梁斜截面剪切破坏形态与无腹筋简支梁一样,破坏形态为斜拉破坏、剪压破坏和斜压破坏。

任务 5.2 了解影响受弯构件斜截面抗剪能力的主要因素

试验研究表明,影响有腹筋梁斜截面抗剪能力的主要因素有:

(1)剪跨比 m。剪跨比越大,抗剪承载力越低。

(2)混凝土立方体抗压强度 f_{cu}。f_{cu}越大,抗剪承载力越高。

(3)纵向钢筋配筋率 ρ。ρ 越大,抗剪承载力越高。

(4)配箍率 ρ_{sv}和箍筋强度 f_{sv}。ρ_{sv}和 f_{sv}越大,抗剪承载力越高。

箍筋用量一般用箍筋配筋率(工程上习惯称配箍率)ρ_{sv}(%)表示,即

$$\rho_{sv}=\frac{A_{sv}}{bS_v}=\frac{nA_{sv1}}{bS_v} \tag{5.1}$$

式中 A_{sv}——配置在同一截面的箍筋各肢总截面面积;

A_{sv1}——单肢箍筋的截面面积;

n——箍筋肢数;

b——截面宽度;

S_v——箍筋间距。

任务 5.3 熟练掌握受弯构件斜截面抗剪承载力计算

如前所述,钢筋混凝土梁沿斜截面的主要破坏形态有斜拉破坏、剪压破坏和斜压破坏。在设计时,对于斜压和斜拉破坏,一般是采用截面限制条件和一定的构造措施予以避免。对于常见的剪压破坏形态,梁的斜截面抗剪力变化幅度较大,故必须进行斜截面抗剪承载力的计算。《混凝土结构设计规范》(GB 50010—2010)和《公路钢筋混凝土及预应力混凝土桥涵设计规范》(JTG D62—2004)的基本公式就是针对这种破坏形态的受力特征而建立的。

5.3.1 斜截面抗剪承载力计算的基本公式及适用条件

1. 基本公式

配有箍筋和弯起钢筋的钢筋混凝土梁,当发生剪压破坏时,其抗剪承载力 V_u 是由剪压区混凝土抗剪力 V_c、箍筋所能承受的剪力 V_{sv}和弯起钢筋所能承受的剪力 V_{sb}所组成(图5.5),即

$$V_u=V_c+V_{sv}+V_{sb} \tag{5.2}$$

在有腹筋梁中，箍筋的存在抑制了斜裂缝的开展，使剪压区面积增大，导致了剪压区混凝土抗剪能力的提高，其提高程度与箍筋的抗拉强度和配箍率有关。因而，式(5.2)中的V_c与V_{sv}是紧密相关的，但两者目前尚无法分别予以精确定量，而只能用V_{cs}来表达混凝土和箍筋的综合抗剪承载力，即

$$V_u=V_{cs}+V_{sb} \tag{5.3}$$

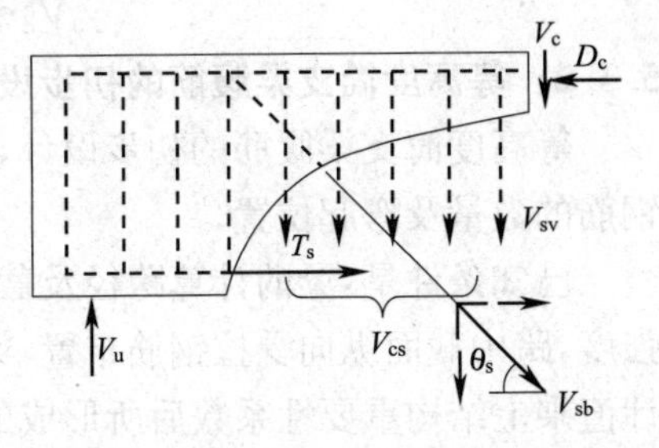

图5.5　斜截面抗剪承载力计算图示

《公路钢筋混凝土及预应力混凝土桥涵设计规范》(JTG D62—2004)对配有腹筋的钢筋混凝土梁斜截面抗剪承载力的计算采用下述半经验半理论公式：

$$\gamma_0 V_d \leqslant V_u = \alpha_1\alpha_2\alpha_3(0.45\times10^{-3})bh_0\sqrt{(2+0.6p)\sqrt{f_{cu,k}}\rho_{sv}f_{sv}} + (0.75\times10^{-3})f_{sd}\sum A_{sb}\sin\theta_s \tag{5.4}$$

$$V_{cs} = \alpha_1\alpha_2\alpha_3(0.45\times10^{-3})bh_0\sqrt{(2+0.6p)\sqrt{f_{cu,k}}\rho_{sv}f_{sv}} \tag{5.5}$$

$$V_{sb} = (0.75\times10^{-3})f_{sd}\sum A_{sb}\sin\theta_s \tag{5.6}$$

式中　V_d——斜截面受压端正截面上由作用效应所产生的最大剪力组合设计值(kN)；

γ_0——桥梁结构的重要性系数；

α_1——异号弯矩影响系数，计算简支梁支点梁段的抗剪承载力时，$\alpha_1=1.0$；

α_2——预应力提高系数，对钢筋混凝土受弯构件，$\alpha_2=1$；

α_3——受压翼缘的影响系数，对具有受压翼缘的截面，取$\alpha_3=1.1$；

b——斜截面受压区顶端截面处矩形截面宽度(mm)，或T形截面腹板宽度(mm)；

h_0——有效高度(mm)；

p——斜截面内纵向受拉钢筋的配筋率，$p=100\rho$，$\rho=\dfrac{A_s}{bh_0}$，当$p>2.5$时，取$p=2.5$；

$f_{cu,k}$——混凝土立方体抗压强度标准值(MPa)；

ρ_{sv}——箍筋配筋率；

f_{sv}——箍筋抗拉强度设计值(MPa)；

f_{sd}——弯起钢筋的抗拉强度设计值(MPa)；

A_{sb}——斜截面内在同一个弯起钢筋平面内的弯起钢筋总截面面积(mm^2)；

θ_s——弯起钢筋的切线与构件水平纵向轴线的夹角。

2.适用条件

(1)上限值——截面最小尺寸

《公路钢筋混凝土及预应力混凝土桥涵设计规范》(JTG D62—2004)规定了截面最小尺寸的限制条件，这种限制，同时也是为了防止梁在使用阶段斜裂缝开展过大。截面尺寸应满足：

$$\gamma_0 V_d \leqslant 0.51\times10^{-3}\sqrt{f_{cu,k}}\,bh_0 \quad (kN) \tag{5.7}$$

若式(5.7)不满足，则应加大截面尺寸或提高混凝土强度等级。

(2)下限值——按构造要求配置箍筋

《公路钢筋混凝土及预应力混凝土桥涵设计规范》(JTG D62—2004)规定，若符合下式，则不需进行斜截面抗剪承载力的计算，而仅按构造要求配置箍筋：

$$\gamma_0 V_d \leqslant 0.5\times10^{-3}\alpha_2 f_{td} b h_0 \quad (\mathrm{kN}) \tag{5.8}$$

5.3.2 等高度简支梁腹筋的初步设计

等高度简支梁腹筋的初步设计，是根据梁斜截面抗剪承载力要求配置箍筋，初步确定弯起钢筋的数量及弯起位置。

已知条件是：梁的计算跨径及截面尺寸、混凝土强度等级、纵向受拉钢筋及箍筋抗拉设计强度，跨中截面纵向受拉钢筋布置，梁的计算剪力包络图(计算得到的各截面最大剪力组合设计值乘上结构重要性系数后所形成的计算剪力图，如图 5.6 所示。

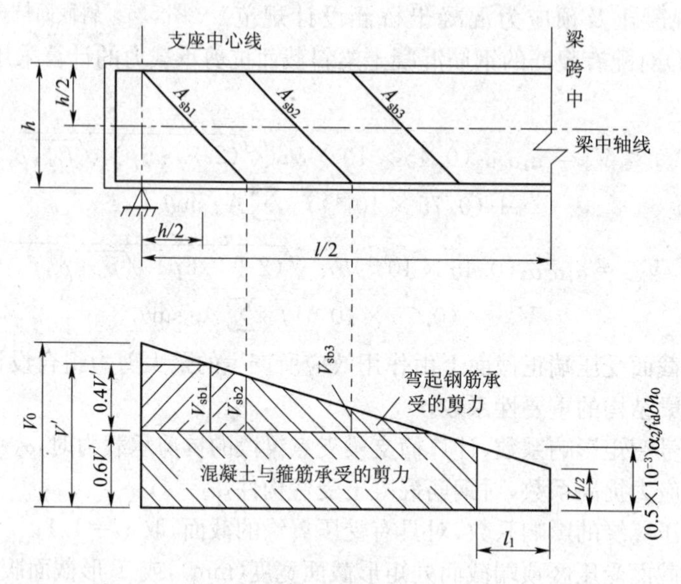

图 5.6 腹筋初步设计计算图

(1)根据已知条件及支座中心处的最大剪力计算值 V_0($V_0=\gamma_0 V_{d,0}$，$V_{d,0}$ 为支座中心处最大剪力组合设计值)按照式(5.7)，对由梁正截面承载力计算已决定的截面尺寸作进一步检查。若不满足，必须修改截面尺寸或提高混凝土强度等级。

(2)由式(5.8)求得按构造要求配置箍筋的剪力 $V=0.5\times10^{-3} f_{td} b h_0$，其中 b 和 h_0 可取跨中截面计算值，由计算剪力包络图可得到按构造配置箍筋的区段长度 l_1。

(3)在支点和按构造配置箍筋区段之间的计算剪力包络图中的计算剪力应该由混凝土、箍筋和弯起钢筋共同承担，但各自承担多大比例，涉及计算剪力包络图的合理分配问题。《公路钢筋混凝土及预应力混凝土桥涵设计规范》(JTG D62—2004)规定：最大剪力计算值取距支座中心 $h/2$(梁高一半)处截面的数值(记做 V')，其中混凝土和箍筋共同承担不少于 60%，即 $0.6V'$ 的剪力计算值；弯起钢筋(按 45°弯起)承担不超过 40%，即 $0.4V'$ 的剪力计算值。

(4)箍筋设计。现取混凝土和箍筋共同的抗剪能力 $V_{cs}=0.6V'$，根据式(5.5)则可得到 ρ_{sv} 和 S_v。

(5)弯起钢筋的数量及初步的弯起位置。弯起钢筋由纵向受拉钢筋弯起而成，常对称于梁跨中线成对弯起，以承担图 5.6 中计算剪力包络图中分配的计算剪力。

根据梁斜截面抗剪要求，所需的第 i 排弯起钢筋的截面面积，要根据图 5.6 分配的、应由第 i 排弯起钢筋承担的计算剪力值 V_{sbi} 来决定。由式(5.6)，且仅考虑弯起钢筋，则可得到

$$A_{sbi}=\frac{1\ 333.33V_{sbi}}{f_{sd}\sin\theta_s} \quad (\mathrm{mm}^2) \tag{5.9}$$

《公路钢筋混凝土及预应力混凝土桥涵设计规范》(JTG D62—2004)规定：

(1)计算第一排(从支座向跨中计算)弯起钢筋时，取用距支座中心 $h/2$ 处由弯起钢筋承担的那部分剪力值 $0.4V'$；

(2)计算以后每一排弯起钢筋时，取用前一排弯起钢筋弯起点处由弯起钢筋承担的那部分剪力值；

(3)钢筋混凝土梁的弯起钢筋一般与梁纵轴成45°角；

(4)简支梁第一排(对支座而言)弯起钢筋的末端弯折点应位于支座中心截面处，以后各排弯起钢筋的末端弯折点应落在或超过前一排弯起钢筋弯起点截面。

任务5.4　掌握受弯构件斜截面抗弯承载力的计算

本任务介绍受弯构件斜截面抗弯承载力的设计问题，然后再介绍既满足受弯构件斜截面抗剪承载力又满足抗弯承载力的弯起钢筋起弯点的确定方法。

5.4.1　斜截面抗弯承载力计算

试验研究表明，斜裂缝的发生与发展，除了可能引起剪切破坏外，还可能使与斜裂缝相交的箍筋、弯起钢筋及纵向受拉钢筋的应力达到屈服强度，这时，梁被斜裂缝分开的两部分将绕位于斜裂缝顶端受压区的公共铰转动，最后，受压区混凝土被压碎而破坏。

由图5.7可得到，斜截面抗弯承载力计算的基本公式为：

$$\gamma_0 M_d \leqslant M_u = f_{sd}A_sZ_s + \sum f_{sd}A_{sb}Z_{sb} + \sum f_{sv}A_{sv}Z_{sv} \tag{5.10}$$

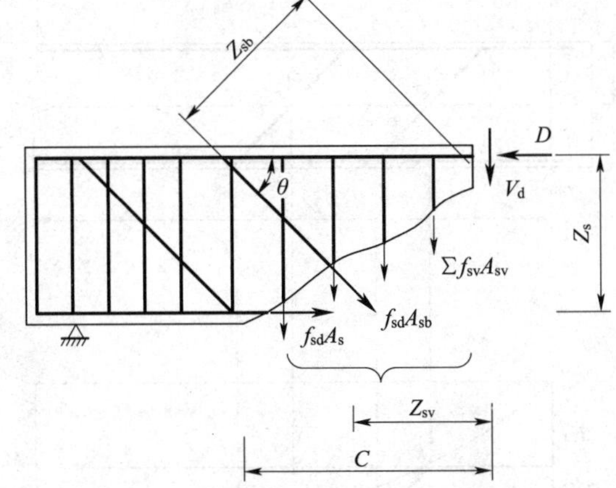

图5.7　斜截面抗弯承载力计算图示

在进行弯起钢筋布置时，为满足斜截面抗弯强度的要求，弯起钢筋的弯起点位置，应设在按正截面抗弯承载力计算该钢筋的强度全部被利用的截面以外，其距离不小于 $0.5h_0$ 处。换句话说，若弯起钢筋的弯起点至弯起筋强度充分利用截面的距离 S_1 满足 $S_1 \geqslant 0.5h_0$ 并且满足《公路钢筋混凝土及预应力混凝土桥涵设计规范》(JTG D62—2004)关于弯起钢筋规定的构造要求，则可不进行斜截面抗弯承载力的计算。

5.4.2　纵向受拉钢筋的弯起位置

在钢筋混凝土梁的设计中，必须同时考虑斜截面抗剪承载力、正截面和斜截面的抗弯承载力，以保证梁段中任一截面都不会出现正截面和斜截面破坏。

在项目4中已解决了梁最大弯矩截面的正截面抗弯承载力设计问题;项目5通过箍筋设计和弯起钢筋数量确定,已基本解决了梁段斜截面抗剪承载力的设计问题。唯一待解决的问题是弯起钢筋弯起点的位置。尽管在梁斜截面抗剪设计中已初步确定了弯起钢筋的弯起位置,但是纵向钢筋能否在这些位置弯起,显然应考虑同时满足正截面及斜截面抗弯承载力的要求。这个问题一般采用梁的抵抗弯矩图应覆盖计算弯矩包络图的原则来解决。在具体设计中,可采用作图与计算相结合的方法进行。

简支梁的弯矩包络图方程:

$$M_{d,x}=M_{d,l/2}\left(1-\frac{4x^2}{l^2}\right) \tag{5.11}$$

式中 $M_{d,x}$——距跨中截面为x处截面上的弯矩组合设计值;

$M_{d,l/2}$——跨中截面处的弯矩组合设计值;

l——简支梁的计算跨径。

简支梁的剪力包络图方程:

$$V_{d,x}=V_{d,l/2}+(V_{d,0}-V_{d,l/2})\frac{2x}{l} \tag{5.12}$$

式中 $V_{d,0}$——支座中心处截面的剪力组合设计值;

$V_{d,l/2}$——跨中截面处的剪力组合设计值。

抵抗弯矩图(图5.8)是指沿梁长各个正截面按实际配置的总受拉钢筋面积能产生的抵抗弯矩图,即表示各正截面所具有的抗弯承载力。

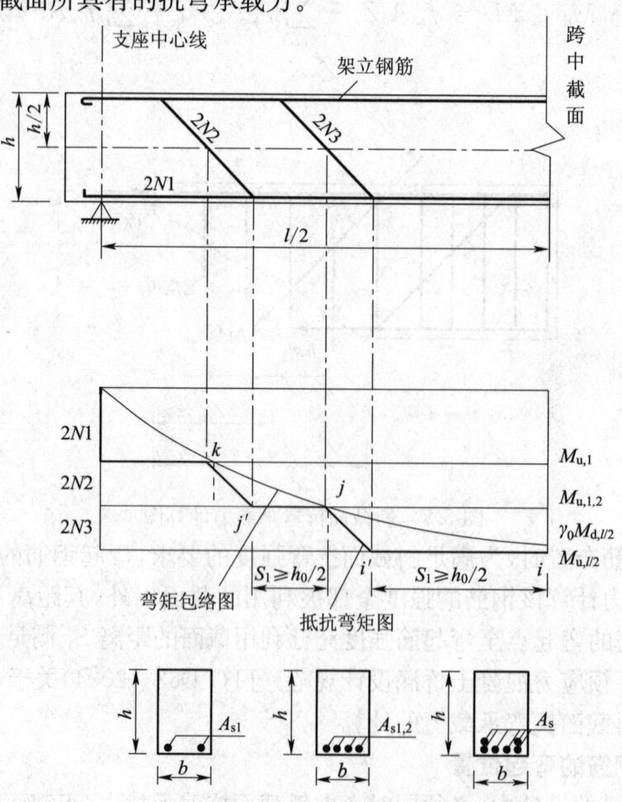

图5.8 简支梁的弯矩包络图及抵抗弯矩图(对称半跨)

由图 5.8 可见，在 i 点处，所有钢筋的强度被充分利用；在 j 点处 $N1$ 和 $N2$ 钢筋的强度被充分利用，而 $N3$ 钢筋在 j 点以外(向支座方向)就不再需要了；同样，在 k 点处 $N1$ 钢筋的强度被充分利用，$N2$ 钢筋在 k 点以外也就不再需要了。通常可以把 i、j、k 三个点分别称为 $N3$、$N2$、$N1$ 钢筋的“充分利用点”，而把 j、k、l 三个点分别称为 $N3$、$N2$ 和 $N1$ 钢筋的“不需要点”。

任务 5.5　掌握全梁承载力校核及构造要求

对基本设计好的钢筋混凝土梁进行全梁承载能力校核，就是进一步检查梁截面的正截面抗弯承载力、斜截面的抗剪和抗弯承载力是否满足要求。梁的正截面抗弯承载力按项目 4 方法复核。在梁的弯起钢筋设计中，按照抵抗弯矩图外包弯矩包络图原则，并且使弯起位置符合规范要求，故梁间任一正截面和斜截面的抗弯承载力已经满足要求，不必再进行复核。但是，任务 5.3 中介绍的腹筋设计，仅仅是根据近支座斜截面上的荷载效应(即计算剪力包络图)进行的，并不能得出梁间其他斜截面抗剪承载力一定大于或等于相应的剪力计算值 $V=\gamma_0 V_d$，因此，应该对已配置腹筋的梁进行斜截面抗剪承载力复核。

5.5.1　斜截面抗剪承载力的复核

在进行斜截面抗剪承载力复核时，应注意以下问题。

1. 斜截面抗剪承载力复核截面的选择

《公路钢筋混凝土及预应力混凝土桥涵设计规范》(JTG D62—2004)规定，在进行钢筋混凝土简支梁斜截面抗剪承载力复核时，其复核位置应按照下列规定选取：

(1)距支座中心 $h/2$(梁高一半)处的截面(图 5.9 中截面 1-1)；

(2)受拉区弯起钢筋弯起处的截面(图 5.9 中截面 2-2，3-3)，以及锚于受拉区的纵向钢筋开始不受力处的截面(图 5.9 中截面 4-4)；

(3)箍筋数量或间距有改变处的截面(图 5.9 中截面 5-5)；

(4)梁的肋板宽度改变处的截面。

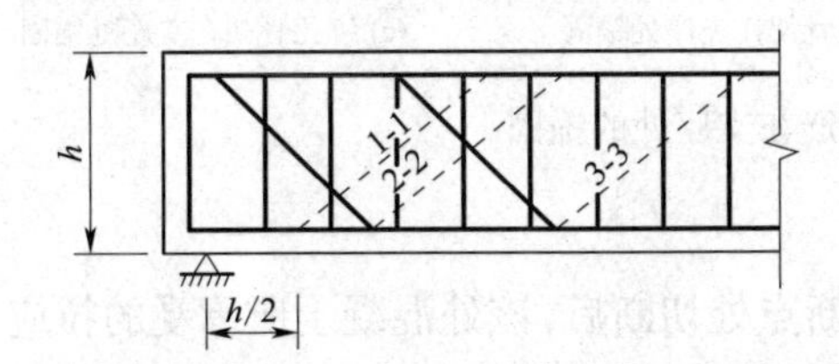

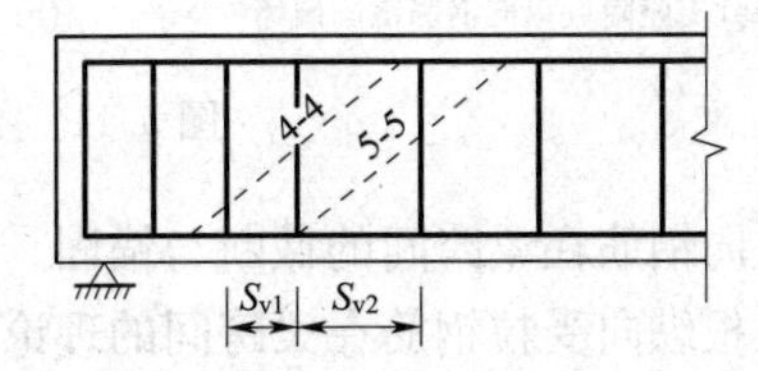

图 5.9　斜截面抗剪承载力的复核截面位置示意图

2. 斜截面顶端位置的确定

按照式(5.4)进行斜截面抗剪承载力复核时，式中的 V_d、b 和 h_0 均指斜截面顶端位置处的数值。《公路钢筋混凝土及预应力混凝土桥涵设计规范》(JTG D62—2004)建议斜截面投影长度 c(图 5.10)的计算式为：

$$c=0.6mh_0=0.6\frac{M_d}{V_d} \tag{5.13}$$

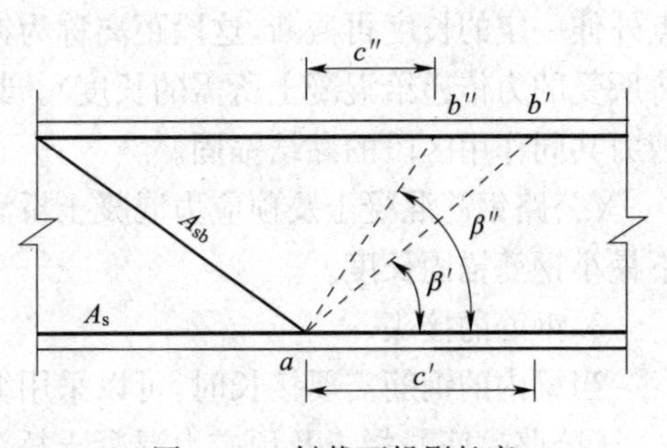

图 5.10　斜截面投影长度

由斜截面投影长度 c,可确定与斜截面相交的纵向受拉钢筋配筋百分率 p、弯起钢筋数量 A_{sb} 和箍筋配筋率 ρ_{sv}。取验算斜截面顶端正截面的有效高度 h_0 及宽度 b。将上述各值及与斜裂缝相交的箍筋和弯起钢筋数量代入式(5.4),即可进行斜截面抗剪承载力复核。

5.5.2 有关的构造要求

构造要求及其措施是结构设计中的重要组成部分。结构计算一般只能决定构件的截面尺寸及钢筋数量和布置,但是对于一些不易详细计算的因素往往要通过构造措施来弥补,这样也便于满足施工要求。构造措施对防止斜截面破坏显得尤其重要。在本项目前述的内容中已经对此做了一些介绍,下面结合《公路钢筋混凝土及预应力混凝土桥涵设计规范》(JTG D62—2004)的规定进一步介绍。

1. 纵向钢筋在支座处的锚固

在梁近支座处出现斜裂缝时,斜裂缝处纵向钢筋应力将增大,支座边缘附近纵筋应力大小与伸入支座纵筋的数量有关。这时,梁的承载能力取决于纵向钢筋在支座处的锚固情况,若锚固长度不足,钢筋与混凝土的相对滑移将导致斜裂缝宽度显著增大[图 5.11(a)],甚至会发生黏结锚固破坏。为了防止钢筋被拔出而破坏,规定:

(1)在钢筋混凝土梁支点处,应至少有两根且不少于总数 1/5 的下层受拉主钢筋通过;

(2)底层两外侧之间不向上弯曲的受拉主筋,伸出支点截面以外的长度应不小于 $10d$(R235 钢筋应带半圆钩)。

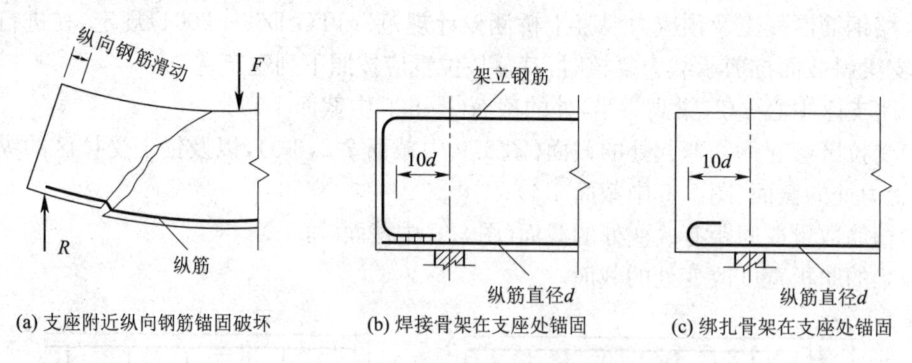

(a) 支座附近纵向钢筋锚固破坏　(b) 焊接骨架在支座处锚固　(c) 绑扎骨架在支座处锚固

图 5.11　主钢筋在支座处的锚固

2. 纵向钢筋在梁跨间的截断与锚固

当某根纵向受拉钢筋在梁跨间的理论切断点处切断后,该处混凝土所承受的拉应力突增,往往会过早出现斜裂缝,如果截面的钢筋锚固不足,甚至可能降低构件的承载能力,因此,纵向受拉钢筋不宜在受拉区截断。若需截断,为保证钢筋强度的充分利用,必须将钢筋从理论切断点外伸一定的长度再截断,这段距离称为钢筋的锚固长度(是受力钢筋通过混凝土与钢筋黏结将所受的力传递给混凝土所需的长度)。其不同于纵筋在支座处的锚固作用,是钢筋在弯矩和剪力共同作用区段的黏结锚固。

《公路钢筋混凝土及预应力混凝土桥涵设计规范》(JTG D62—2004)规定了不同受力情况下最小钢筋锚固长度。

3. 钢筋的接头

当梁内的钢筋需要接长时,可以采用绑扎搭接接头、焊接接头和钢筋机械接头。

《公路钢筋混凝土及预应力混凝土桥涵设计规范》(JTG D62—2004)还规定,在任一焊接头中心至长度为钢筋直径的35倍，且不小于500 mm的区段内，同一根钢筋不得有两个接头，在该区段内有接头的受力钢筋截面积占受力钢筋总截面面积的百分数不宜超过50%（受拉区钢筋），受压区钢筋的焊接接头无此限制。

4.箍筋的构造要求

(1)钢筋混凝土梁应设置直径不小于8 mm且不小于1/4主钢筋直径的箍筋。箍筋的最小配筋率：R235钢筋时，$\rho_{sv,min}=0.18\%$；HRB335钢筋时，$\rho_{sv,min}=0.12\%$。

(2)箍筋的间距

箍筋的间距（指沿构件纵轴方向箍筋轴线之间的距离）不应大于梁高的1/2且不大于400 mm，当所箍钢筋为按受力需要的纵向受压钢筋时，应不大于受压钢筋直径的15倍，且不应大于400 mm。

支座中心向跨径方向长度不小于一倍梁高范围内，箍筋间距不宜大于100 mm。

任务5.6　熟悉装配式钢筋混凝土简支梁设计例题

1.已知设计数据及要求

钢筋混凝土简支梁全长 $l_0=19.96$ m，计算跨径 $l=19.50$ m。T形截面梁的尺寸如图5.12所示，桥梁处于Ⅰ类环境条件，安全等级为二级，$\gamma_0=1.0$。

梁体采用C25混凝土，轴心抗压强度设计值 $f_{cd}=11.5$ MPa，轴心抗拉强度设计值 $f_{td}=1.23$ MPa。主筋采用HRB335钢筋，抗拉强度设计值 $f_{sd}=280$ MPa；箍筋采用R235钢筋，直径8 mm，抗拉强度设计值 $f_{sv}=195$ MPa。（本算例为装配式T梁，相邻两主梁的平均间距为1 600 mm，图5.12所示1 580 mm为预制梁翼板宽度）

简支梁控制截面的弯矩组合设计值和剪力组合设计值为：

跨中截面　$M_{d,l/2}=2\ 200$ kN·m，$V_{d,l/2}=84$ kN

1/4跨截面　$M_{d,l/4}=1\ 600$ kN·m

支点截面　$M_{d,0}=0$，$V_{d,0}=440$ kN

要求确定纵向受拉钢筋数量和进行腹筋设计。

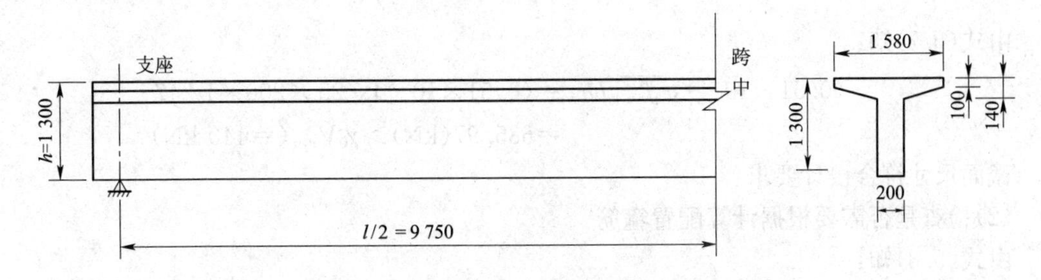

图5.12　20 m钢筋混凝土简支梁尺寸（单位：mm）

2.跨中截面的纵向受拉钢筋计算

(1)T形截面梁受压翼板的有效宽度 b'_f

由图5.12所示的T形截面受压翼板的厚度尺寸，可得平均厚度 $h'_f=\dfrac{140+100}{2}=120$ (mm)。

依据任务4.6中的4.6.2可知，b'_f取下列三者中的最小值：

$$b'_{f1}=\frac{1}{3}l=\frac{1}{3}\times 19\ 500=6\ 500(\text{mm})$$

$$b'_{f2}=1\ 600\ \text{mm}$$

$$b'_{f3}=b+2b_h+12h'_f=200+2\times 0+12\times 120=1\ 640(\text{mm})$$

故取受压翼板的有效宽度 $b'_f=1\ 600$ mm。

(2)钢筋数量计算

钢筋数量(跨中截面)计算及截面复核详见例 4.4。

跨中截面主筋为 8⌀32+4⌀16,焊接骨架的钢筋层数为 6 层,钢筋布置如图 5.13 所示。纵向钢筋面积 $A_s=7\ 238\ \text{mm}^2$,截面有效高度 $h_0=1\ 183$ mm,抗弯承载力 $M_u=2\ 283.07$ kN·m $>\gamma_0 M_{d,l/2}=2\ 200$ kN·m。

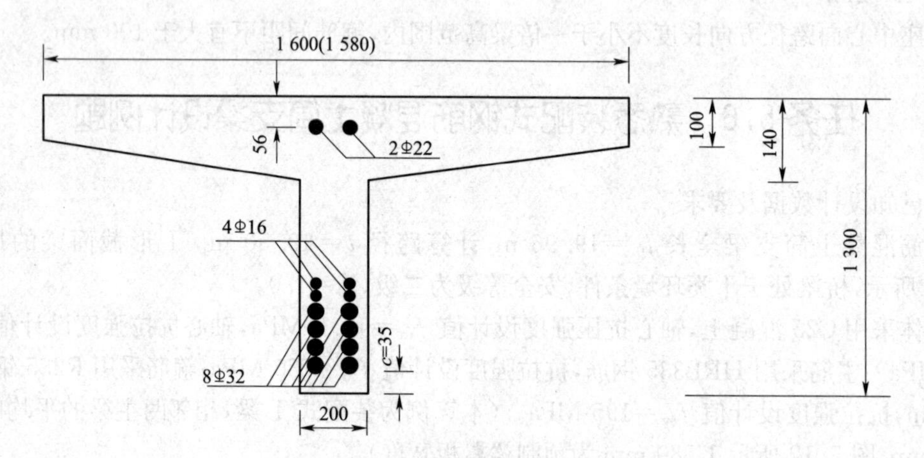

图 5.13　跨中截面配筋图(单位:mm)

3.腹筋设计

(1)截面尺寸检查

根据构造要求,梁最底层钢筋 2⌀32 通过支座截面,支点截面有效高度为 $h_0=h-\left(35+\frac{35.8}{2}\right)=1\ 247(\text{mm})$。

由式(5.7)知:

$$(0.51\times 10^{-3})\sqrt{f_{cu,k}}bh_0=(0.51\times 10^{-3})\sqrt{25}\times 200\times 1\ 247$$
$$=635.97(\text{kN})>\gamma_0 V_{d,0}(=440\ \text{kN})$$

截面尺寸符合设计要求。

(2)检查是否需要根据计算配置箍筋

由式(5.8)知:

跨中截面:$(0.5\times 10^{-3})\alpha_2 f_{td}bh_0=(0.5\times 10^{-3})\times 1.0\times 1.23\times 200\times 1\ 183=145.51(\text{kN})$

支座截面:$(0.5\times 10^{-3})\alpha_2 f_{td}bh_0=(0.5\times 10^{-3})\times 1.0\times 1.23\times 200\times 1\ 247=153.38(\text{kN})$

因 $\gamma_0 V_{d,l/2}(=84\ \text{kN})<(0.5\times 10^{-3})\alpha_2 f_{td}bh_0<\gamma_0 V_{d,0}(=440\ \text{kN})$

故可在梁跨中的某长度范围内按构造配置箍筋,其余区段应按计算配置腹筋。

(3)计算剪力图分配(图 5.14)

在图 5.14 所示的剪力包络图中,支点处剪力计算值 $V_0=\gamma_0 V_{d,0}$,跨中处剪力计算值

$V_{l/2}=\gamma_0 V_{d,l/2}$。

$V_x=\gamma_0 V_{d,x}=(0.5\times10^{-3})\alpha_2 f_{td}bh_0=145.51$(kN)的截面距跨中截面的距离可由剪力包络图按比例求得，即

$$l_1=\frac{L}{2}\times\frac{V_x-V_{l/2}}{V_0-V_{l/2}}=9\ 750\times\frac{145.51-84}{440-84}$$
$$=1\ 685(\text{mm})$$

在 l_1 长度内可按构造要求布置箍筋。

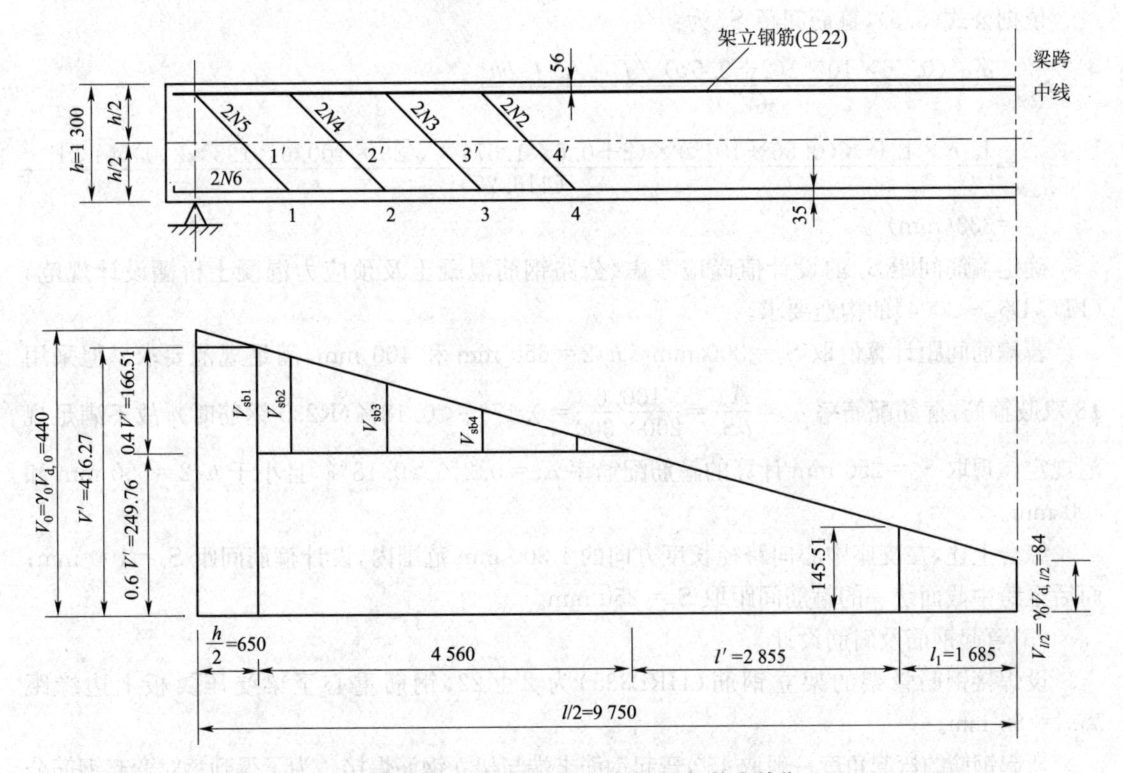

图5.14　计算剪力分配图(尺寸单位：mm；剪力单位：kN)

同时，根据《公路钢筋混凝土及预应力混凝土桥涵设计规范》(JTG D62—2004)规定，在支座中心线附近 $h/2=650$ mm 范围内，箍筋的间距最大为 100 mm。

距支座中心线为 $h/2$ 处的计算剪力值 V'，可由剪力包络图按比例求得：

$$V'=\frac{lV_0-h(V_0-V_{l/2})}{l}$$
$$=\frac{19\ 500\times440-1\ 300\times(440-84)}{19\ 500}=416.27(\text{kN})$$

其中应由混凝土和箍筋承担的剪力计算值至少为 $0.6V'=249.76$ kN；应由弯起钢筋(包括斜筋)承担的剪力计算值最多为 $0.4V'=166.51$ kN，设置弯起钢筋区段长度为 4 560 mm (图5.14)。

(4)箍筋设计

依据任务5.5构造要求，可采用直径为 8 mm 的双肢箍筋，箍筋截面积 $A_{sv}=nA_{sv1}=2\times50.3=100.6(\text{mm}^2)$。

在等截面钢筋混凝土简支梁中，箍筋尽量做到等距离布置。为计算简便，按式(5.4)设计箍筋时，式中的斜截面内纵筋配筋百分率 p 及截面有效高度 h_0 可近似按支座截面和跨中截面的平均值取用。由例4.4知 $\rho=3.06\%$，故

跨中截面：$p_{l/2}=100\rho=3.06>2.5$，根据相关规定，当 $p>2.5$ 时取 $p_{l/2}=2.5$，$h_0=1\ 183$(mm)。

支点截面：$p_0=100\rho=0.64$，$h_0=1\ 247$(mm)。

则平均值分别为 $p=\dfrac{2.5+0.64}{2}=1.57$，$h_0=\dfrac{1\ 183+1\ 247}{2}=1\ 215$(mm)。

依据公式(5.5)，箍筋间距 S_v 为：

$$S_v=\frac{\alpha_1^2\alpha_3^2(0.56\times10^{-6})(2+0.6p)\sqrt{f_{cu,k}}A_{sv}f_{sv}bh_0^2}{(V')^2}$$

$$=\frac{1.0^2\times1.1^2\times(0.56\times10^{-6})\times(2+0.6\times1.57)\times\sqrt{25}\times100.6\times195\times200\times(1\ 215)^2}{(416.27)^2}$$

$$=333(\text{mm})$$

确定箍筋间距 S_v 的设计值尚应考虑《公路钢筋混凝土及预应力混凝土桥涵设计规范》(JTG D62—2004)的构造要求。

若箍筋间距计算值取 $S_v=300$ mm $\leqslant h/2=650$ mm 和 400 mm，满足规范要求。但采用 ϕ8 双肢箍筋，箍筋配筋率 $\rho_{sv}=\dfrac{A_{sv}}{bS_v}=\dfrac{100.6}{200\times300}=0.17\%<0.18\%$(R235 钢筋时)，故不满足规范规定。现取 $S_v=250$ mm 计算的箍筋配筋率 $\rho_{sv}=0.2\%>0.18\%$，且小于 $h/2=650$ mm 和 400 mm。

综合上述，在支座中心向跨径长度方向的 1 300 mm 范围内，设计箍筋间距 $S_v=100$ mm；而后至跨中截面统一的箍筋间距取 $S_v=250$ mm。

(5)弯起钢筋及斜筋设计

设焊接钢筋骨架的架立钢筋(HRB335)为 2 ⌀ 22，钢筋重心至梁受压翼板上边缘距离 $a_s'=56$ mm。

弯起钢筋的弯起角度一般取45°，弯起钢筋末端与架立钢筋焊接。为了得到每对弯起钢筋分配的剪力，要由各排弯起钢筋的末端折点应落在前一排弯起钢筋弯起点的构造规定来得到各排弯起钢筋的弯起点计算位置，首先要计算弯起钢筋上、下弯点之间垂直距离 Δh_i(图5.15)。

现拟弯起 $N1\sim N5$ 钢筋，将计算的各排弯起钢筋弯起点截面的 Δh_i 以及至支座中心距离 x_i、分配的剪力计算值 V_{sbi}、所需的弯起钢筋面积 A_{sbi} 值列入表5.1。

表 5.1　弯起钢筋计算表

弯　起　点	1	2	3	4	5
Δh_i(mm)	1 125	1 090	1 054	1 035	1 017
距支座中心距离 x_i(mm)	1 125	2 215	3 269	4 304	5 321
分配的计算剪力值 V_{sbi}(kN)	166.51	149.17	109.36	70.88	
需要的弯筋面积 A_{sbi}(mm²)	1 121	1 005	736	477	
可提供的弯筋面积 A_{sbi}(mm²)	1 609 (2⌀32)	1 609 (2⌀32)	1 609 (2⌀32)	402 (2⌀16)	
弯筋与梁轴交点到支座中心距离 x_c^i(mm)	564	1 690	2 779	3 841	

现将表 5.1 中有关计算举例说明如下。

根据《公路钢筋混凝土及预应力混凝土桥涵设计规范》(JTG D62—2004)规定，简支梁的第一排弯起钢筋(对支座而言)的末端弯折点应位于支座中心截面处。这时，Δh_1 计算为

$$\Delta h_1 = 1\,300-[(35+35.8\times1.5)+(43+25.1+35.8\times0.5]=1\,125(\text{mm})$$

弯筋的弯起角为 45°，则第一排弯筋(2N5)的弯起点 1 距支座中心距离为 1 125 mm。弯筋与梁纵轴线交点 1′距支座中心距离为 $1\,125-\left[\dfrac{1\,300}{2}-(35+35.8\times1.5)\right]=564(\text{mm})$。

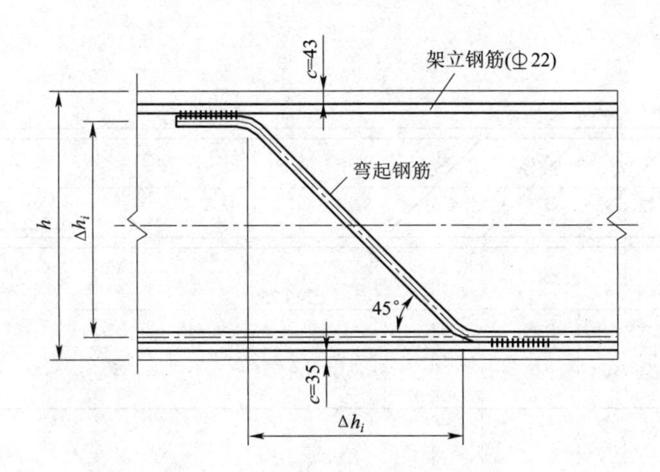

图 5.15 弯起钢筋细节(单位：mm)

对于第二排弯起钢筋，可得：

$$\Delta h_1 = 1\,300-[(35+35.8\times2.5)+(43+25.1+35.8\times0.5]=1\,090(\text{mm})$$

弯起钢筋(2N4)的弯起点 2 距支点中心距离为 $1\,125+\Delta h_2=1\,125+1\,090=2\,215(\text{mm})$。

分配给第二排弯起钢筋的计算剪力值 V_{sb2}，由比例关系计算可得到：

$$\frac{4\,560+650-1\,125}{4\,560}=\frac{V_{sb2}}{166.51}$$

得 $$V_{sb2}=149.17\text{ kN}$$

其中，$0.4V'=166.51$ kN；$h/2=650$ mm；设置弯起钢筋区段长为 4 560 mm。

所需要提供的弯起钢筋截面积 A_{sb2} 由式(5.9)知为

$$A_{sbi}=\frac{1\,333.33V_{sb2}}{f_{sd}\sin 45^\circ}=\frac{1\,333.33\times149.17}{280\times0.707}=1\,005(\text{mm}^2)$$

第二排弯起钢筋与梁轴线交点 2′距支座中心距离为：

$$2\,215-\left[\frac{1\,300}{2}-(35+35.8\times2.5)\right]=1\,690(\text{mm})$$

其余各排弯起钢筋的计算方法与第二排弯起钢筋计算方法相同。

由表 5.1 可见，原拟定弯起 N1 钢筋的弯起点距支座中心距离为 5 321 mm，已大于 $4\,560+h/2=4\,560+650=5\,210$ mm，即在欲设置弯筋区域长度之外，故暂不参加弯起钢筋的计算，图 5.16中以截断 N1 钢筋表示。但在实际工程中，往往不截断而是弯起，以加强钢筋骨架施工时的刚度。

按照计算剪力初步布置弯起钢筋如图 5.16 所示。

现在按照同时满足梁跨间各正截面和斜截面抗弯要求，确定弯起钢筋的弯起点位置。由已知跨中截面弯矩计算值 $M_{l/2}=\gamma_0 M_{d,l/2}=2\ 200\ \text{kN}\cdot\text{m}$，支点中心处 $M_0=\gamma_0 M_{d,0}=0$，按式(5.11)作出梁的计算弯矩包络图(图5.16)。在 $l/4$ 截面处，因 $x=4.875\ \text{m}$，$l=19.5\ \text{m}$，$M_{l/2}=2\ 200\ \text{kN}\cdot\text{m}$，则弯矩计算值为

$$M_{l/4}=2\ 200\times\left(1-\frac{4\times 4.875^2}{19.5^2}\right)=1\ 650(\text{kN}\cdot\text{m})$$

与已知值 $M_{l/4}=1\ 600\ \text{kN}\cdot\text{m}$ 相比，两者相对误差为3%，故用式(5.11)来描述简支梁弯矩包络图是可行的。

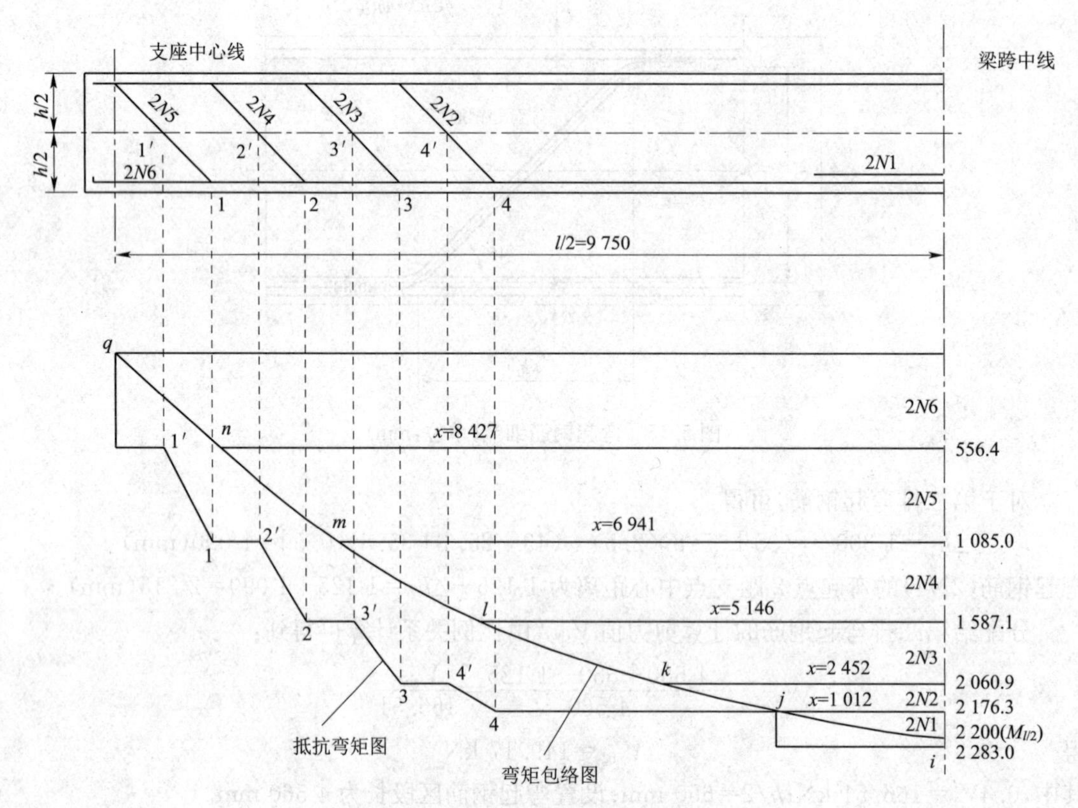

图5.16　梁的弯矩包络图与抵抗弯矩图

(尺寸单位:mm;弯矩单位:kN·m)

各排弯起钢筋弯起后，相应正截面抗弯承载力 M_{ui} 计算如表5.2所示。

表5.2　钢筋弯起后相应各正截面抗弯承载力

梁区段	截面纵筋	有效高度 h_0 (mm)	T形截面类别	受压区高度 x (mm)	抗弯承载力 M_{ui}(kN·m)
支座中心～1点	2⌀32	1 247	第一类	24	556.0
1点～2点	4⌀32	1 229	第一类	49	1 085.0
2点～3点	6⌀32	1 211	第一类	73	1 587.1
3点～4点	8⌀32	1 193	第一类	98	2 060.9
4点～$N1$钢筋截断处	8⌀32+2⌀16	1 189	第一类	104	2 176.3
$N1$钢筋截断处～梁跨中	8⌀32+4⌀16	1 183	第一类	110	2 283.0

将表 5.2 的正截面抗弯承载力 M_{ui} 在图 5.16 上用各平行直线表示出来，它们与弯矩包络图的交点分别为 i、j…q，并以各 M_{ui} 值代入式(5.11)中，可求得 i、j…q 到跨中截面距离 x 的值(图 5.16)。

现在以图 5.16 中所示弯起钢筋弯起点初步位置，来逐个检查是否满足《公路钢筋混凝土及预应力混凝土桥涵设计规范》(JTG D62—2004)的要求。

第一排弯起钢筋(2N5)：

其充分利用点"m"的横坐标 x=6 941 mm，而 2N5 的弯起点 1 的横坐标 x_1=9 750－1 125=8 625 mm，说明 1 点位于 m 点左边，且 x_1-x(=8 625－6 941=1 684 mm)＞$h_0/2$(=1 229/2=615 mm)，满足要求。

其不需要点 n 的横坐标 x=8 427 mm，而 2N5 钢筋与梁中轴线交点 1′的横坐标 x_1'(=9 750－564=9 168 mm)＞x(=8 427 mm)，亦满足要求。

第二排弯起钢筋(2N4)：

其充分利用点 l 的横坐标 x= 5 146 mm，而 2N4 的弯起点 2 的横坐标 x_2=(9 750－2 215=7 535 mm)＞x(=5 146 mm)，且 x_2-x(=7 535－5 146=2 389 mm)＞h_0/2(=1 211/2=606 mm)，满足要求。

其不需要点 m 的横坐标 x=6 941 mm，而 2N4 钢筋与梁中轴线交点 2′的横坐标 x_2'(=9 750－1 690=8 060 mm)＞x(=6 941 mm)，故满足要求。

第三排弯起钢筋(2N3)：

其充分利用点 k 的横坐标 x=2 452 mm，2N3 的弯起点 3 的横坐标 x_3=(9 750－3 269=6 481 mm)＞x(=2452 mm)，且 x_3-x(=6 481－2 452=4 029 mm)＞h_0/2(=1 193/2=597 mm)，满足要求。

其不需要点 l 的横坐标 x=5 146 mm，2N3 钢筋与中轴线交点 3′的横坐标 x_3'(=9 750－2 779=6 971 mm)＞x(=5 146 mm)，故满足要求。

第四排弯起钢筋(2N2)：

其充分利用点 j 的横坐标 x=1 012 mm，2N2 的弯起点 4 的横坐标 x_4=(9 750－4 304=5 446 mm)＞x(=2 452 mm)，且 x_4-x(=5 446－1 012=4 434 mm)＞h_0/2(=1 189/2=595 mm)，满足要求。

其不需要点 k 的横坐标 x=2 452 mm，2N2 钢筋与梁中轴线交点 4 的横坐标 x_4'(=9 750－3 841=5 909 mm)＞x(=2 452 mm)，满足要求。

由上述检查结果可知 5.16 所示弯起钢筋弯起点初步位置满足要求。

由 2N2、2N3、2N4 钢筋弯起点形成的抵抗弯矩图远大于弯矩包络图，故进一步调整上述弯起钢筋的弯起点位置，在满足规范对弯起钢筋弯起点要求前提下，使抵抗弯矩图接近弯矩包络图；在弯起钢筋之间，增设直径为 16 mm 的钢筋，图 5.17 即为调整后主梁弯起钢筋、斜钢筋的布置图。

4. 斜截面抗剪承载力的复核

对于等高度简支梁，分别可以用式(5.11)和式(5.12)近似描述。对于钢筋混凝土简支梁斜截面抗剪承载力的复核，按照《公路钢筋混凝土及预应力混凝土桥涵设计规范》(JTG D62—2004)关于复核截面位置和复核方法的要求逐一进行。本例以支座中心处为 $h/2$ 处斜截面抗剪承载力复核作介绍。

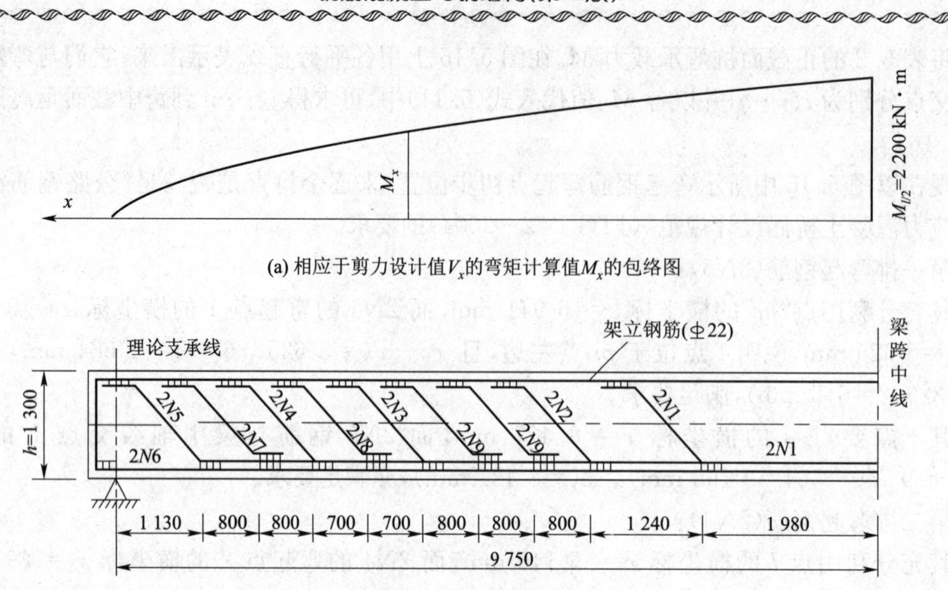

(a) 相应于剪力设计值V_x的弯矩计算值M_x的包络图

(b) 弯起钢筋和斜筋布置示意图

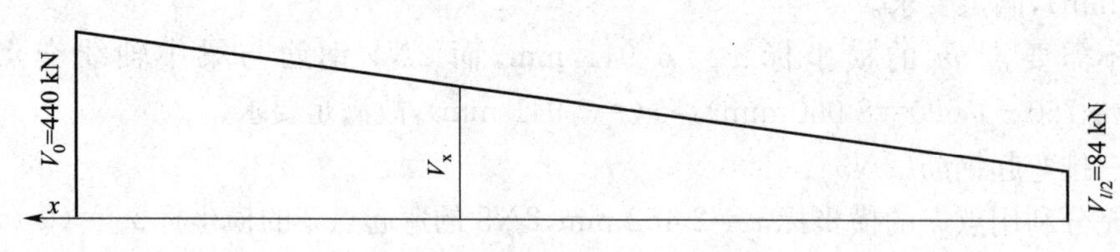

(c) 剪力计算值V_x的包络图

图 5.17 梁弯起钢筋和斜筋设计布置图(尺寸单位:mm)

(1)选定斜截面顶端位置 $h/2$ 处截面的横坐标为 $x=9\ 750-650=9\ 100$(mm),正截面有效高度 $h_0=1\ 247$ mm,现取斜截面投影长度 $c'\approx1\ 247$ mm,则得到选择的斜截面顶端位置 A(图 5.18),其横坐标为 $x=9\ 100-1\ 247=7\ 853$(mm)。

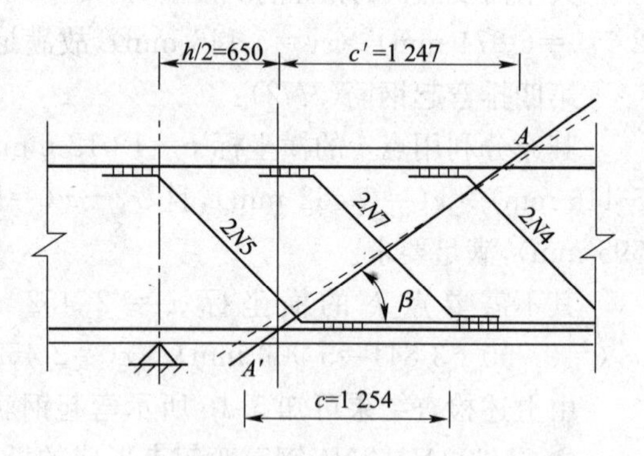

图 5.18 距支座中心 $h/2$ 处斜截面抗剪承载力计算图示(单位:mm)

(2)斜截面抗剪承载力复核

A 处正截面上的剪力 V_x 及相应的弯矩 M_x 计算如下:

$$V_x=V_{l/2}+(V_0-V_{l/2})\frac{2x}{l}$$

$$=84+(440-84)\times\frac{2\times7\ 853}{19\ 500}$$

$$=370.74(\text{kN})$$

$$M_x=M_{l/2}\left(1-\frac{4x^2}{l^2}\right)$$

$$=2\ 200\times\left(1-\frac{4\times7\ 853^2}{19\ 500^2}\right)$$

$$=772.80(\text{kN}\cdot\text{m})$$

A 处正截面有效高度 $h_0=1\ 229$ mm$=1.229$ m(主筋为 4⌀32)，则实际广义剪跨比 m(依据任务 5.1 的 5.1.2)及斜截面投影长度 c(公式 5.13)分别为

$$m=\frac{M_x}{V_x h_0}=\frac{772.80}{370.74\times 1.229}=1.70<3$$

$$c=0.6mh_0=0.6\times 1.70\times 1.229=1.254(\mathrm{m})>1.247\ \mathrm{m}$$

要求复核的斜截面如图 5.18 中所示的 AA' 斜截面(虚线表示)，其与水平方向的夹角 β 为

$$\beta=\arctan(h_0/c)=\arctan(1.229/1.254)\approx 44.4^\circ$$

斜截面内纵向受拉主筋有 2⌀32(2N6)，相应的主筋配筋率 p 为

$$p=100\frac{A_s}{bh_0}=\frac{100\times 1\ 608}{200\times 1\ 247}=0.64<2.5$$

箍筋的配筋率(ρ_{sv})(取 $S_v=250$ mm 时)为

$$\rho_{sv}=\frac{A_{sv}}{bS_v}=\frac{100.6}{200\times 250}=0.201\%>\rho_{\min}(=0.18\%)$$

与斜截面相交的弯起钢筋有 2N5(2⌀32)、2N4(2⌀32)、2N7(2⌀16，斜钢筋)。

将以上数据代入式(5.4)，则得到斜截面 AA' 的抗剪承载力为

$$V_u=\alpha_1\alpha_2\alpha_3(0.45\times 10^{-3})bh_0\sqrt{(2+0.6p)\sqrt{f_{cu,k}}\rho_{sv}f_{sv}}+(0.75\times 10^{-3})f_{sd}\sum A_{sb}\sin\theta_s$$

$$=1.0\times 1.0\times 1.0\times(0.45\times 10^{-3})\times 200\times 1\ 247\times\sqrt{(2+0.6\times 0.64)\times\sqrt{25}\times 0.002\ 01\times 195}$$

$$+(0.75\times 10^{-3})\times 280\times(2\times 1\ 608+402)\times 0.707$$

$$=262.99+537.16$$

$$=800.15(\mathrm{kN})>V_x=370.74\ \mathrm{kN}$$

故距支座中心为 $h/2$ 处的斜截面抗剪承载力满足设计要求。

习　题

1. 钢筋混凝土受弯构件沿斜截面破坏的形态有几种？各在什么情况下发生？
2. 影响钢筋混凝土受弯构件斜截面抗弯能力的主要因素有哪些？
3. 课程大作业。

(1)设计资料

钢筋混凝土简支梁全长 $l_0=19$ m，计算跨径 $l=18.50$ m。T 形截面梁的尺寸如图 5.19 所示，桥梁处于Ⅰ类环境条件，安全等级为二级，相邻两主梁的平均间距为 1 600 mm。

梁体采用 C30 混凝土，主筋采用 HRB335 钢筋，箍筋采用 R235 钢筋，直径 10 mm。

简支梁控制截面的弯矩组合设计值和剪力组合设计值为：

跨中截面　$M_{d,l/2}=2\ 640$ kN·m，$V_{d,l/2}=125$ kN；

1/4 跨截面　$M_{d,l/4}=1\ 961$ kN·m；

支点截面　$M_{d,0}=0$ kN·m，$V_{d,0}=606$ kN

(2)设计要求(进行装配式钢筋混凝土简支梁设计时，完成以下三项工作)

①跨中截面的纵向受拉钢筋计算；

②腹筋设计；

③斜截面抗剪承载力的复核；

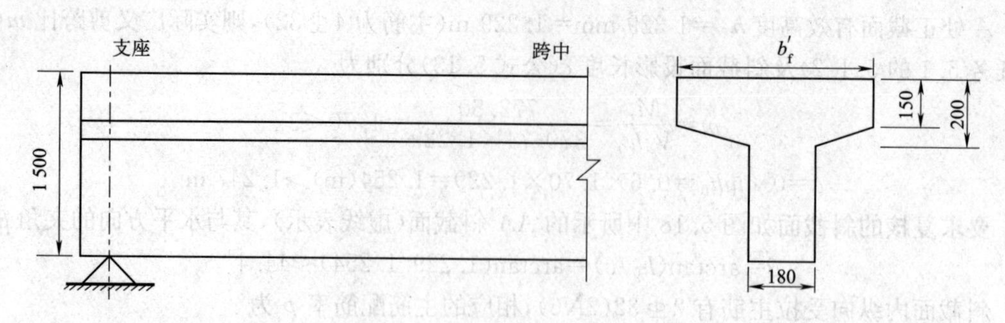

图 5.19 习题 3 图(单位:mm)

项目6　钢筋混凝土轴心拉压构件

主要知识点	普通箍筋柱、螺旋箍筋柱、长细比、短柱、长柱
重点及难点	螺旋箍筋柱、长细比
学习指导	通过本项目的学习，掌握轴心拉压构件的计算，并熟悉相关构造要求

轴心受力构件是指承受通过构件轴线的轴向力作用的构件，当这种轴向力为拉力时，称为轴心受拉构件，简称轴心拉杆；当这种轴向力为压力时，称为轴心受压构件，简称轴心压杆。

任务6.1　掌握轴心受拉构件承载力计算

1.轴心受拉构件的受力特点

轴心受拉构件的破坏过程分为三个阶段：

(1)未裂阶段——从开始加载到混凝土受拉开裂前。

构件开始受荷时，轴向拉力很小，由于钢筋和混凝土之间存在黏结力，故截面上各点应变值相等，混凝土和钢筋都处于弹性受力状态，应力与应变成正比。当荷载继续增加，混凝土的应力达到抗拉强度时，构件即将开裂。

(2)裂缝阶段——从混凝土开裂到钢筋即将屈服。

当构件上最薄弱截面的混凝土应力达到抗拉强度(混凝土拉应变相应达到极限拉应变)时，该截面开裂，裂缝截面与构件轴线垂直，裂缝贯穿于整个截面。在裂缝截面处，混凝土退出工作，即不能承担拉力，所有外力由钢筋承受，而在未开裂截面，外力仍可由钢筋和混凝土共同承受。在开裂前和开裂后瞬间，裂缝截面处的钢筋应力将发生突变。

显然，钢筋配筋率较低时，钢筋应力的突变值较大；配筋率较高时，钢筋应力突变值较小。

由于钢筋的抗拉强度很高，故构件开裂并不意味着构件丧失承载力，荷载还可继续增加，新的裂缝也将产生。

当裂缝之间的混凝土拉应力小于其抗拉强度时，裂缝间距基本稳定。随着荷载继续增加，裂缝宽度增大。裂缝间距和裂缝宽度与截面配筋、纵向钢筋的直径和形状、混凝土保护层厚度、钢筋的应力水平等多种因素有关。裂缝间距较小时，裂缝宽度较细；裂缝间距较大时，裂缝宽度较宽。

(3)破坏阶段——从受拉钢筋开始屈服到全部受拉钢筋达到屈服。

当轴向拉力使裂缝截面处的钢筋应力达到钢筋的抗拉强度时，构件进入破坏阶段。当构件采用有明显屈服点的钢筋配筋时，构件的变形会加剧，裂缝宽度也将增大，构件将无法继续承载；当采用无明显屈服点的钢筋配筋时，构件则可能被拉断。

2. 轴心受拉构件的正截面承载力计算

钢筋混凝土轴心受拉构件，在开裂以前，混凝土与钢筋共同负担拉力。当构件开裂后，裂缝截面处的混凝土已完全退出工作，全部拉力由钢筋承担。而当钢筋拉应力达到屈服强度时，构件也达到其极限承载能力。轴心受拉构件的正截面承载力计算如下：

$$\gamma_0 N_d \leqslant N_u = f_{sd} A_s \tag{6.1}$$

式中 N_d——轴向拉力设计值；

f_{sd}——钢筋抗拉强度设计值；

A_s——截面上全部纵向受拉钢筋截面面积。

任务 6.2 掌握轴心受压构件承载力计算

当构件受到位于截面形心的轴向压力作用时，称为轴心受压构件。在实际结构中，严格的轴心受压构件是很少的，通常由于实际存在的结构节点构造、混凝土组成的非均匀性、纵向钢筋的布置以及施工中的误差等原因，轴心受压构件截面都或多或少地存在弯矩的作用。但是，在实际工程中，可以忽略弯矩的作用而按轴心受压构件设计；同时，由于轴心受压构件计算简便，故可作为受压构件初步估算截面、复核承载力的手段。

钢筋混凝土轴心受压构件按照箍筋的功能和配置方式的不同可分为两种：

(1)配有纵向钢筋和普通箍筋的轴心受压构件(普通箍筋柱)，如图 6.1(a)所示，常用于工业与民用建筑工程。

普通箍筋柱的截面形状多为正方形、矩形和圆形等。纵向钢筋为对称布置，沿构件高度设置等间距的箍筋。轴心受压构件的承载力主要由混凝土提供。

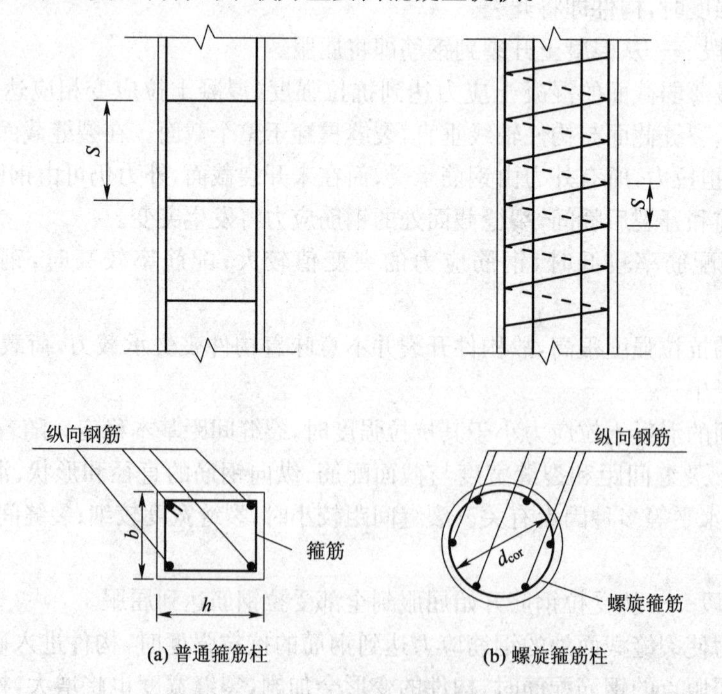

图 6.1 两种钢筋混凝土轴心受压构件

纵向钢筋的作用：

①协助混凝土承受压力，可减少构件截面尺寸；

②承受可能存在的不大的弯矩；

③防止构件的脆性破坏。

普通箍筋作用：防止纵向钢筋局部压屈，并与纵向钢筋形成钢筋骨架，便于施工。

(2)配有纵向钢筋和螺旋箍筋的轴心受压构件(螺旋箍筋柱)，如图6.1(b)所示，常用于桥梁工程。

螺旋箍筋柱的截面形状多为圆形或正多边形，纵向钢筋外围设有连续环绕的间距较密的螺旋箍筋。

螺旋箍筋的作用：使截面中间部分(核心)混凝土成为约束混凝土，从而提高构件的承载力和延性。

6.2.1　配有纵向钢筋和普通箍筋的轴心受压构件

1.破坏形态

按照构件的长细比不同，轴心受压构件可分为短柱和长柱两种，它们受力后的侧向变形和破坏形态各不相同。下面结合有关试验研究来分别介绍。

在轴心受压构件试验中，试件的材料强度等级、截面尺寸和配筋均相同，但柱长度不同(图6.2)。轴心力 P 用油压千斤顶施加，并用电子秤量测压力大小。由平衡条件可知，压力 P 的读数等于试验柱截面所受到的轴心压力 N 值。同时，在柱长度一半处设置百分表，测量其横向挠度 u。通过对比试验的方法，观察长细比不同的轴心受压构件的破坏形态。

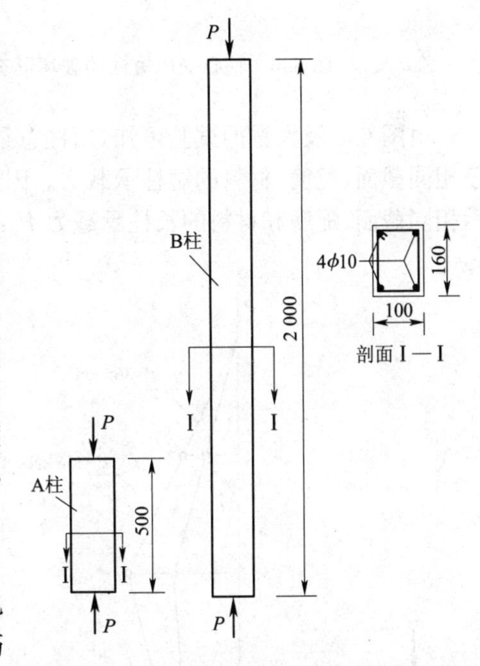

图6.2　轴心受压构件试件(单位：mm)

(1)短柱

当轴向力 P 逐渐增加时，试件A柱(图6.2)也随之缩短，测量结果证明混凝土全截面和纵向钢筋均发生压缩变形。

当轴向力 P 达到破坏荷载的90%左右时，柱中部四周混凝土表面出现纵向裂缝，部分混凝土保护层剥落，最后是箍筋间的纵向钢筋发生屈曲，向外鼓出，混凝土被压碎而整个试验柱破坏(图6.3)。破坏时，测得的混凝土压应变大于 1.8×10^{-3}，而柱中部的横向挠度很小。钢筋混凝土短柱的破坏是一种材料破坏，即混凝土压碎破坏。

根据轴向力平衡，就可求得短柱破坏时的轴心力 N_u，N_u 应由钢筋和混凝土共同负担：

$$N_u=f_cA+f'_sA'_s \tag{6.2}$$

(2)长柱

试件B柱在压力 P 不大时，也是全截面受压。随着压力增大，长柱不仅发生压缩变形，同时长柱中部产生较大的横向挠度 x，凹侧压应力较大，凸侧较小。在长柱破坏前，横向挠度增加得很快，使长柱的破坏来得比较突然，导致失稳破坏。破坏时，凹侧的混凝土首先被压碎，有混凝土表面纵向裂缝,纵向钢筋被压弯而向外鼓出,混凝土保护层脱落;凸侧则由受压突然转变为受拉,出现横向裂缝(图 6.4)。

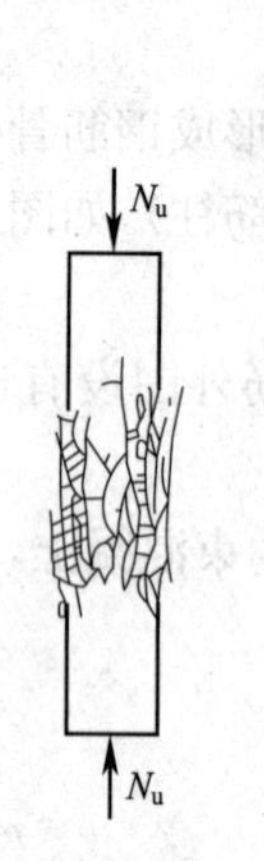

图 6.3　轴心受压短柱的破坏形态

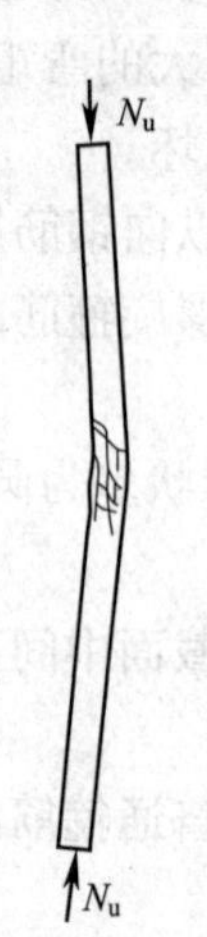

图 6.4　轴心受压长柱的破坏形态

由图 6.5 及大量的试验可知,短柱总是受压破坏,长柱则是失稳破坏;长柱的承载力要小于相同截面、配筋、材料的短柱承载力。因此,可以将短柱的承载力乘以一个折减系数 φ_0 来表示相同截面、配筋和材料的长柱承载力 P_l:

$$P_l = \varphi_0 P_s \tag{6.3}$$

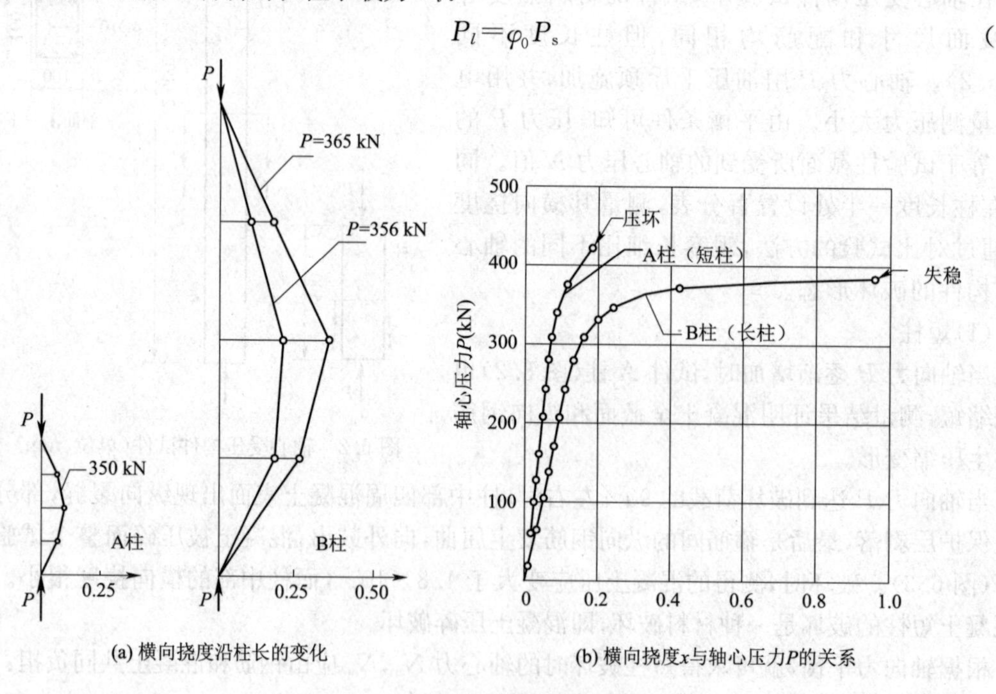

图 6.5　轴心受压构件的横向挠度 x

2. 稳定系数 φ

钢筋混凝土轴心受压构件计算中,考虑构件长细比增大的附加效应,使构件承载力降低的计算系数称为轴心受压构件的稳定系数,用 φ 表示。

稳定系数 φ 主要与构件的长细比有关，混凝土强度等级及配筋率 ρ 对其影响较小。《公路钢筋混凝土及预应力混凝土桥涵设计规范》(JTG D62—2004)根据国内试验资料，考虑到长期荷载作用的影响和荷载初偏心影响，规定了稳定系数 φ 值(附表 1.8)。由附表 1.8 可以看到，长细比 $\lambda=l_0/b$(矩形截面)越大，φ 值越小。

3. 正截面承载力计算

《公路钢筋混凝土及预应力混凝土桥涵设计规范》(JTG D62—2004)规定配有纵向受力钢筋和普通箍筋的轴心受压构件正截面承载力计算式(图 6.6)为

$$\gamma_0 N_d \leqslant N_u = 0.9\varphi(f_{cd}A + f'_{sd}A'_s) \tag{6.4}$$

式中　N_d——轴向力组合设计值；

γ_0——结构重要性系数；

φ——轴心受压构件稳定系数；

A——构件毛截面面积；

A'_s——全部纵向钢筋截面面积；

f_{cd}——混凝土轴心抗压强度设计值；

f'_{sd}——纵向普通钢筋抗压强度设计值。

当纵向钢筋配筋率 $\rho'=A'_s/A>3\%$时，式(6.4)中 A 应改用混凝土截面净面积 $A_n=A-A'_s$。

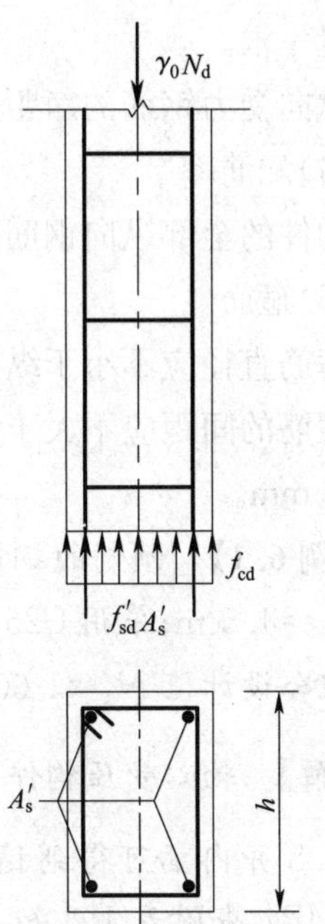

图 6.6　普通箍筋柱正截面承载力计算图式

普通箍筋柱的正截面承载力计算分为截面设计和强度复核两种情况。

(1)截面设计

已知截面尺寸、计算长度 l_0、混凝土轴心抗压强度和钢筋抗压强度设计值、轴向压力组合设计值 N_d，求纵向钢筋所需面积 A'_s。

首先计算长细比，由附表 1.8 查得相应的稳定系数 φ。

在式(6.4)中，令 $N_u=\gamma_0 N_d$，则可得

$$A'_s=\frac{1}{f'_{sd}}\left(\frac{\gamma_0 N_d}{0.9\varphi}-f_{cd}A\right) \tag{6.5}$$

由 A'_s计算值及构造要求选择并布置钢筋。

(2)截面复核

已知截面尺寸、计算长度 l_0、全部纵向钢筋的截面面积 A'_s、混凝土轴心抗压强度和钢筋抗压强度设计值、轴向力组合设计值 N_d，求截面承载力 N_u。

首先应检查纵向钢筋及箍筋布置构造是否符合要求。

由已知截面尺寸和计算长度 l_0 计算长细比，由附表 1.8 查得相应的稳定系数 φ。

由式(6.4)计算轴心压杆正截面承载力 N_u，且应满足 $N_u>\gamma_0 N_d$。

4. 构造要求

(1)混凝土

轴心受压构件的正截面承载力主要由混凝土提供，故一般多采用 C25～C40 级混凝土。

(2)截面尺寸

构件截面尺寸不宜小于 250 mm。

(3)纵向钢筋

直径不宜小于 12 mm。在构件截面上,纵向受力钢筋至少应有 4 根并且在每一角隅处必须布置一根。

纵向受力钢筋的净距不应小于 50 mm,也不应大于 350 mm。

(4)配筋率

构件的全部纵向钢筋配筋率不宜超过 5%,一般纵向钢筋的配筋率 ρ' 约为 1%~2%。

(5)箍筋

箍筋直径应不小于纵向钢筋直径的 1/4,且不小于 8 mm。

箍筋的间距应不大于纵向受力钢筋直径的 15 倍、且不大于构件截面的较小尺寸,并不大于 400 mm。

【例 6.1】 预制的钢筋混凝土轴心受压构件截面尺寸为 $b\times h=300\ \text{mm}\times 350\ \text{mm}$,计算长度 $l_0=4.5$ m;采用 C25 级混凝土,HRB335 级钢筋(纵向钢筋)和 R235 级钢筋(箍筋);轴向压力组合设计值 $N_d=1\ 600$ kN;Ⅰ类环境条件,安全等级二级。试进行构件的截面设计。

【解】 轴心受压构件截面短边尺寸 $b=300$ mm,则计算长细比 $\lambda=\dfrac{l_0}{b}=\dfrac{4.5\times10^3}{300}=15$,查附表 1.8 并内插可得到稳定系数 $\varphi=0.895$。查附表 1.1 知,混凝土抗压强度设计值 $f_{cd}=11.5$ MPa,查附表 1.3 知,纵向钢筋的抗压强度设计值 $f'_{sd}=280$ MPa,安全等级为二级时,γ_0 取 1.0,故取轴心压力计算值 $N=\gamma_0 N_d=1\ 600$ kN,由式(6.5)可得所需要的纵向钢筋面积(A'_s)为

$$
\begin{aligned}
A'_s&=\frac{1}{f'_{sd}}\left(\frac{\gamma_0 N_d}{0.9\varphi}-f_{cd}A\right)\\
&=\frac{1}{280}\times\left[\frac{1\ 600\times10^3}{0.9\times0.895}-11.5\times(300\times350)\right]\\
&=2\ 782(\text{mm}^2)
\end{aligned}
$$

现选用纵向钢筋为 8⌽22,其面积 $A'_s=3\ 041\ \text{mm}^2$,查附表 1.5 知⌽22 钢筋外径为25.1 mm。纵向钢筋在横截面上的布置如图 6.7 所示。截面配筋率:

$$\rho'=\frac{A'_s}{A}=\frac{3\ 041}{300\times350}=2.89\%>\rho'_{\min}=0.5\%,\text{且小于 }\rho'_{\max}=5\%$$

截面一侧的纵筋配筋率:

$$\rho'=\frac{A'_s}{A}=\frac{1\ 140}{300\times350}=1.09\%>0.2\%。$$

纵向钢筋距截面边缘净距 $c=45-25.1/2=32.5$(mm),大于要求的保护层厚度及钢筋直径22 mm,满足要求。则布置在截面短边 b 方向上的纵向钢筋间距 $S_n=(300-2\times32.5-3\times25.1)/2\approx80(\text{mm})>50$ mm,且小于 350 mm,满足构造要求。

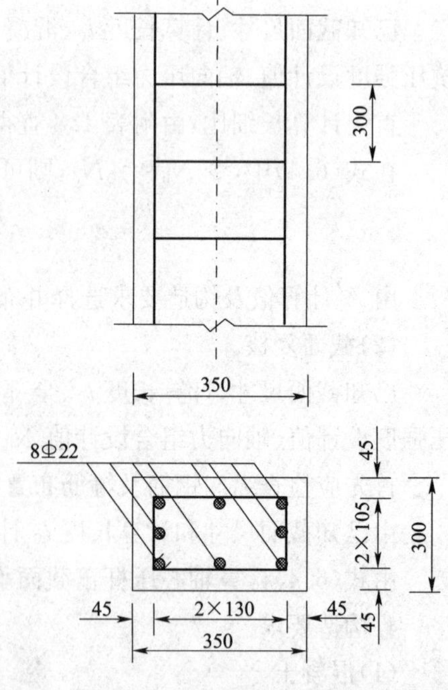

图 6.7 例 6.1纵向钢筋布置(单位:mm)

由构造要求可知，封闭式箍筋可选用 $\phi 8$，满足直径大于 $d/4=22/4=5.5$(mm)，且不小于 8 mm的要求。根据构造要求，箍筋间距 S 应同时满足：①$S \leqslant 15d=15\times 22=330$ mm；②$S \leqslant b=300$ mm；③$S \leqslant 400$ mm，故选用箍筋间距 $S=300$ mm。

6.2.2　配有纵向钢筋和螺旋箍筋的轴心受压构件

当轴心受压构件承受很大的轴向压力，而截面尺寸受到限制不能加大，或采用普通箍筋柱，即使提高了混凝土强度等级和增加了纵向钢筋用量也不足以承受该轴向压力时，可以考虑采用螺旋箍筋柱以提高柱的承载力。

1.受力特点与破坏过程

(1)受力特点

对于配有纵向钢筋和螺旋箍筋的轴心受压短柱，沿柱高连续缠绕的、间距很密的螺旋箍筋犹如一个套筒，将核心部分的混凝土约束住，有效地限制了核心混凝土的横向变形，从而提高了柱的承载力。

(2)破坏过程

由图 6.8 中所示的螺旋箍筋柱轴压力—混凝土压应变曲线可见，在混凝土压应变 $\varepsilon_c=0.002$ 以前，螺旋箍筋柱的轴力—混凝土压应变变化曲线与普通箍筋柱基本相同。当轴力继续增加，直至混凝土和纵筋的压应变达到 0.003～0.005 时，纵筋已经开始屈服，箍筋外面的混凝土保护层开始崩裂剥落，混凝土的截面积减小，轴力略有下降。这时，核心部分混凝土由于受到螺旋箍筋的约束，仍能继续受压，核心混凝土处于三向受压状态，其抗压强度超过了轴心抗压强度 f_c，补偿了剥落的外围混凝土所承担的压力，曲线逐渐回升。随着轴力不断增大，螺旋箍筋中的环向拉力也不断增大，直至螺旋箍筋达到屈服，不能再约束核心混凝土横向变形时，混凝土被压碎，构件即告破坏。这时，荷载达到第二次峰值，柱的纵向压应变可达到 0.01 以上。

由图 6.8 也可见到，螺旋箍筋柱具有很好的延性，在承载力不降低情况下，其变形能力比普通箍筋柱提高很多。

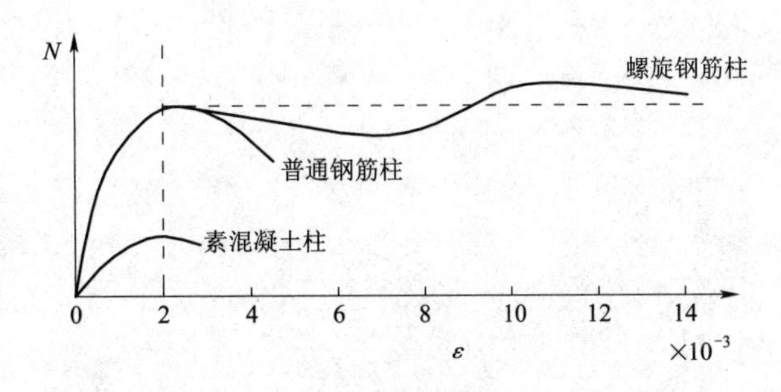

图 6.8　轴心受压柱的轴力—应变曲线

2.正截面承载力计算

螺旋箍筋柱的正截面破坏时，核心混凝土压碎，纵向钢筋已经屈服，而在破坏之前，柱的混凝土保护层早已剥落。

根据图 6.9 所示螺旋箍筋柱截面受力图式，由平衡条件可得到

$$N_u=f_{cc}A_{cor}+f'_sA'_s \tag{6.6}$$

式中 f_{cc}——处于三向压应力作用下核心混凝土的抗压强度；

A_{cor}——核心混凝土面积

f'_s——纵向钢筋抗压强度；

A'_s——纵向钢筋面积。

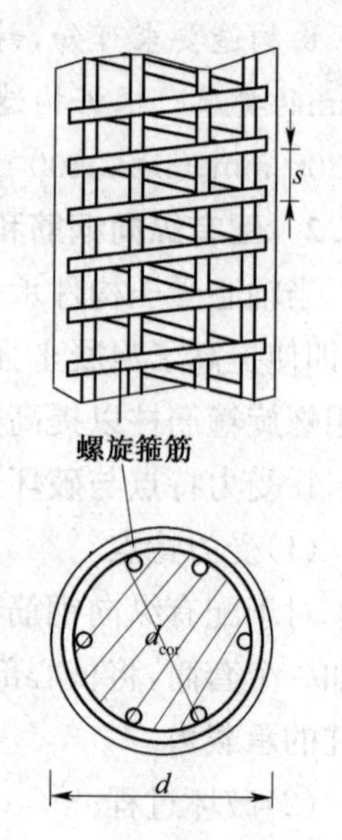

图 6.9 螺旋箍筋柱受力计算图式

3. 构造要求

(1)螺旋箍筋柱的纵向钢筋应沿圆周均匀分布，其截面积应不小于箍筋圈内核心截面积的 0.5%。常用的配筋率 $\rho'=\dfrac{A'_s}{A_{cor}}$ 在 0.8%～1.2%。

(2)构件核心截面积 A_{cor} 应不小于构件整个截面面积 A 的 2/3。

(3)螺旋箍筋的直径不应小于纵向钢筋直径的 1/4，且不小于 8 mm，一般采用 8～12 mm。为保证螺旋箍筋的作用，螺旋箍筋的间距 S 应满足：

①S 应不大于核心直径 d_{cor} 的 1/5，即 $S\leqslant d_{cor}/5$；

②S 应不大于 80 mm，且不应小于 40 mm，以便施工。

习 题

1. 配有纵向钢筋和普通箍筋的轴心受压构件的截面尺寸 $b\times h=250\ \text{mm}\times 250\ \text{mm}$，构件计算长度 $l_0=5$ m；C25 混凝土，HRB335 级钢筋，纵向钢筋面积 $A'_s=804\ \text{mm}^2$（4⏀16）；Ⅰ类环境条件，安全等级为二级；轴向压力组合设计值 $N_d=560$ kN，试进行构件承载力校核。

2. 配有纵向钢筋和普通箍筋的轴心受压构件的截面尺寸 $b\times h=200\ \text{mm}\times 250\ \text{mm}$，构件计算长度 $l_0=4.3$ m；C20 混凝土，HRB335 级钢筋，纵向钢筋面积 $A'_s=678\ \text{mm}^2$（6⏀12）；Ⅰ类环境条件，安全等级为二级；试求该构件能承受的最大轴向压力组合设计值 N_d。

项目7 钢筋混凝土受弯构件的应力、裂缝和变形计算

主要知识点	换算截面、应力计算、裂缝、变形计算
重点及难点	换算截面、裂缝
学习指导	通过本项目的学习，掌握换算截面的原理、裂缝的检算，并熟悉相关构造要求

任务7.1 理解钢筋混凝土构件的应力计算

钢筋混凝土构件除了可能由于材料强度破坏或失稳等原因达到承载能力极限状态以外，还可能由于构件变形或裂缝过大影响了构件的适用性及耐久性，而达不到结构正常使用要求。因此，钢筋混凝土构件除要求进行持久状况承载能力极限状态计算外，还要进行持久状况正常使用极限状态的计算，以及短暂状况的构件应力计算。

7.1.1 换算截面

钢筋混凝土受弯构件进入第Ⅱ工作阶段的特征是弯曲竖向裂缝已形成并开展，中和轴以下大部分混凝土已退出工作，由钢筋承受拉力，应力远小于其屈服强度，受压区混凝土的压应力图形是抛物线形。而受弯构件的荷载—挠度(跨中)关系曲线是一条接近于直线的曲线。因而，钢筋混凝土受弯构件的第Ⅱ工作阶段又可称为开裂后的弹性阶段。

对于第Ⅱ工作阶段的计算，一般有下面的三项基本假定。

(1)平截面假定，即认为梁的正截面在梁受力并发生弯曲变形以后，仍保持为平面。

(2)弹性体假定。钢筋混凝土受弯构件在第Ⅱ工作阶段时，混凝土受压区的应力分布图形是曲线形，但此时曲线并不丰满，可以近似地看作直线分布，即受压区混凝土的应力与平均应变成正比，故有

$$\sigma_c' = \varepsilon_c' E_c \tag{7.1}$$

同时，假定在受拉钢筋水平位置处混凝土平均拉应变与应力成正比，即

$$\sigma_c = \varepsilon_c E_c \tag{7.2}$$

(3)受拉区混凝土完全不能承受拉应力，拉应力完全由钢筋承受。

$$\sigma_c = \varepsilon_c E_c \xlongequal{\varepsilon_c = \varepsilon_s} \varepsilon_s E_c \tag{7.3}$$

$$\sigma_c = \frac{\sigma_s}{E_s} E_c = \sigma_s / \alpha_{E_s} \tag{7.4}$$

式中 α_{E_s}——钢筋混凝土构件截面的换算系数，等于钢筋弹性模量与混凝土弹性模量的比值，$\alpha_{E_s} = \dfrac{E_s}{E_c}$。

式(7.4)表明,处于同一水平位置的钢筋拉应力 σ_s 为混凝土拉应力 σ_c 的 α_{E_s} 倍。因此,如果能将钢筋和受压区混凝土(受拉区混凝土不参与工作)两种材料组成的实际截面换算成一种拉压性能相同的假想材料组成的匀质截面(称换算截面,图 7.1),从而可采用材料力学公式进行截面计算。

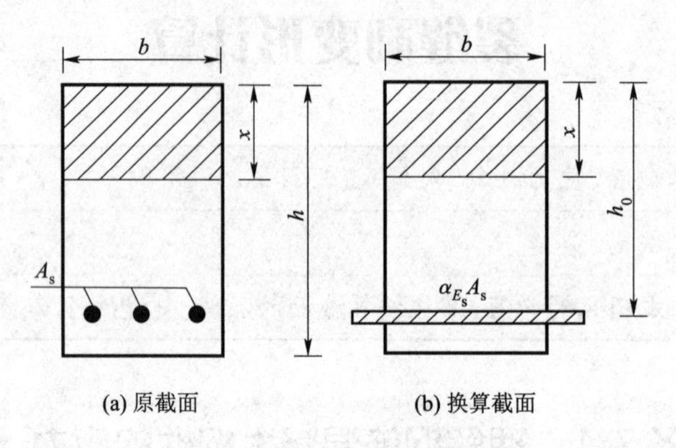

图 7.1 换算截面图

通常将钢筋截面积 A_s 换算成假想的受拉混凝土截面积 A_{sc},其形心与钢筋的重心重合。

7.1.2 应力计算

1.规范规定

对于钢筋混凝土受弯构件施工阶段的应力计算,可按第Ⅱ工作阶段进行。《公路钢筋混凝土及预应力混凝土桥涵设计规范》(JTG D62—2004)规定受弯构件正截面应力应符合下列条件:

(1)受压区混凝土边缘纤维应力 $\sigma_{cc}^t \leqslant 0.80 f_{ck}$

(2)受拉钢筋应力 $\sigma_{si}^t \leqslant 0.75 f_{sk}$

式中 f_{ck}——施工阶段混凝土轴心抗压强度标准值;

f_{sk}——施工阶段普通钢筋的抗拉强度标准值;

σ_{si}^t——按短暂状况计算时受拉区第 i 层钢筋的应力。

2.受弯构件截面的应力计算(换算截面法)

(1)矩形截面

①受压区混凝土边缘 $$\sigma_{cc}^t = \frac{M_k^t x}{I_{cr}} \leqslant 0.80 f_{ck} \tag{7.5}$$

②受拉钢筋的面积重心处 $$\sigma_{si}^t = \alpha_{E_s} \frac{M_k^t (h_{0i} - x)}{I_{cr}} \leqslant 0.75 f_{ck} \tag{7.6}$$

式中 I_{cr}——开裂截面换算截面的惯性矩;

M_k^t——由临时的施工荷载标准值产生的弯矩值。

(2)T 形截面

在施工阶段,T 形截面在弯矩作用下,其翼板可能位于受拉区,也可能位于受压区。

当翼板位于受拉区时,按照宽度为 b、高度为 h 的矩形截面进行应力验算(图 7.2)。

当翼板位于受压区时,则先应按下式进行计算判断:

$$\frac{1}{2} b_f' x^2 = \alpha_{E_s} A_s (h_0 - x) \tag{7.7}$$

式中　b'_f——受压翼缘有效宽度；

α_{E_s}——截面换算系数。

若按上式计算的 $x \leqslant h'_f$，为第一类 T 形截面，则可按宽度为 b'_f 的矩形梁计算。

若按上式计算的 $x > h'_f$，为第二类 T 形截面，这时应重新计算受压区高度 x，再计算换算截面惯性矩。

截面应力验算仍按式(7.5)和式(7.6)进行。

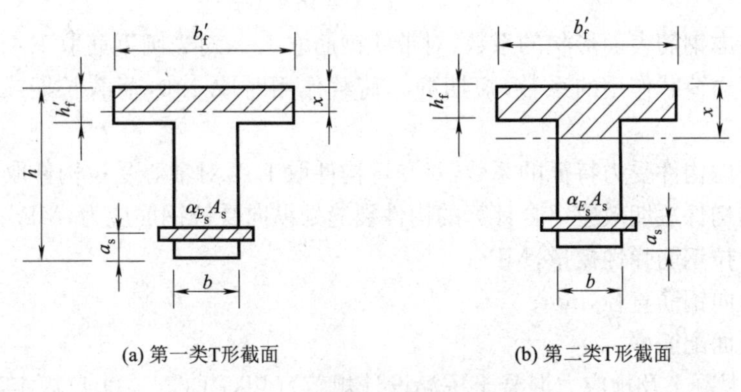

图 7.2　T 形截面梁受力状态图

任务 7.2　理解钢筋混凝土构件裂缝宽度计算

1. 裂缝分类及影响因素

混凝土的抗拉强度很低，在不大的拉应力作用下就可能出现裂缝。钢筋混凝土结构的裂缝，按其产生的原因可分为以下几类。

(1)作用效应(如弯矩、剪力、扭矩及拉力等)引起的裂缝。

由直接作用引起的裂缝一般是与受力钢筋成一定角度的横向裂缝。但应该指出的是，由于局部黏结应力过大引起的、沿钢筋长度出现的黏结裂缝也是由直接作用引起的一种裂缝，这种裂缝通常是针脚状及劈裂裂缝。

(2)由外加变形或约束变形引起的裂缝。

外加变形一般有地基的不均匀沉降、混凝土的收缩及温度差等。约束变形越大，裂缝宽度也越大。例如，在钢筋混凝土薄腹 T 梁肋板表面上出现的中间宽两端窄的竖向裂缝，就是在混凝土结硬时，肋板混凝土受到四周混凝土及钢筋骨架约束而引起的裂缝。

(3)钢筋锈蚀裂缝。

由于混凝土保护层碳化或冬季施工时混凝土中掺氯盐(混凝土促凝、早强剂)过多导致钢筋锈蚀产生的裂缝。锈蚀产物的体积比钢筋的体积大 2～3 倍，这种体积膨胀使外围混凝土产生相当大的拉应力，引起混凝土开裂，甚至保护层混凝土剥落。钢筋锈蚀裂缝是沿钢筋长度方向劈裂的纵向裂缝。

过多的裂缝或过大的裂缝宽度会影响结构的外观，造成使用者不安。从结构本身来看，某些裂缝的发生或发展，将影响结构的使用寿命。为保证钢筋混凝土构件的耐久性，必须从设计、施工等方面控制裂缝。

根据相关试验分析,影响裂缝宽度的主要因素有钢筋应力、钢筋直径、配筋率、保护层厚度、钢筋外形、荷载作用性质(短期、长期、重复作用)、构件受力性质(受弯、受拉、偏心及受拉等)。

2. 裂缝宽度

矩形、T 形、倒 T 形、工字形截面受弯、轴心受拉、偏心受压及偏心受拉构件的最大裂缝宽度 W_{fk}的计算公式为

$$W_{fk}=c_1c_2c_3\frac{\sigma_{ss}}{E_s}\left(\frac{30+d}{0.28+10\rho}\right) \tag{7.8}$$

式中 c_1——考虑钢筋表面形状的系数,对带肋钢筋取 1.0,对光圆钢筋取 1.4;

c_2——考虑荷载作用的系数,短期静力荷载作用时取 1.0,荷载长期或重复作用时取 1.5;

c_3——考虑构件受力特征的系数,对受弯构件取 1.0,对轴心受拉构件取 1.2;

σ_{ss}——按构件短期效应组合计算的构件裂缝处纵向受拉钢筋应力,MPa;

E_s——受拉钢筋弹性模量,MPa;

d——纵向钢筋直径,mm;

ρ——截面配筋率。

《公路钢筋混凝土及预应力混凝土桥涵设计规范》(JTG D62—2004)规定,在正常使用极限状态下钢筋混凝土构件的裂缝宽度,应按作用(或荷载)短期效应组合并考虑长期效应组合影响进行验算,且不得超过规范规定的裂缝限值。处于Ⅰ类和Ⅱ类环境条件下的钢筋混凝土构件,裂缝宽度不应超过 0.2 mm;处于Ⅲ类和Ⅳ类环境下的钢筋混凝土受弯构件,裂缝宽度不应超过 0.15 mm。

应该强调的是,《公路钢筋混凝土及预应力混凝土桥涵设计规范》(JTG D62—2004)规定的裂缝宽度限值,是指在作用(或荷载)短期效应组合并考虑长期效应组合影响下构件的垂直裂缝,不包括施工混凝土收缩、养护不当等引起的其他非受力裂缝。

任务 7.3 理解钢筋混凝土构件变形计算

钢筋混凝土受弯构件在使用阶段,因作用(或荷载)使构件产生挠曲变形,而过大的挠曲变形将影响结构的正常使用。因此,为确保桥梁的正常使用,受弯构件的变形计算列为持久状况正常使用极限状态计算的一项主要内容,要求受弯构件具有足够刚度,使得构件在使用荷载作用下的最大变形(挠度)计算值不得超过容许的限值。

1. 挠度长期增长系数 η_θ

受弯构件在使用阶段的挠度应考虑作用长期效应的影响,即按作用短期效应组合和给定的刚度计算的挠度值,再乘以挠度长期增长系数 η_θ。挠度长期增长系数取用规定是:当采用 C40 以下混凝土时,$\eta_\theta=1.60$,当采用 C40~C80 混凝土时,$\eta_\theta=1.45\sim1.35$,中间强度等级可按直线内插取用。

2. 挠度限值

《公路钢筋混凝土及预应力混凝土桥涵设计规范》(JTG D62—2004)规定,钢筋混凝土受弯构件按上述计算的长期挠度值,在消除结构自重产生的长期挠度后不应超过以下规定的限值:

(1)梁式桥主梁的最大挠度不应超过 $l/600$;

(2)梁式桥主梁的悬臂端不应超过 $l_1/300$。

此处,l 为受弯构件的计算跨径,l_1 为悬臂长度。

任务7.4　熟悉混凝土结构的耐久性

法国约瑟夫·莫尼尔于1849年发明钢筋混凝土并于1867年取得包括钢筋混凝土花盆以及紧随其后应用于公路护栏的钢筋混凝土梁柱的专利。在钢筋混凝土应用于土木工程结构至今的170年间,大量的钢筋混凝土结构由于各种各样的原因而提前失效,达不到规定的使用年限。这其中有的是由于结构设计的抗力不足造成的,有的是由于使用荷载的不利变化引起的,但更多的是由于结构的耐久性不足导致的。例如,钢筋混凝土梁的裂缝过宽;混凝土中钢筋锈蚀,严重时造成混凝土剥落;钢筋混凝土挠曲变形过大等等这些,虽不会立即造成结构安全性问题,但会降低使用性能。

许多工程实践表明,早期损坏的结构需要花费大量的财力进行修补,造成了巨大的经济损失。因此,保证混凝土结构能在自然和人为的化学和物理环境下满足耐久性的要求,是一个十分迫切和重要的问题。在设计桥梁混凝土结构时,除了进行承载力计算、变形和裂缝验算外,还应在设计上考虑耐久性问题。

7.4.1　结构耐久性的基本概念

所谓混凝土结构的耐久性,是指混凝土结构在自然环境、使用环境及材料内部因素的作用下,在设计要求的目标使用期内,不需要花费大量资金加固处理而保持安全、使用功能和外观要求的能力。

通过对大量结构提前失效的实例分析表明,引起结构耐久性失效的原因存在于结构设计、施工及维护的各个环节,具体表现在如下几方面。

1.设计方面

虽然在许多国家的规范中都明确规定钢筋混凝土结构必须具备安全性、适用性与耐久性,但是,这一宗旨并没有充分地体现在具体的设计条文中,使得在以往的乃至现在的工程结构设计中普遍存在着重承载力设计而轻耐久性设计的现象。

2.施工方面

不合格的施工也会影响混凝土结构的耐久性,常见的混凝土施工质量不合格、钢筋保护层不足都有可能导致钢筋提前锈蚀。

3.维护方面

在混凝土结构的使用过程中,由于没有合理的维护而导致结构耐久性的降低也是不容忽视的,如对结构的碰撞、磨损以及使用环境的劣化,都会使混凝土结构无法达到预定的使用年限。

7.4.2　影响混凝土结构耐久性的主要因素

影响混凝土结构耐久性的因素主要有内部和外部两个方面。

1.内部因素

内部因素主要有混凝土的强度、渗透性、保护层厚度,水泥品种、等级和用量,外加剂用量等。

2.外部因素

外部因素则有环境温度、湿度、CO_2 含量等。

耐久性问题往往是内部、外部两方面不利因素综合作用的结果。

7.4.3 常见的耐久性问题

1. 混凝土冻融破坏

在浇筑混凝土时，为了得到必要的和易性，使用的拌和水往往会比水泥水化所需要的水要多些。混凝土水化硬结后内部有很多毛细孔。这部分多余的水便以游离水的形式滞留于混凝土毛细孔中，遇到低温就会结冰，结冰时体积膨胀约9%，引起混凝土内部结构的破坏。

要防止混凝土冻融循环破坏，一方面要降低水灰比，减少混凝土中的自由游离水；另一方面是在浇筑混凝土时加入引气剂，使混凝土中形成微细气孔，这对提高抗冻性是很有作用的。

2. 混凝土的碱集料反应

混凝土集料中某些活性矿物与混凝土微孔中的碱性溶液产生化学反应称为碱集料反应。碱集料反应产生碱—硅酸盐凝胶，并吸水膨胀，体积可增大3～4倍，从而引起混凝土剥落、开裂、强度降低，甚至导致破坏。

引起碱集料反应有三个条件：①混凝土凝胶中有碱性物质，这种碱性物质主要来自于水泥，若水泥中含碱(Na_2O，K_2O)且含量大于0.6%时则会很快析出到水溶液中，遇到活性集料便可产生反应；②集料中有活性集料，如蛋白石、黑硅石、燧石、玻璃质火山石、安山岩等含SiO_2的集料；③水分，碱集料反应的充分条件是有水分，在干燥状态下很难发生碱集料反应。

碱集料反应进展缓慢，要经多年时间才造成破坏，故常列入耐久性破坏之中。防止碱集料反应的主要措施是采用低碱水泥，或掺用粉煤灰等掺合料降低混凝土中的碱性，对含活性成分的集料加以控制等。

3. 侵蚀性介质的腐蚀

化学介质对混凝土的侵蚀在石化、化学、轻工、冶金及港湾建筑中很普遍。常见的一些主要侵蚀性介质的腐蚀有：

(1)硫酸盐腐蚀。硫酸盐溶液和水泥石中的氢氧化钙及水化铝酸钙发生化学反应，生成石膏和硫铝酸钙，产生体积膨胀，使混凝土破坏。

(2)酸腐蚀。因混凝土是碱性材料，遇到酸性物质会产生反应，使混凝土产生裂缝并导致破坏。

(3)海水腐蚀。在海港和近海的混凝土建筑物，经常受到海水的侵蚀。海水中的NaCl、$MgCl_2$、$MgSO_4$、K_2SO_4等成分，尤其是Cl^-及硫酸镁对混凝土有强的化学侵蚀作用，造成钢筋锈蚀。

(4)盐类结晶型腐蚀。一些盐类与水泥石中某些成分发生反应，生成物或失去胶凝性，或体积膨胀，使混凝土破坏。故对化学介质侵入破坏应采取特殊措施。

4. 机械磨损

机械磨损常见于工业地面、公路路面、桥面、飞机跑道等。

5. 混凝土的碳化

混凝土的碳化是指大气中的二氧化碳与混凝土中的碱性物质氢氧化钙发生反应使混凝土的pH值下降。其主要危害是使混凝土中钢筋的保护膜受到破坏，引起钢筋锈蚀。

6. 钢筋锈蚀

钢筋锈蚀使混凝土保护层脱落，钢筋有效面积减小，导致承载力下降甚至结构破坏。

7.4.4　混凝土结构耐久性设计基本要求

混凝土结构在预期的自然环境的化学和物理作用下，应能满足设计工作寿命要求，亦即混凝土结构在正常维护下应具有足够的耐久性。为此，对混凝土结构，除了进行承载能力极限状态和正常使用极限状态计算外，还应充分重视对结构耐久性的规定和要求。

混凝土结构的耐久性应根据使用环境类别和设计使用年限进行设计。根据工程经验，并参考国外有关规范，《公路钢筋混凝土及预应力混凝土桥涵设计规范》(JTG D 62—2012)将混凝土结构的使用环境分为四类，见表7.1。

表7.1　桥梁结构的环境类别

环境类别	环境条件
Ⅰ	温暖或寒冷地区的大气环境；与无侵蚀性的水或土接触的环境
Ⅱ	严寒地区的大气环境、使用除冰盐环境、滨海环境
Ⅲ	海水环境
Ⅳ	受侵蚀性物质影响的环境

《混凝土结构耐久性设计与施工指南》(CCES 01—2004)提出混凝土结构的耐久性设计应包括以下主要内容：

(1)耐久混凝土的选用。提出混凝土原材料选用原则的要求(水泥品种、等级、掺合料种类、集料品种、质量等)和混凝土配比的主要参数(最大水胶比、最大水泥用量、最小胶凝材料用量等)及引气要求等，根据需要提出混凝土的扩散系数、抗冻等级、抗裂性等具体指标；在设计施工图和相应说明中，必须标明水胶比等与耐久混凝土相关的参数和要求；

(2)与结构耐久性有关的结构构造措施与裂缝控制措施；

(3)为使用过程中的必要检测、维修和部件更换设置通道和空间，并做出修复时施工荷载作用下的结构承载力核算；

(4)与结构耐久性有关的施工质量要求，特别是混凝土的养护(包括温度和湿度控制)方法、期限以及保护层厚度的质量要求与质量保证措施；

(5)结构使用阶段的定期维修与检测要求；

(6)对于可能遭受氯盐引起钢筋锈蚀的重要混凝土工程，宜根据具体环境条件和材料劣化模型，进行结构使用年限的验算。

习　题

1. 什么是钢筋混凝土构件的换算截面？

2. 引起钢筋混凝土构件出现裂缝的主要因素有哪些？

项目8 预应力混凝土结构

主要知识点	预应力度、张拉控制应力、预应力损失、先张法、后张法
重点及难点	张拉控制应力、预应力损失
学习指导	通过本项目的学习，熟悉预应力损失的类型、预应力的施工方法

任务8.1 熟悉预应力混凝土结构的相关知识

8.1.1 预应力混凝土结构的基本原理

1. 概念

所谓预应力混凝土，是指事先人为地在混凝土或钢筋混凝土中引入内部应力，且其数值和分布恰好能将使用荷载产生的应力抵消到一个合适程度的配筋混凝土。例如，对混凝土或钢筋混凝土梁的受拉区预先施加压应力，使之建立一种人为的应力状态，这种应力的大小和分布规律，能有利于抵消使用荷载作用下产生的拉应力，因而使混凝土构件在使用荷载作用下不致开裂，或推迟开裂，或者使裂缝宽度减小。这种由配置预应力钢筋再通过张拉或其他方法建立预应力的结构，就称为预应力混凝土结构。

2. 基本原理

设混凝土梁跨径为L，截面为$b\times h$，承受均布荷载q（含自重在内），其跨中最大弯矩为$M=qL^2/8$，此时跨中截面上、下缘的应力[图8.1(c)]为

$$\text{上缘}:\sigma_{qc}=\frac{6M}{bh^2}(\text{压应力})$$

$$\text{下缘}:\sigma'_{qc}=-\frac{6M}{bh^2}(\text{拉应力})$$

假如预先在离该梁下缘$h/3$（即偏心距$e=h/6$）处，设置高强钢丝束，并在梁的两端对拉锚固[图8.1(a)]，使钢束中产生拉力N_p，其弹性回缩的压力将作用于梁端混凝土截面与钢束同高的水平处[图8.1(b)]，回缩力的大小亦为N_p，如令$N_p=3M/h$，则同样可求得N_p作用下，梁上、下缘所产生的应力[图8.1(d)]为

$$\text{上缘}:\sigma_{pc}=\frac{N_p}{bh}-\frac{N_p\cdot e}{bh^2/6}=\frac{3M}{bh^2}-\frac{1}{bh^2/6}\cdot\frac{3M}{h}\cdot\frac{h}{6}=0$$

$$\text{下缘}:\sigma'_{pc}=\frac{N_p}{bh}+\frac{N_p\cdot e}{bh^2/6}=\frac{6M}{bh^2}(\text{压应力})$$

现将上述两项应力叠加，即可求得梁在q和N_p共同作用下，跨中截面上、下缘的总应力[图8.1(e)]为

$$上缘：\sigma_c=\sigma_{qc}+\sigma_{pc}=0+\frac{6M}{bh^2}=\frac{6M}{bh^2}(压应力)$$

$$下缘：\sigma'_c=\sigma'_{qc}+\sigma'_{pc}=\frac{6M}{bh^2}-\frac{6M}{bh^2}=0$$

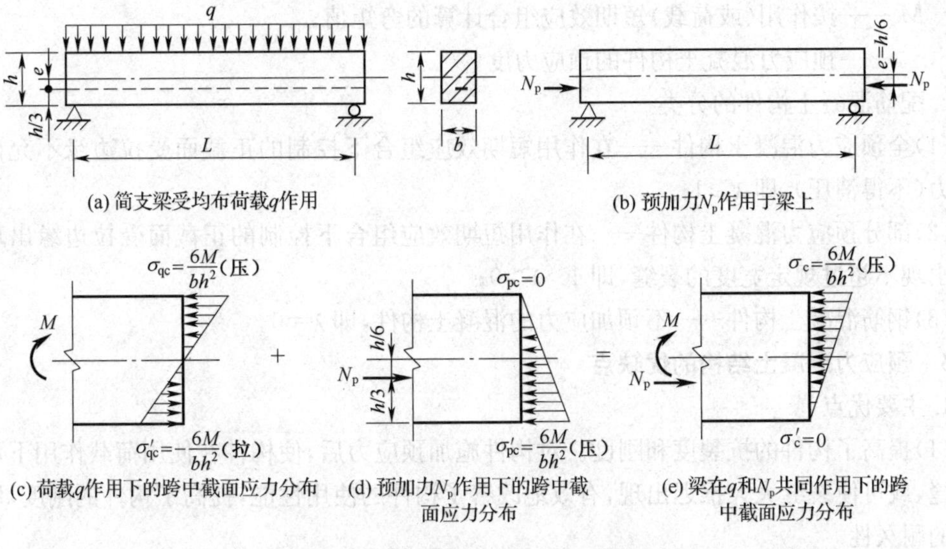

(a) 简支梁受均布荷载q作用　(b) 预加力N_p作用于梁上

(c) 荷载q作用下的跨中截面应力分布　(d) 预加力N_p作用下的跨中截面应力分布　(e) 梁在q和N_p共同作用下的跨中截面应力分布

图 8.1　预应力混凝土结构基本原理图

由于预先给混凝土梁施加了预压应力，使混凝土梁在均布荷载 q 作用时在下边缘所产生的拉应力全部被抵消，因而可避免混凝土出现裂缝，混凝土梁可以全截面参加工作。这就相当于改善了梁中混凝土的抗拉性能，而且可以达到充分利用高强钢材的目的。上述概念就是预应力混凝土结构的基本原理。其实，预应力原理的应用在日常事物中的例子很多。例如在土建工地用砖钳装卸砖块，被钳住的一叠水平砖块不会掉落；用铁箍紧箍木桶，木桶盛水而不漏等，这些都是运用预应力原理的浅显事例。

3. 预压力 N_p

从图 8.1 还可看出，预压力 N_p 必须针对外荷载作用下可能产生的应力状态有计划地施加。因为要有效地抵消外荷载作用所产生的拉应力，这不仅与 N_p 的大小有关，而且也与 N_p 所施加的位置(即偏心距 e 的大小)有关。预加力 N_p 所产生的反弯矩与偏心距 e 成正比例，为节省预应力钢筋的用量，设计中常常尽量减小 N_p 值，因此，在弯矩最大的跨中截面就必须尽量加大偏心距 e 值。如果沿全梁 N_p 值保持不变，对于外弯矩较小的截面，则需将 e 值相应地减小，以免由于预加力弯矩过大，使梁的上缘出现拉应力，甚至出现裂缝。预加力 N_p 在各截面的偏心距 e 值的调整工作，在设计时通常是通过曲线配筋的形式来实现的，这在后面的受弯构件设计中将作进一步介绍。

8.1.2　配筋混凝土结构的分类

通常把全预应力混凝土、部分预应力混凝土和钢筋混凝土结构总称为配筋混凝土结构系列。

1. 预应力度的定义

《公路钢筋混凝土及预应力混凝土桥涵设计规范》(JTG D62—2004)将受弯构件的预应力

度(λ)定义为由预加应力大小确定的消压弯矩 M_0 与外荷载产生的弯矩 M_s 的比值,即

$$\lambda=\frac{M_0}{M_s} \tag{8.1}$$

式中 M_0——消压弯矩,也就是构件抗裂边缘预压应力抵消到零时的弯矩;

M_s——按作用(或荷载)短期效应组合计算的弯矩值;

λ——预应力混凝土构件的预应力度。

2. 配筋混凝土构件的分类

(1)全预应力混凝土构件——在作用短期效应组合下控制的正截面受拉边缘不允许出现拉应力(不得消压),即 $\lambda\geqslant1$;

(2)部分预应力混凝土构件——在作用短期效应组合下控制的正截面受拉边缘出现拉应力或出现不超过规定宽度的裂缝,即 $1>\lambda>0$;

(3)钢筋混凝土构件——不预加应力的混凝土构件,即 $\lambda=0$。

8.1.3 预应力混凝土结构的优缺点

1. 主要优点

(1)提高了构件的抗裂度和刚度。对构件施加预应力后,使构件在使用荷载作用下可不出现裂缝,或可使裂缝大大推迟出现,有效地改善了构件的使用性能,提高了构件的刚度,增加了结构的耐久性。

(2)可以节省材料,减少自重。预应力混凝土由于采用高强材料,因而可减少构件截面尺寸,节省钢材与混凝土用量,降低结构物的自重。这对自重比例很大的大跨径桥梁来说,更有着显著的优越性。大跨度和重荷载结构,采用预应力混凝土结构一般是经济合理的。

(3)可以减小混凝土梁的竖向剪力和主拉应力。预应力混凝土梁的曲线钢筋(束),可使梁中支座附近的竖向剪力减小;又由于混凝土截面上预压应力的存在,使荷载作用下的主拉应力也相应减小。这有利于减小梁的腹板厚度,使预应力混凝土梁的自重可以进一步减小。

(4)结构质量安全可靠。施加预应力时,钢筋(束)与混凝土都同时经受了一次强度检验。如果在张拉钢筋时构件质量表现良好,那么,在使用时也可以认为是安全可靠的。

(5)预应力可作为结构构件连接的手段,促进了工程结构新体系与施工方法的发展。

(6)预应力还可以提高结构的耐疲劳性能。因为具有强大预应力的钢筋,在使用阶段由加荷或卸荷所引起的应力变化幅度相对较小,所以引起疲劳破坏的可能性也小。这对承受动荷载的工程结构来说是很有利的。

2. 主要缺点

(1)工艺较复杂,对施工质量要求甚高,因而需要配备一支技术较熟练的专业队伍。

(2)需要有专门设备,如张拉机具、灌浆设备等。先张法需要有张拉台座;后张法还要耗用数量较多、质量可靠的锚具等。

(3)预应力反拱度不易控制。它随混凝土徐变的增加而加大,如存梁时间过久再进行安装,就可能使反拱度很大,造成桥面不平顺。

(4)预应力混凝土结构的开工费用较大,对于跨径小、构件数量少的工程,成本较高。

总之,只要从实际出发,因地制宜地进行合理设计和妥善安排,预应力混凝土结构就能充分发挥其优越性。

任务8.2　掌握基本概念及材料

按照预应力钢筋与混凝土之间的黏结情况，预应力混凝土结构可分为有黏结预应力混凝土结构和无黏结预应力混凝土结构。按照预应力钢筋是否布置在混凝土截面内，预应力混凝土结构可分为体内预应力混凝土结构和体外预应力混凝土结构。本教材所涉及的内容均指体内有黏结的预应力混凝土结构，它是先张预应力混凝土结构和管道内灌浆后实现黏结的后张预应力结构的总称。

为全面理解体内有黏结预应力混凝土的基本概念，可以引用"预应力之父——林同炎"提出的三种概念来阐明预应力混凝土结构：

(1)预加应力的目的是将混凝土变成弹性材料；

(2)预加应力的目的是使高强度钢筋和混凝土能够共同工作；

(3)预加应力的目的是实现荷载平衡。

8.2.1　混 凝 土

1.强度要求

用于预应力结构的混凝土，必须抗压强度高。《公路钢筋混凝土及预应力混凝土桥涵设计规范》(JTG D62—2004)规定：预应力混凝土构件的混凝土强度等级不应低于C40。而且，钢材强度越高，混凝土强度级别也相应要求提高。只有这样才能充分发挥高强钢材的抗拉强度，有效地减小构件截面尺寸，因而也可减轻结构自重。

预应力混凝土结构的混凝土不仅要求高强度，而且还要求能快硬、早强，以便能及早施加预应力，加快施工进度，提高设备、模板等的利用率。

2.收缩、徐变的影响及其计算

(1)混凝土徐变变形

混凝土产生徐变变形的原因已于项目2述及，但目前的解释也不尽相同。因而其计算理论有多种，计算方法也不一。影响混凝土徐变值大小的主要因素是荷载应力、持荷时间、混凝土的品质与加载龄期以及构件尺寸和工作的环境等。混凝土徐变试验的结果表明，当混凝土所承受的持续应力 $\sigma_c \leqslant 0.5f_{ck}$ 时，其徐变应变值 ε_c 与混凝土应力 σ_c 之间存在着线性关系，在此范围内的徐变变形则称为线性徐变，即 $\varepsilon_c=\phi\varepsilon_e$，或写成：

$$\phi=\varepsilon_c/\varepsilon_e \tag{8.2}$$

式中　ε_c——徐变应变值；

ε_e——加载(σ_c 作用)时的弹性应变值；

ϕ——徐变系数。

(2)混凝土的收缩变形

混凝土的硬化收缩变形是非受力变形。硬化收缩的变形规律和徐变相似，也是随时间延续而增加，初期硬化时收缩变形明显，以后逐渐变缓。一般第一年的应变可达到$(0.15\sim0.4)\times10^{-3}$，收缩变形可延续至数年，其终值可达$(0.2\sim0.6)\times10^{-3}$。

混凝土收缩应变计算式为

$$\varepsilon_{cs}(t,t_s)=\varepsilon_{cs0}\cdot\beta_s(t-t_s) \tag{8.3}$$

式中　ε_{cs0}——名义收缩系数；

β_s——收缩随时间发展的系数;

t——计算考虑时刻的混凝土龄期,d;

t_s——收缩开始时的混凝土龄期,d。

3. 混凝土的配制要求与措施

为获得强度高和收缩、徐变小的混凝土,应尽可能地采用高强度水泥,减少水泥用量,降低水灰比,选用优质坚硬的骨料,并注意采取以下措施。

(1)严格控制水灰比。高强混凝土的水灰比一般宜在0.25～0.35。为增加和易性,可掺加适量的高效减水剂。

(2)注意选用高强度水泥并宜控制水泥用量不大于500 kg/m³。水泥品种以硅酸盐水泥为宜,不得已需要采用矿渣水泥时,则应适当掺加早强剂,以改善其早期强度较低的缺点。火山灰水泥不适于拌制预应力混凝土,因为早期强度过低,收缩率又大。

(3)注意选用优质活性掺合料,如硅粉、F矿粉等,尤其是硅粉混凝土不仅可使收缩减小,而且可使徐变显著减小。

(4)加强振捣与养护。

8.2.2 预应力钢材

预应力混凝土构件中设置有预应力钢筋和非预应力钢筋(即普通钢筋)。普通钢筋已在项目2中作了介绍,这里对预应力钢筋作一简要介绍。

1. 对预应力钢筋的要求

(1)强度要高;

(2)有较好的塑性;

(3)有良好的黏结性能;

(4)应力松弛损失要低。

2. 预应力钢筋的种类

(1)钢绞线

钢绞线是由2、3或7根高强钢丝扭结而成并经消除内应力后的盘卷状钢丝束(图8.2)。最常用的是由6根钢丝围绕一根芯丝顺一个方向扭结而成的7股钢绞线。芯丝直径常比外围钢丝直径大5%～7%,以使各根钢丝紧密接触,钢丝扭矩一般为钢绞线公称直径的12～16倍。

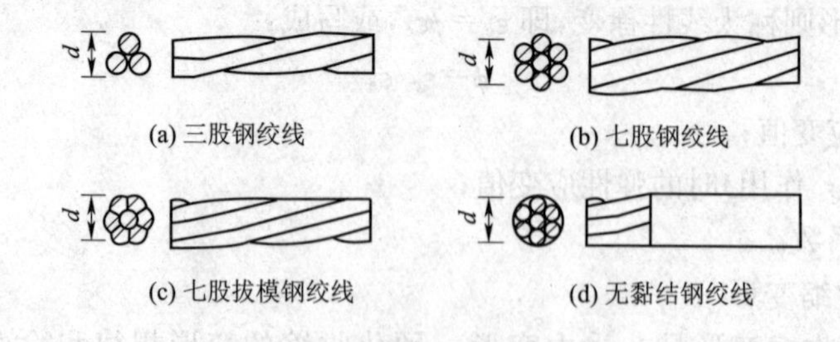

图8.2 几种常见的预应力钢绞线

(2)高强度钢丝

预应力混凝土结构常用的高强钢丝是用优质碳素钢(含碳量为0.7%～1.4%)轧制成盘圆经温铅浴淬火处理后,再冷拉加工而成的钢丝(图8.3)。《公路钢筋混凝土及预应力混凝土桥涵设计规范》(JTG D62—2004)中采用的消除应力高强钢丝有光面钢丝、螺旋肋钢丝和刻痕钢丝。

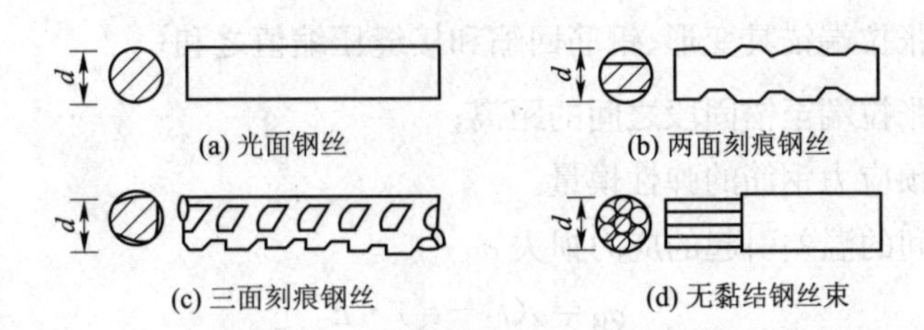

图 8.3　几种常见的预应力高强钢丝

(3)精轧螺纹钢筋

精轧螺纹粗钢筋在轧制时沿钢筋纵向全部轧有规律性的螺纹肋条,可用螺丝套筒连接和螺帽锚固,因此不需要再加工螺丝,也不需要焊接。目前,这种高强钢筋仅用于中、小型预应力混凝土构件或作为箱梁的竖向、横向预应力钢筋。

任务8.3　熟悉预应力损失的估算及减小损失的措施

设计预应力混凝土受弯构件时,需要事先根据承受外荷载的情况,估计其预加应力的大小。由于施工因素、材料性能和环境条件等的影响,钢筋中的预拉应力会逐渐减少。这种预应力钢筋的预应力随着张拉、锚固过程和时间推移而降低的现象称为预应力损失。

$$\sigma_{pe}=\sigma_{con}-\sigma_l \tag{8.4}$$

式中　σ_{pe}——有效预应力;

σ_{con}——张拉控制应力;

σ_l——预应力损失值。

8.3.1　张拉控制应力

张拉控制应力 σ_{con} 是指预应力钢筋锚固前张拉钢筋的千斤顶所显示的总拉力除以预应力钢筋截面积所求得的钢筋应力值。

对于钢丝、钢绞线　$\sigma_{con}\leqslant 0.75f_{pk}$　(8.5)

对于精轧螺纹钢筋　$\sigma_{con}\leqslant 0.90f_{pk}$　(8.6)

式中　f_{pk}——预应力钢筋的抗拉强度标准值。

8.3.2　预应力损失

1. 预应力筋与管道壁间摩擦力引起的应力损失 σ_{l1}

$$\sigma_{l1}=\sigma_{con}\left[1-e^{-(\mu\theta+kx)}\right] \tag{8.7}$$

式中　μ——钢筋与管道壁间的摩擦系数;

θ——从张拉端至计算截面间管道平面曲线的夹角之和;

k——管道每米长度的局部偏差对摩擦的影响系数;

x——从张拉端至计算截面的管道长度在构件纵轴上的投影长度。

2. 锚具变形、钢筋回缩和接缝压缩引起的应力损失 σ_{l2}

$$\sigma_{l2}=\frac{\sum\Delta l}{l}E_p \tag{8.8}$$

式中 $\sum \Delta l$——张拉端锚具变形、钢筋回缩和接缝压缩值之和;

l——张拉端至锚固段之间的距离;

E_p——预应力钢筋的弹性模量。

3. 钢筋与台座间的温差引起的应力损失 σ_{l3}

$$\sigma_{l3}=\alpha(t_2-t_1)\cdot E_p \tag{8.9}$$

4. 混凝土弹性压缩引起的应力损失 σ_{l4}

先张法 $$\sigma_{l4}=\alpha_{EP}\cdot\sigma_{pc} \tag{8.10}$$

后张法 $$\sigma_{l4}=\alpha_{EP}\sum\Delta\sigma_{pc} \tag{8.11}$$

式中 α_{EP}——预应力钢筋弹性模量 E_p 与混凝土弹性模量 E_c 的比值;

σ_{pc}——计算截面重心处,由预加力产生的混凝土预压应力;

$\sum\Delta\sigma_{pc}$——后张拉各批钢筋所产生的混凝土法向应力之和。

5. 钢筋松弛引起的应力损失 σ_{l5}

对于精轧螺纹钢筋:一次张拉 $$\sigma_{l5}=0.05\sigma_{con} \tag{8.12}$$

超张拉 $$\sigma_{l5}=0.035\sigma_{con} \tag{8.13}$$

对于预应力钢丝、钢绞线 $$\sigma_{l5}=\Psi\cdot\xi\cdot\left(0.52\frac{\sigma_{pe}}{f_{pk}}-0.26\right)\cdot\sigma_{pe} \tag{8.14}$$

式中 Ψ——张拉系数,一次张拉时,$\Psi=1.0$;超张拉时 $\Psi=0.9$;

ξ——钢筋松弛系数,Ⅰ级松弛(普通松弛),$\xi=1.0$;Ⅱ级松弛(低松弛),$\xi=0.3$;

σ_{pe}——传力锚固时的钢筋应力,对后张法 $\sigma_{pe}=\sigma_{con}-\sigma_{l1}-\sigma_{l2}-\sigma_{l4}$;对先张法 $\sigma_{pe}=\sigma_{con}-\sigma_{l2}$。

6. 混凝土收缩和徐变引起的应力损失 σ_{l6}

受拉区 $$\sigma_{l6(t)}=\frac{0.9[E_p\varepsilon_{cs}(t,t_0)+\alpha_{EP}\sigma_{pc}\phi(t,t_0)]}{1+15\rho\rho_{ps}} \tag{8.15}$$

式中 $\varepsilon_{cs}(t,t_0)$——预应力钢筋传力锚固龄期为 t_0,计算考虑龄期为 t 时的混凝土收缩应变;

σ_{pc}——构件受拉区全部纵向钢筋截面重心处由预应力和结构自重产生的混凝土法向应力;

$\phi(t,t_0)$——加载龄期为 t_0,计算考虑的龄期为 t 时的徐变系数;

ρ_{ps}——$\rho_{ps}=1+\frac{e_{ps}^2}{i^2}$,$e_{ps}$ 为构件受拉区预应力钢筋和非预应力钢筋截面重心至构件截面重心轴的距离,i 为回转半径。

现根据应力损失出现的先后次序以及完成终值所需的时间,分先张法、后张法按两个阶段进行组合,具体如表 8.1 所示。

表 8.1 各阶段预应力损失值的组合

预应力损失值的组合	先张法构件	后张法构件
传力锚固时的损失(第一批)$\sigma_{l\text{I}}$	$\sigma_{l2}+\sigma_{l3}+\sigma_{l4}+0.5\sigma_{l5}$	$\sigma_{l1}+\sigma_{l2}+\sigma_{l4}$
传力锚固时的损失(第一批)$\sigma_{l\text{II}}$	$0.5\sigma_{l5}+\sigma_{l6}$	$\sigma_{l5}+\sigma_{l6}$

任务8.4 熟悉预应力混凝土的施工工艺

8.4.1 预加应力的主要方法

1. 先张法

先张法，即先张拉钢筋，后浇筑构件混凝土的方法，如图8.4所示。先在张拉台座上，按设计规定的拉力张拉预应力钢筋，并进行临时锚固，再浇筑构件混凝土，待混凝土达到要求强度(一般不低于强度设计值的75%)后，放张(即将临时锚固松开，缓慢放松张拉力)，让预应力钢筋的回缩，通过预应力钢筋与混凝土间的黏结作用，传递给混凝土，使混凝土获得预压应力。这种在台座上张拉预应力筋后浇筑混凝土并通过黏结力传递而建立预加应力的混凝土构件就是先张法预应力混凝土构件。

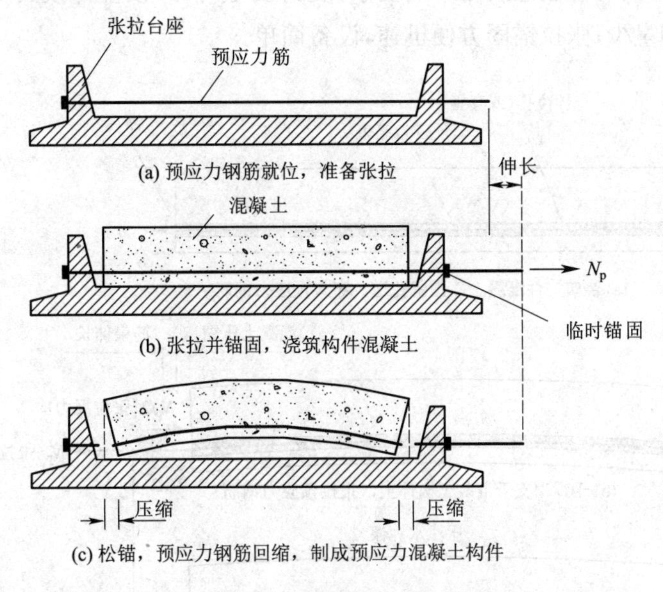

图8.4 先张法工艺流程示意图

先张法所用的预应力钢筋，一般可用高强钢丝、钢绞线等。不专设永久锚具，借助与混凝土的黏结力，以获得较好的自锚性能。

先张法施工工序简单，预应力钢筋靠黏结力自锚，临时固定所用的锚具(一般称为工具式锚具或夹具)可以重复使用，因此大批量生产先张法构件比较经济，质量也比较稳定。目前，先张法在我国一般仅用于生产直线配筋的中小型构件。大型构件因需配合弯矩与剪力沿梁长度的分布而采用曲线配筋，这将使施工设备和工艺复杂化，且需配备庞大的张拉台座，因而很少采用先张法。

2. 后张法

后张法是先浇筑构件混凝土，待混凝土结硬后，再张拉预应力钢筋并锚固的方法，如图8.5所示。先浇筑构件混凝土，并在其中预留孔道(或设套管)，待混凝土达到要求强度后，将预应力钢筋穿入预留的孔道内，将千斤顶支承于混凝土构件端部，张拉预应力钢筋，使构件也同时受到反力压缩。待张拉到控制拉力后，即用特制的锚具将预应力钢筋锚固于混凝土构件上,使混凝土获得并保持其预压应力。最后,在预留孔道内压注水泥浆,以保护预应力钢筋不致锈蚀,并使预应力钢筋与混凝土黏结成为整体。这种在混凝土硬结后通过张拉预应力筋并锚固而建立预加应力的构件称为后张法预应力混凝土构件。

由上可知,施工工艺不同,建立预应力的方法也不同。后张法是靠工作锚具来传递和保持预加应力的;先张法则是靠黏结力来传递并保持预加应力的。

8.4.2 锚具

1.对锚具的要求

临时夹具(在制作先张法或后张法预应力混凝土构件时,为保持预应力筋拉力的临时性锚固装置)和锚具(在后张法预应力混凝土构件中,为保持预应力筋的拉力并将其传递到混凝土上所用的永久性锚固装置)都是保证预应力混凝土施工安全、结构可靠的关键设备。因此,在设计、制造或选择锚具时应注意满足下列要求:受力安全可靠;预应力损失要小;构造简单、紧凑,制作方便,用钢量少;张拉锚固方便迅速,设备简单。

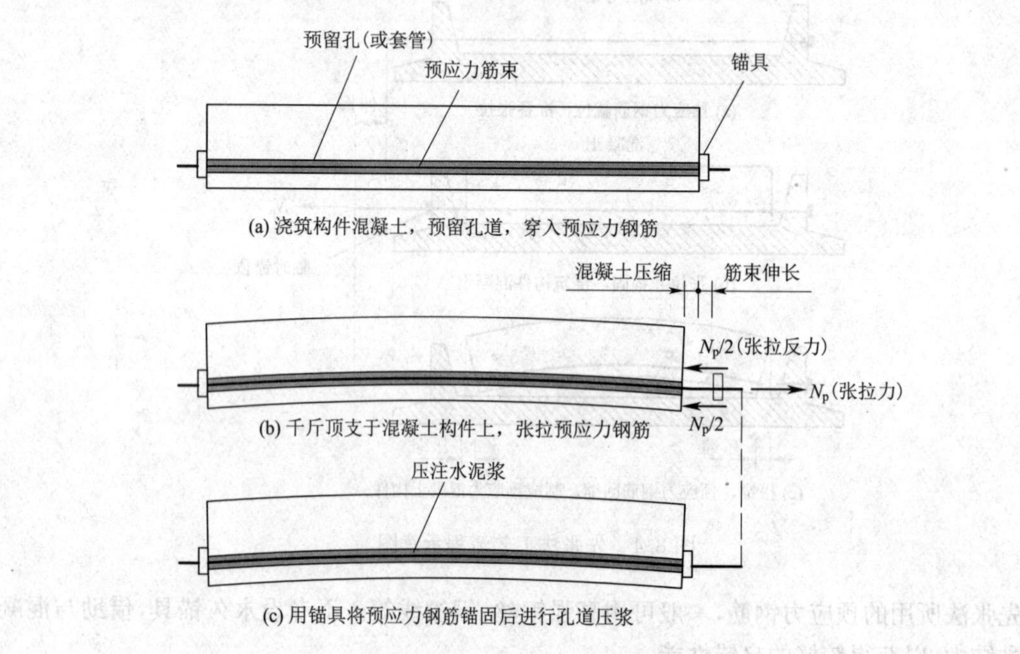

图 8.5 后张法工艺流程示意图

2.锚具的分类

锚具的形式繁多,按其传力锚固的受力原理,可分为以下几种:

(1)依靠摩阻力锚固的锚具。如楔形锚、锥形锚和用于锚固钢绞线的JM锚与夹片式群锚等,都是借张拉预应力钢筋的回缩或千斤顶压,带动锥销或夹片将预应力钢筋楔紧于锥孔中而锚固的。

(2)依靠承压锚固的锚具。如镦头锚、钢筋螺纹锚等,是利用钢丝的镦粗头或钢筋螺纹承压进行锚固。

(3)依靠黏结力锚固的锚具。如先张法的预应力钢筋锚固,以及后张法固定端的钢绞线压花锚具等,都是利用预应力钢筋与混凝土之间的黏结力进行锚固的。

对于不同形式的锚具,往往需要配套使用专门的张拉设备。因此,在设计施工中,锚具与张拉设备的选择,应同时考虑。

3.目前桥梁结构中几种常用的锚具

(1)锥形锚

锥形锚(又称为弗式锚)主要用于钢丝束的锚固,由锚圈和锚塞(又称锥销)两部分组成。

锥形锚是通过张拉钢束时顶压锚塞,把预应力钢丝楔紧在锚圈与锚塞之间,借助摩阻力锚固的(图8.6)。在锚固时,利用钢丝的回缩力带动锚塞向锚圈内滑进,使钢丝被进一步楔紧。此时,锚圈承受着很大的横向(径向)张力(一般约等于钢丝束张拉力的4倍),故对锚圈的设计、制造应足够的重视。锚具的承载力,一般不应低于钢丝束的极限拉力,或不低于钢丝束控制张拉力的1.5倍,可在压力机上试验确定。此外,对锚具的材质、几何尺寸,加工质量,均必须作严格的检验,以保证安全。

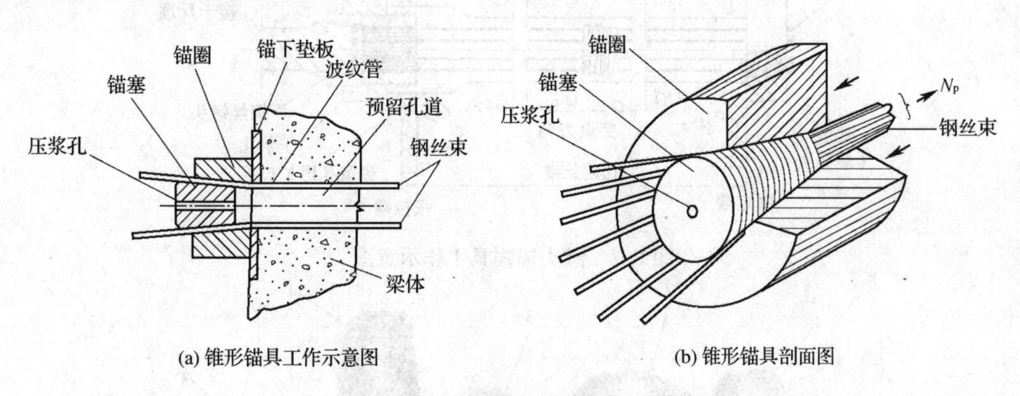

(a) 锥形锚具工作示意图　(b) 锥形锚具剖面图

图8.6 锥形锚具

(2)镦头锚

镦头锚主要用于锚固钢丝束,也可锚固直径在14 mm以下的预应力粗钢筋。钢丝的根数和锚具的尺寸依设计张拉力的大小选定。钢丝束镦头锚具是1949年由瑞士4名工程师研制而成的,并以其名字的头一个字母命名为BBRV体系锚具。

镦头锚的工作原理如图8.7所示。先以钢丝逐一穿过锚杯的蜂窝眼,然后用镦头机将钢丝端头镦粗如蘑菇形,借镦头直接承压将钢丝锚固于锚杯上。锚杯的外圆车有螺纹,穿束后,在固定端将锚圈(大螺帽)拧上,即可将钢丝束锚固于梁端。在张拉端,先将与千斤顶连接的拉杆旋入锚杯内,用千斤顶支承于梁体上进行张拉,待达到设计张拉力时,将锚圈(螺帽)拧紧,再慢慢放松千斤顶,退出拉杆,于是钢丝束的回缩力就通过锚圈、垫板,传递到梁体混凝土而获得锚固。

镦头锚锚固可靠,不会出现锥形锚类似的“滑丝”问题;锚固时的应力损失很小;镦头工艺操作简便迅速。但预应力钢筋张拉吨位过大,钢丝数很多,施工亦显麻烦,故大吨位镦头锚宜加大钢丝直径。

(3)钢筋螺纹锚具

当采用高强粗钢筋作为预应力钢筋时,可采用螺纹锚具固定,即借助于粗钢筋两端的螺纹,在钢筋张拉后直接拧上螺帽进行锚固,钢筋的回缩力由螺帽经支承垫板承压传递给梁体而获得预应力(图8.8)。

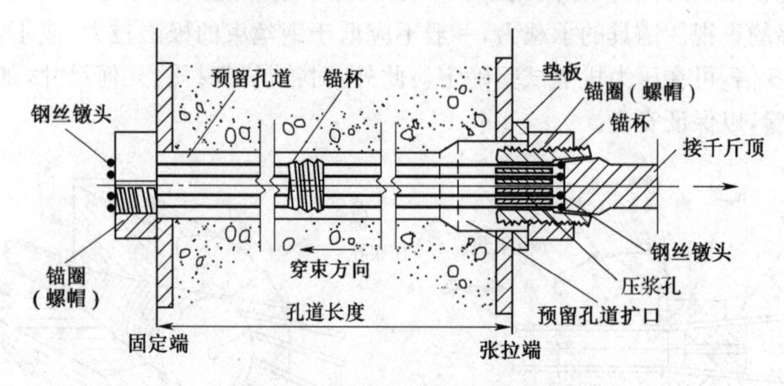

图 8.7　镦头锚锚具工作示意图

(a) 常用锚具

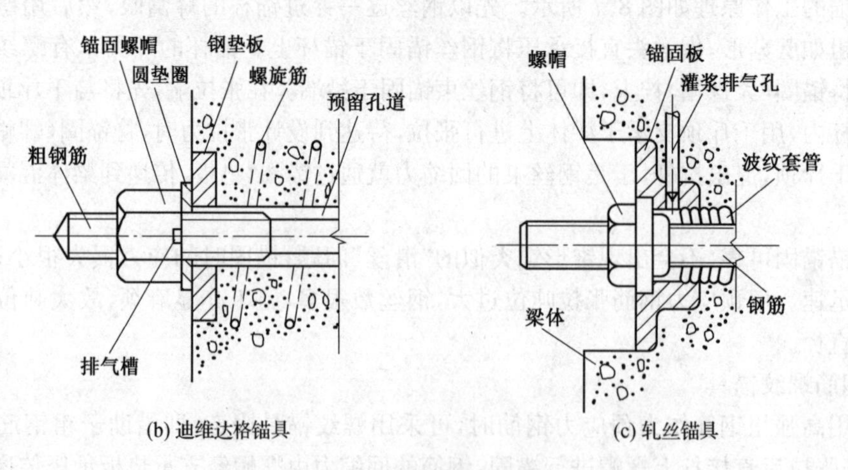

(b) 迪维达格锚具　　(c) 轧丝锚具

图 8.8　钢筋螺纹锚具

1—螺纹锚；2—锥形锚；3—镦头锚；4—螺纹钢筋连接器

螺纹锚具的制造关键在于螺纹的加工。为避免端部螺纹削弱钢筋截面,常采用特制的钢模冷轧而成,使其阴纹压入钢筋圆周之内,而阳纹则挤到钢筋原圆周之外,这样可使平均直径与原钢筋直径相差无几(约小2%),而且冷轧还可以提高钢筋的强度。由于螺纹系冷轧而成,故又将这种锚具称为轧丝锚。

(4)夹片锚具

夹片锚具体系(图8.9)主要作为锚固钢绞线之用。由于钢绞线与周围接触的面积小,且强度高、硬度大,故对其锚具的锚固性能要求很高。

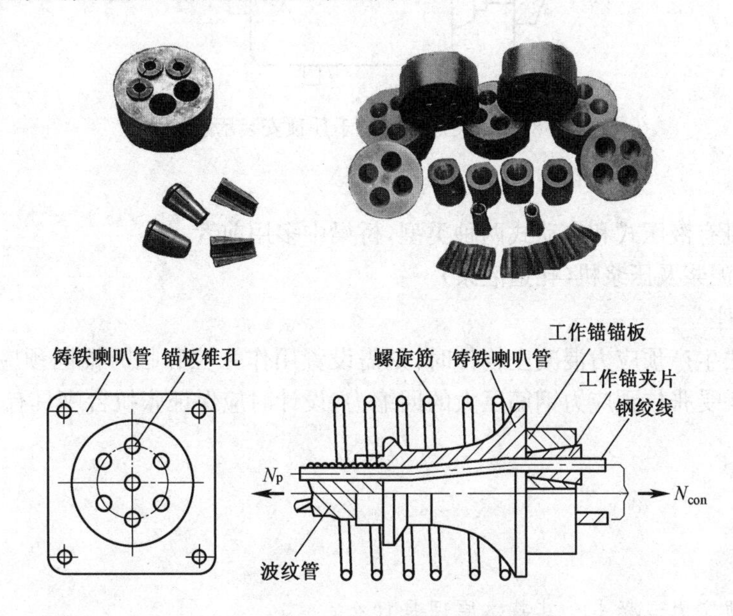

图8.9 夹片锚具配套示意图

以上锚具的设计参数和锚具、锚垫板、波纹管及螺旋筋等的配套尺寸,可参阅各生产厂家的产品介绍选用。

应当特别指出,为保证施工与结构的安全,锚具必须按规定程序[见《预应力筋用锚具、夹具和连接器应用技术规程》(JGJ 85—2010)]进行试验验收,验收合格者方可使用。工作锚具使用前,必须逐件擦洗干净,表面不得残留铁屑、泥砂、油垢及各种减摩剂,防止锚具回松和降低锚具的锚固效率。

8.4.3 千 斤 顶

各种锚具都必须配置相应的张拉设备,才能顺利地进行张拉、锚固。与夹片锚具配套的张拉设备,是一种大直径的穿心单作用千斤顶(图8.10)。千斤顶常与夹片锚具配套研制。其他各种锚具也都有各自适用的张拉千斤顶,需要时可查各生产厂家的产品目录。

8.4.4 预加应力的其他设备

按照施工工艺的要求,预加应力尚需有以下一些设备或配件。

(1)制孔器

预制后张法构件时,需预先留好待混凝土结硬后预应力钢筋穿入的孔道。目前,国内桥梁构件预留孔道所用的制孔器主要有抽拔橡胶管与螺旋金属波纹管。

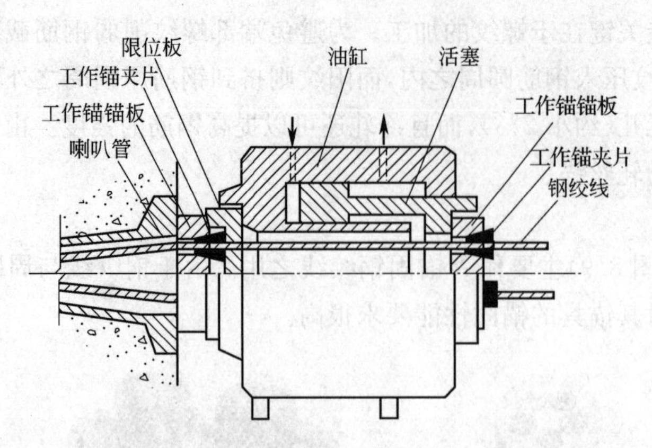

图 8.10　夹片锚张拉千斤顶安装示意图

(2)穿索机

穿索(束)机有液压式和电动式两种类型,桥梁中多用前者。

(3)灌孔水泥浆及压浆机(孔道灌浆)

(4)张拉台座

采用先张法生产预应力混凝土构件时,则需设置用作张拉和临时锚固预应力钢筋的张拉台座。因需要承受张拉预应力钢筋巨大的回缩力,设计时应保证张拉台座具有足够的强度、刚度和稳定性。

习　题

1. 什么是预应力混凝土?其基本原理是什么?
2. 预应力混凝土结构对所使用的混凝土有何要求?什么是高强混凝土?
3. 什么是预应力损失?什么是张拉控制应力?

模块2 钢 结 构

项目9 钢结构概述

主要知识点	钢结构概念,钢结构发展历程、特点、分类
重点及难点	钢结构的概念及分类
学习指导	通过本项目的学习,熟悉钢结构发展,掌握钢结构的概念及组成

钢结构是以钢材制作为主的结构,是主要的工程结构类型之一。

钢结构工程的多少,标志着一个国家或一个地区的经济实力和经济发达程度。建国60多年,我国的钢结构在各个方面都取得了巨大成就,已建成的许多钢结构工程都标志着我国在这些方面具有高超的科学研究、设计和施工水平。特别是2008年前后,在奥运会的推动下,出现了钢结构建筑热潮,强劲的市场需求,推动钢结构建筑迅猛发展,建成了一大批钢结构场馆、机场、车站和高层建筑,其中,有的钢结构建筑在制作安装技术方面具有世界一流水平,如水立方(图9.1)和鸟巢(图9.2)。

图9.1 水立方

图9.2 鸟巢

展望将来钢结构的发展,首先取决于钢产量的增长,我国的年钢产量到1996年突破1亿t,以后逐年增长,到2003年达到2亿t。2013年中国以7.79亿t的粗钢产量位居世界第一,占全球粗钢产量的48.5%,而中国2013年不锈钢产量也达到约1 800万t,占全球总产量的48.3%。在提高钢产量的同时,还应在以下几方面进一步发展:

(1)进一步发展优质钢材。发展高强度、高韧性,高耐腐蚀性的新型钢材;

(2)发展新型的工程结构体系,如悬索结构、网架结构等大跨度空间结构;

(3)引入优化理论,利用计算机进行辅助设计、施工放样等。

任务 9.1　熟悉钢结构的特点

钢结构是由钢板、热轧型钢、薄壁型钢和钢管等构件组合而成的结构,是土木工程的主要结构形式之一。目前,钢结构在桥梁工程、工业与民用建筑工程及地下工程中都得到广泛应用。钢结构与其他结构相比,主要有以下特点。

1. 钢材强度高,塑性和韧性好

钢材与混凝土、木材及砖石相比,虽然密度较大,但其强度要高得多,其密度与强度的比值一般较小,因此在同样受力的情况下,钢结构与钢筋混凝土结构和木结构相比,构件较小,质量较轻,适用于建造跨度大、高度高和承载重的结构。钢结构塑性好,在一般条件下不会因超载而突然断裂,只会增大变形,逐渐发生破坏,故容易被发现。

2. 钢结构的质量轻

钢材密度大,强度高,做成的结构却比较轻。结构的轻质性可用材料的密度 ρ 和强度 f 的比值 α 来衡量,α 值越小,结构相对越轻。钢材的 α 值在 $(1.7\sim3.7)\times10^{-4}/\mathrm{m}$ 之间;木材的 α 值为 $5.4\times10^{-4}/\mathrm{m}$;钢筋混凝土的 α 值约为 $18\times10^{-4}/\mathrm{m}$。以同样的跨度承受同样的荷载,钢屋架的质量仅仅为钢筋混凝土屋架的 1/4～1/3。

3. 符合工程力学的基本假定

钢材内部组织比较均匀,接近各向同性,可视为理想的弹塑性材料,因此,钢结构的实际受力情况和工程力学的计算结果比较接近。在计算中采用的经验公式不多,计算的不确定性较小,计算结果比较可靠。

4. 工业化程度高,工期短

钢结构所用材料皆可由专业化的金属结构厂轧制成各种型材,加工制作简便,准确度和精密度都较高。制成的构件可运到现场拼装,采用焊接或螺栓连接。因构件重量较轻,故安装方便,施工机械化程度高,工期短,造价低。

5. 密闭性好

钢结构采用焊接连接后可以做到安全密封,能够满足一些要求气密性和水密性好的高压容器、大型油库、气柜油罐和管道等的要求。

6. 抗震性能好

钢结构由于自重轻和结构体系相对较柔,所以受到的地震作用较小,钢材又具有较高的抗拉和抗压强度以及较好的塑性和韧性,因此在国内外的历次地震中,钢结构是损坏最轻的结构,被公认为抗震设防地区特别是强震区(如汶川)的最合适结构。

7. 耐热性较好

温度在 200 ℃以内时钢材性质变化很小,当温度达到 300 ℃以上时,强度逐渐下降,600 ℃时,强度几乎为零。因此,钢结构可用于温度不高于 200 ℃的场合。在有特殊防火要求的结构中,钢结构必须采取保护措施。

8. 耐腐蚀性差

钢材在潮湿环境中,特别是在处于有腐蚀性介质的环境中容易锈蚀。

因此,新建造的钢结构应定期刷涂料加以保护,维护费用较高。目前国内外正在发展各种高性能的涂料和不易锈蚀的衬候钢,钢结构耐锈蚀性差的问题有望得到解决。

9. 耐火性差

钢结构耐火性较差，在火灾中，未加防护的钢结构一般只能维持20 min左右。因此在需要防火时，应采取防火措施，如在钢结构外面包裹混凝土或其他防火件，表面喷涂防火涂料等。

10. 钢结构在低温条件下可能发生脆性断裂

钢结构在低温和某些条件下，可能发生脆性断裂，还有厚板的层状撕裂等，都应引起设计者的特别注意。

11. 钢结构稳定问题突出

钢材强度大，构件截面小，厚度薄，因而钢结构在压应力状态下会引起构件甚至整个结构的稳定问题。当稳定问题控制设计时，钢材的强度就难以得到充分利用。因此，如何防止构件或结构失稳是钢结构设计时需考虑的重要问题之一。

任务9.2 掌握钢结构的分类

按不同标准，钢结构有不同的分类方法，下面仅按钢结构使用功能分类。

1. 桥梁钢结构

钢桥建造简便、迅速，易于修复，因此钢结构广泛用于中等跨度和大跨度桥梁。著名的杭州钱塘江大桥(1934～1937年)就是我国自行设计的钢桥。我国新建和再建的钢桥，其建筑跨度、建筑规模、建筑难度和建筑水平都达到了一个新的高度，如上海卢浦大桥(主跨550 m)及重庆朝天门大桥(主跨552 m)。

2. 民用建筑钢结构

按传统的耗钢量大小来区分，大致可分为重型钢结构和轻型钢结构。其中，重型钢结构指采用大截面和厚板的结构，如高层钢结构和某些公共建筑等；轻型钢结构指采用轻型屋面和墙面的门式刚架房屋、多层建筑、薄壁压型钢板拱壳屋盖等。

3. 工业钢结构

一般工业钢结构主要包括单层厂房、双层厂房、多层厂房，及用于主要重型车间的承重骨架。我国鞍钢、武钢、包钢和上海宝钢等几个著名的冶金企业的多数车间都采用了钢结构厂房，上海重型机械厂、上海江南造船厂也采用了高大的钢结构厂房。

4. 水工钢结构

钢结构在水利工程中用于以下方面：钢闸门，用来关闭、开启或局部开启水工建筑物中过水孔口的活动结构；拦污栅，主要包括拦污栅栅叶和栅槽两部分；升船机，是不同于船闸的船舶通航设施；压力管，是从水库、压力池或调压室向水轮机输送水流的水管。

5. 船舶海洋钢结构

船舶海洋钢结构基本上可分为舰船和海洋工程装置两大类。近年来，我国已研制出高技术、高附加值的大型与超大型新型船舶，以及具有先进技术的战斗舰船和具有高风险、高投入、高回报、高科技、高附加值的海洋工程结构等。

6. 塔桅钢结构

塔桅钢结构是指高度较大的无线电桅杆、微波塔、广播和电视发射塔架、高压输电线路塔架、石油钻井架、大气监测塔、旅游瞭望塔、火箭发射塔等。随着广播电视事业迅速发展，广播电视塔桅结构工程技术也不断发展，如中央电视塔(高405 m)、上海东方明珠电视塔(高

468 m)、广州新电视塔(高 610 m)等。

塔桅钢结构除了自重轻、便于组装外,还因构件截面小而大大减小了风荷载,取得了很好的经济效益。

7. 密闭压力容器钢结构

密闭压力容器钢结构主要用于要求密闭的容器,如大型储液库。温度急剧变化的高炉结构、大直径高压输油管和输气管道等均采用钢结构,一些容器、管道、锅炉、油罐等的支架也都采用钢结构。

锅炉行业近几年来发展迅猛,特别是由于经济发展的需要,发电厂的锅炉都向着大型化的方向发展。发电厂主厂房和锅炉钢结构用钢量增加很快,其大量采用中厚板、热轧 H 形钢,主要是 Q235 和 Q345 钢。

8. 地下钢结构

地下钢结构主要用于桩基础、基坑支护等,如钢管桩、钢板桩等。

9. 货架和脚手架钢结构

超市中的货架和展览馆中展览时用的临时设施多采用钢结构。在土木工程施工中大量使用的脚手架也都采用钢结构。

10. 雕塑和小品钢结构

钢结构因其轻盈简洁的外观而备受景观师的青睐,不仅很多雕塑以钢结构作为骨架,很多城市小品和标志性的建造也都是直接用钢结构完成的,如南海观音佛像及天津塘沽迎宾道标志性建筑等。

习 题

1. 试举例说明钢结构的主要发展趋势。

2. 举例说明我国典型的钢结构工程。

项目 10　钢结构材料性能及种类

主要知识点	工作性能、塑性、冷弯性能、冲击韧性、冷脆、蓝脆、冶金缺陷、应力集中
重点及难点	蓝脆、冶金缺陷、应力集中
学习指导	通过本项目的学习，熟悉钢结构材料性能及钢材的选用原则

任务 10.1　熟悉钢结构对材料的要求

1.钢材的工作性能

为了使钢结构安全承载和正常使用，就必须要求所用的钢材满足一定的工作性能，钢材的工作性能包括力学性能和工艺性能。

工作性能
- 力学性能
  - 强度（静强度、疲劳强度）
  - 变形（塑性、冲击韧性）
- 工艺性能
  - 冷弯
  - 可焊

2.静载常温下钢材的工作性能

静载常温下钢材力学性能包括钢材的静强度和塑性。钢材的静强度和塑性是由静载单向拉伸试验得到的。

(1)有明显屈服点的钢材（如低碳钢）

由拉伸试验的应力—应变关系曲线（图 10.1）可以得出，从加载到断裂经历了四个阶段：弹性阶段、屈服阶段、强化阶段、颈缩阶段。

(2)没有明显屈服点的钢材（如高碳钢）

由拉伸试验的应力—应变关系曲线（图 10.2）可以得出，从加载到断裂经历了四个阶段：弹性阶段、条件屈服阶段、强化阶段、颈缩阶段。

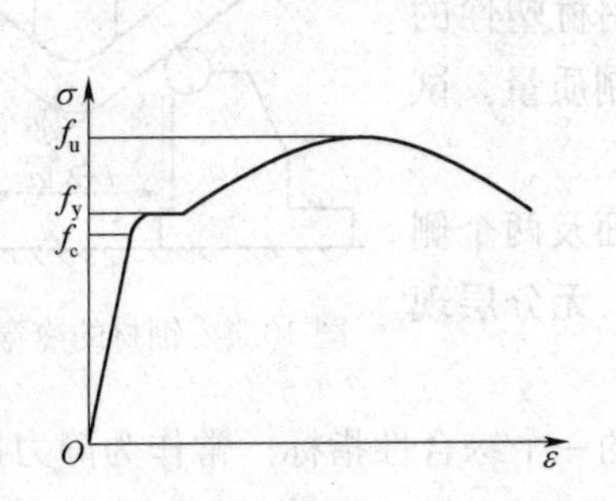

图 10.1　低碳钢的应力—应变曲线

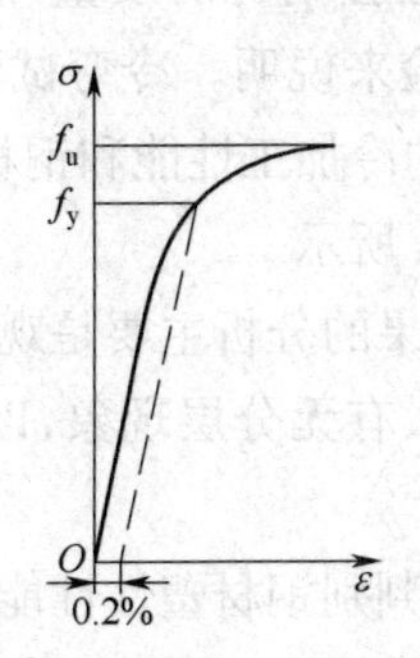

图 10.2　高碳钢的应力—应变曲线

反映钢材静强度的指标是屈服极限或条件屈服极限。

反映钢材塑性的指标有伸长率 δ 和断面收缩率 ψ，其定义为

$$\delta=\frac{l_1-l_0}{l_0}\times 100\% \tag{10.1}$$

$$\psi=\frac{A_0-A_1}{A_0}\times 100\% \tag{10.2}$$

钢材受压时取与受拉情况相同的性能指标，钢材受剪时的屈服极限通过强度理论进行分析得到。

3.钢材的冲击韧性

钢材的冲击韧性是钢材在冲击荷载作用下的力学性能，反映钢材抵抗冲击荷载的能力。钢材的冲击韧性由冲击试验(图 10.3)得到。

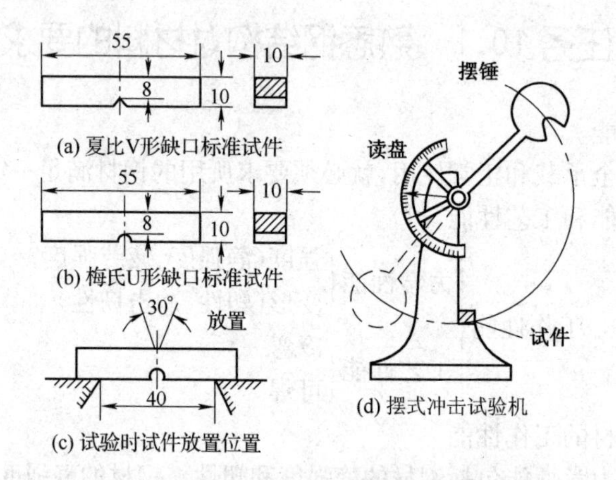

图 10.3 钢材的冲击试验示意图(单位：mm)

温度对冲击韧性有很大的影响，因此冲击韧性通常有常温(20 ℃)冲击韧性和低温冲击韧性(−20 ℃～−40 ℃)。在低温下，钢材的冲击韧性值很低，这种性质称为钢材的冷脆性。因此，在低温下钢材极易发生脆断，在设计时务必要保证钢材的低温冲击韧性。

4.冷弯性能

冷弯性能表明钢材是否能够弯曲成型，是否有足够的塑性，另外还可检验钢材的质量，属于钢材的一种工艺性能，通过冷弯试验来说明。冷弯试验可以揭示钢材塑性的好坏，检验钢材的冷加工性能和钢材的冶金、轧制质量。试验示意如图 10.4 所示。

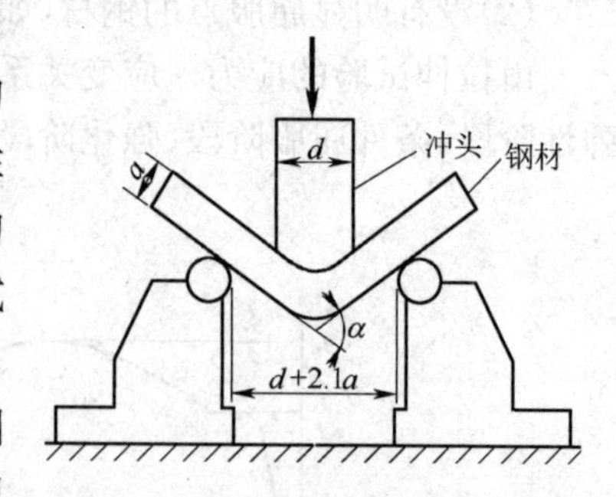

图 10.4 钢材的冷弯试验示意图

冷弯试验结果的分析主要是观察试件外表面及两个侧面有无裂缝出现、有无分层现象，以无裂缝出现、无分层现象为合格。

冷弯性能是判别钢材塑性性能和质量好坏的一个综合性指标。常作为静力拉伸试验和冲击试验的补充试验，是一个较难达到的指标。通常只对某些重要结构和需要进行冷加工的构件才要求冷弯性能合格。

5. 钢材的可焊性

焊接是钢结构的主要连接形式，因而对于要焊接的钢材，要求其必须具有良好的可焊性。钢材的可焊性是指在一定的材料、焊接工艺和结构条件下，经过焊接可获得良好的焊接接头。可焊性好坏通过可焊性试验来检验。

任务10.2　熟悉影响钢材性能的因素

影响钢材性能的因素主要有钢材的化学成分、冶金缺陷、应力状态、应力集中、残余应力、温度、时效和冷作硬化等。

10.2.1　化学成分

钢材的化学成分直接影响钢的组织构造和力学性能。钢的基本元素是铁(Fe)，约占99%，其他元素如C、Si、Mn、V、Cu、Cr、S、P、O、N等虽然含量不大，但对钢材的力学性能却影响很大。

1. 有益元素

(1)碳(C)

碳直接影响钢材的强度、塑性、韧性和可焊性。碳含量增加，钢材的屈服点和抗拉强度提高，塑性、韧性下降，耐腐蚀性、疲劳强度、冷弯性能和可焊性也都明显下降。

(2)硅(Si)

含量适量时，使钢材的强度提高，而对塑性、韧性、冷弯性能和可焊性均无显著的不良影响。含量过高，可降低塑性、韧性、可焊性和抗锈性。一般限制在0.1%～0.3%(镇静钢)。

(3)锰(Mn)

含量适量时，使钢材的强度提高；消除S、O对钢材的热脆影响；改善钢材的热加工性能；改善钢材的冷脆倾向。含量过高(≥1.0%)，使钢材变得脆而硬，降低钢材的可焊性。

(4)钒(V)

可提高钢材的强度和抗锈能力；不显著降低钢材的塑性和韧性，如15 MnV。适合于制造高(中)压容器、桥梁、船舶、起重机械和其他荷载较大的焊接结构。

(5)铜(Cu)

在普通碳素钢中属于杂质成分，可提高钢材的抗锈能力和强度，降低可焊性。

(6)铬(Cr)

可增加耐磨损性、硬度，最重要的是耐腐蚀性，含量在13%以上时称为不锈钢。

2. 有害元素

(1)硫(S)

高温时，FeS熔化而使钢材变脆并产生裂纹(称为钢材的热脆性)。含量过高，降低钢材的塑性、冲击韧性、疲劳强度、抗锈性。一般要求≤0.055%。

(2)磷(P)

含量过高会严重降低钢材的塑性、冲击韧性、冷弯性能、可焊性。一般要求≤0.050%。

(3)氧(O)

具有热脆性，限制在0.05%以下。

(4)氮(N)

可显著降低钢材的塑性、韧性、冷弯性能。增加时效倾向和冷脆性。一般要求≤0.08%。

10.2.2 冶金缺陷

冶金缺陷包括偏析、夹渣、裂纹或空洞、分层等。

1.偏析

偏析是指钢中化学杂质元素分布的不均匀性,偏析(特别是S、P有害元素的偏析)将严重影响钢材的性能,使钢材的塑性、冲击韧性、冷弯性能、可焊性等降低。

2.夹渣

夹渣主要为非金属夹渣,如硫化物(产生热脆)、氧化物等有害物。

3.裂纹

裂纹(空洞、气孔)可降低冷弯性能、冲击韧性、疲劳强度和抗脆断性能。

4.分层

分层是指钢材在厚度方向不密合,分成多层的现象,可降低钢材的冷弯性能、冲击韧性、疲劳强度和抗脆断性能。

消除冶金缺陷的措施是进行轧制(热轧、冷轧),改变钢材的组织和性能,细化晶粒,消除显微组织缺陷,提高强度、塑性、韧性。因此轧制钢材比铸钢具有更高的力学性能。轧后热处理,可进一步改善组织,消除残余应力,提高强度。

10.2.3 应力集中和残余应力

1.应力集中

钢结构构件中不可避免的存在孔洞、槽口、裂缝、厚度变化以及内部缺陷等,致使构件截面突然改变,在荷载作用下,这些截面突变的某些部位将产生局部峰值应力,其余部位的应力较低且分布极不均匀,这种现象称为应力集中。

应力集中的危害是产生不利的双向或三向应力场,使结构发生脆断或产生疲劳裂纹。如图10.5所示,孔洞及槽孔处的应力集中现象反映了空洞处的应力集中程度。减少应力集中的措施是改善结构形式,减小截面突变,使截面匀顺过渡。

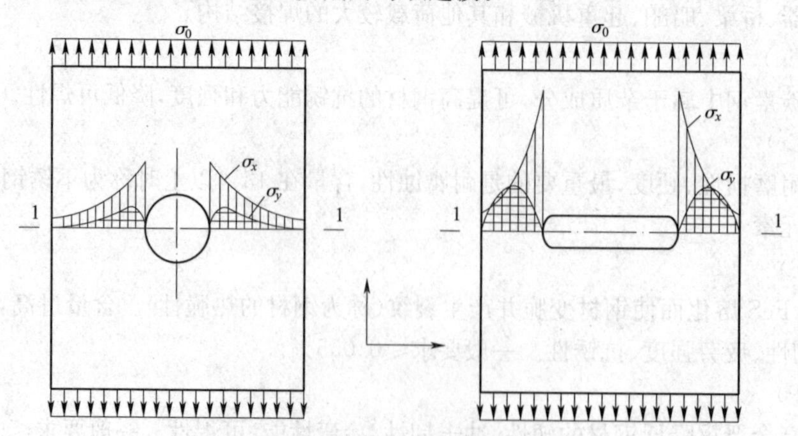

图10.5 孔洞及槽孔处的应力集中现象

σ_x—沿1-1纵向应力;σ_y—沿1-1横向应力

2. 残余应力

钢材在轧制、焊接、焰切及各种加工过程中会在其内部产生残余应力，残余应力(特别是拉伸残余应力)对钢材的力学性能有很大的影响，可降低钢材的疲劳强度与冲击韧性，工程上常采用热处理、锤击、喷丸、振动等措施降低钢材内部的残余应力。

10.2.4 温　度

1. 冷脆

温度降低时，钢材强度稍有提高，塑性、冲击韧性下降，脆性倾向增大，这种现象称为钢材的冷脆现象。

2. 蓝脆

钢材在约 250 ℃左右时抗拉强度提高，塑性、韧性下降，且表面呈蓝色，这种现象称为蓝脆现象。在 260～320 ℃时，钢材出现徐变现象，600 ℃时，钢材强度几乎降为零。因此，钢结构需防火。

10.2.5 时效硬化和冷作硬化

1. 时效硬化

钢材随使用时间的延长逐渐变硬变脆的现象称之为时效硬化，表现为屈服点和极限强度提高，塑性和韧性降低，特别是冲击韧性降低。在材料产生塑性变形(约 10%)后进行加热(250 ℃)可使时效强化快速发展，称为人工时效。

2. 冷作硬化

钢材受荷超过弹性范围后，若重复地卸载、加载，将使钢材的弹性极限提高，塑性降低，这种现象称为钢材的冷作硬化，如图 10.6 所示。

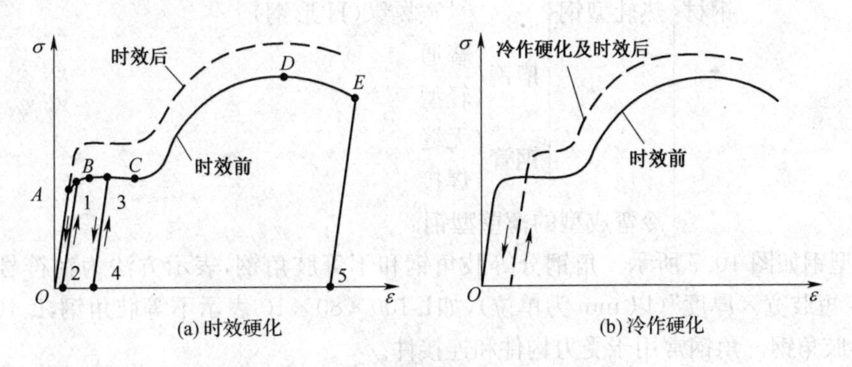

图 10.6 钢材的时效硬化与冷作硬化

任务 10.3 掌握钢材的分类及钢材的选用

10.3.1 钢材的种类

钢材品种繁多，性能各异，按化学成分可分为两类：碳素钢(普通、优质)、合金钢(低、中、高)。

(1)普通碳素钢

普通碳素钢牌号的表示方法为代表屈服点的字母 Q，屈服强度数值，质量等级符号

(A、B、C、D)和脱氧方法符号(F、Z、TZ),其中 F 表示沸腾钢,Z 表示镇静钢,TZ 表示特殊镇静钢。《碳素结构钢》(GB/T 700—2006)将碳素结构钢的牌号分为 4 种:Q195、Q215、Q235、Q275。

(2)普通低合金结构钢

普通低合金结构钢是在普通碳素钢中添加少量的一种或几种合金元素制成的,以提高强度、耐腐蚀性、耐磨性和低温冲击韧性。普通低合金结构钢的含碳量一般都较低(低于 0.2%),以便于钢材的加工和焊接。强度的提高主要靠加入的合金元素来达到,合金元素总含量一般低于 5%,故称低合金钢。

普通低合金钢的表示方法与碳素钢相同,但质量等级有 A、B、C、D、E 共 5 级,且脱氧方法只有 Z(镇静钢)和 TZ(特殊镇静钢)。《低合金高强度结构钢》(GB/T 1591—2008)将普通低合金钢的牌号分为 8 种:Q345、Q390、Q420、Q460、Q500、Q550、Q620 和 Q690,但钢结构中最常用的普通低合金钢为 Q345、Q390、Q420。

10.3.2 钢材的规格和选用

1. 钢材的规格

常用的钢材有:

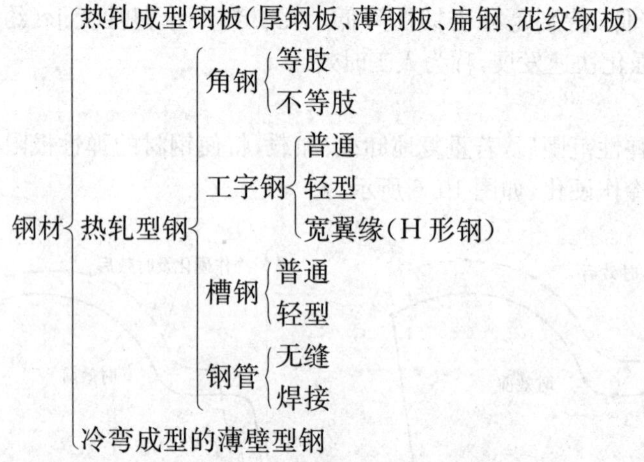

热轧型钢如图 10.7 所示。角钢分等肢角钢和不等肢角钢,表示方法为在符号"L"后加"长肢宽×短肢宽×厚度"(以 mm 为单位),如L 100×80×10 表示不等肢角钢,L 100×100×10 表示等肢角钢。角钢常用于受力构件和连接件。

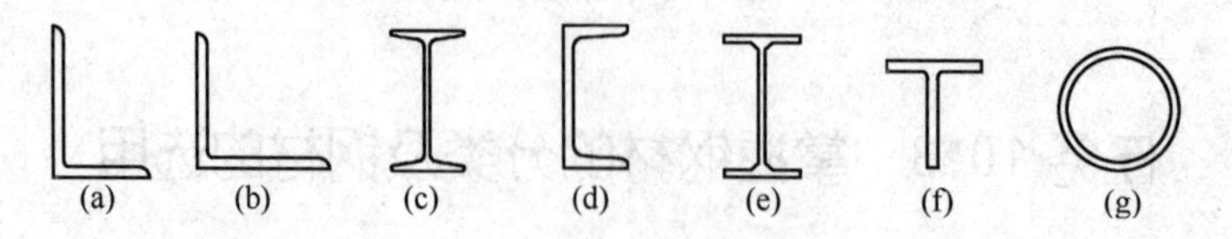

图 10.7 热轧型钢截面

工字钢有普通工字钢、轻型工字钢和宽翼缘工字钢,普通工字钢和轻型工字钢的钢号用符号"I"后加截面高度的厘米数表示。20 号以上的工字钢,同一号数有三种腹板厚度,分别为 a、b、c 三类。如 I30a、I30b、I30c。

H 型钢可分为宽翼缘 H 型钢－HW、中翼缘 H 型钢－HM 和窄翼缘 H 型钢－HN。

槽钢有普通槽钢和轻型槽钢两种，槽钢型号以符号“[”后加截面高度的厘米数表示，如[30a。

钢管有无缝钢管和焊接钢管两种，用符号“ϕ”后面加“外径×厚度”表示，如 ϕ400×6，单位为 mm。

薄壁型钢(图 10.8)是用薄钢板(一般采用 Q235 或 Q345 钢)经模压或弯曲而制成，其壁厚一般为 1.5～5 mm。

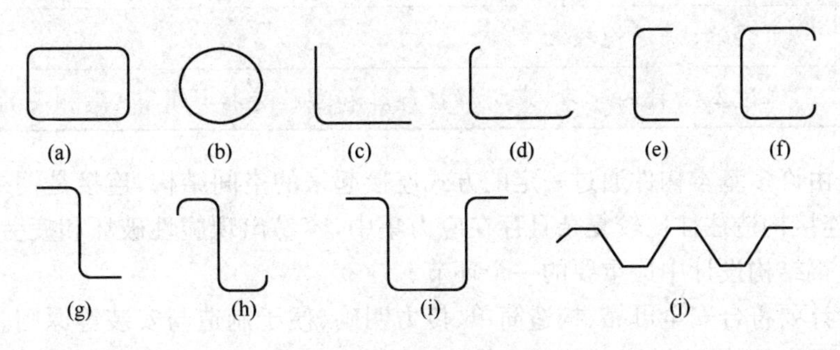

图 10.8　薄壁型钢截面

2. 钢材的选用

为保证钢结构安全、适用、经济、耐久，钢结构设计前应根据以下原则正确选择合适的钢材种类：

(1)结构的重要性。结构安全等级有一级(重要的)、二级(一般的)和三级(次要的)。安全等级不同，所选钢材的质量也不同。

(2)荷载种类。对直接承受动荷载(冲击或疲劳)的结构和强烈地震区的结构，应选用综合性能好的钢材，对承受静荷载的一般结构可选用质量等级稍低的钢材，以降低造价。

(3)连接方法。钢结构的连接方法有焊接、螺栓连接、铆钉连接三种。

(4)结构的工作环境。在低温下工作的结构，尤其是焊接结构，应选用有良好冲击韧性和抗低温脆断性能的镇静钢。在露天工作或在有害介质环境工作中的结构，应考虑钢材要有较好的防腐性能，必要时应采用耐候钢。

习　题

1. 钢材的力学性能指标包括哪几项?

2. 简述 Q235 钢的破坏过程，并在应力—应变曲线中标明参数。

3. 概念解释：塑性、韧性、冷弯性能、冲击韧性。

项目 11 钢结构的连接

主要知识点	对接焊缝、角焊缝、焊接缺陷、普通螺栓、高强度螺栓
重点及难点	角焊缝、普通螺栓
学习指导	通过本项目的学习，掌握焊接计算和螺栓连接计算，熟悉相关的构造知识

钢结构是由许多基本构件通过一定的方式连接起来的空间结构，连接是钢结构中最关键的部分，因为连接构造往往比较复杂且存在应力集中，容易出现脆性破坏和疲劳破坏。因此，连接的设计是钢结构设计中最重要的一个环节。

连接的设计要符合安全可靠、构造简单、传力明确、便于制造与安装等原则。现代钢结构的连接方法主要有焊接连接、螺栓连接和铆钉连接(图 11.1)，本书只介绍前两种。

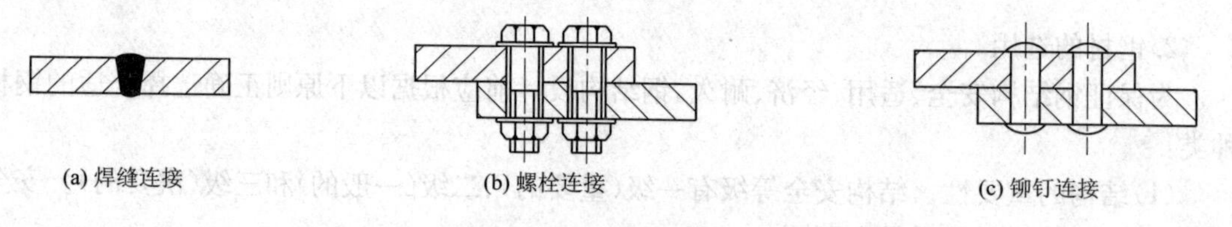

图 11.1 钢结构的连接方法

任务 11.1 掌握焊缝连接的计算

11.1.1 焊接连接的特点及其工艺方法

焊接连接的特点是不削弱构件截面，节约钢材，构造简单，制造方便，连接刚度大，密封性能好，且易采用自动化作业，生产效率高。但焊接连接也有其缺点，焊缝附近钢材因焊接高温作用形成热影响区，其金相组织和机械性能发生变化，材质变脆。焊接过程中使结构产生焊接残余应力和残余变形，对结构的承载力、刚度和使用性能等均有不利的影响。尽管如此，焊接连接是目前钢结构采用的主要连接方法。

- 焊接
  - 电弧焊
    - 手工电弧焊
    - 自动埋弧焊
  - 电阻焊
  - 气焊
  - 气体保护焊

1. 手工电弧焊

(1)原理

图 11.2 是手工电弧焊的原理示意图。手工电弧焊是由焊条、焊钳、焊件、电焊机和导线等

组成电路，通电后在焊条与焊件之间产生电弧，使焊条熔化，滴入被电弧吹成的焊件熔池中，同时焊药燃烧，在熔池周围形成保护气体，稍冷后在焊缝熔化金属的表面又形成熔渣，隔绝熔池中的液体金属和空气中的氧、氮等气体的接触，避免形成脆性化合物。焊缝金属冷却后就与焊件熔为一体。

(2)焊条型号

焊条型号的选择应与母材强度相适应，如对 Q235 钢，应采用 E43 型焊条；对 Q345 钢，应采用 E50 型焊条；对 Q390 和 Q420 钢，应采用 E55 型焊条。当不同强度的两种钢材焊接时，宜采用与低强度钢材相适应的焊条。E 表示焊条，43 表示焊缝金属的抗拉强度不低于 43 kgf/mm^2。约 430 N/mm^2。

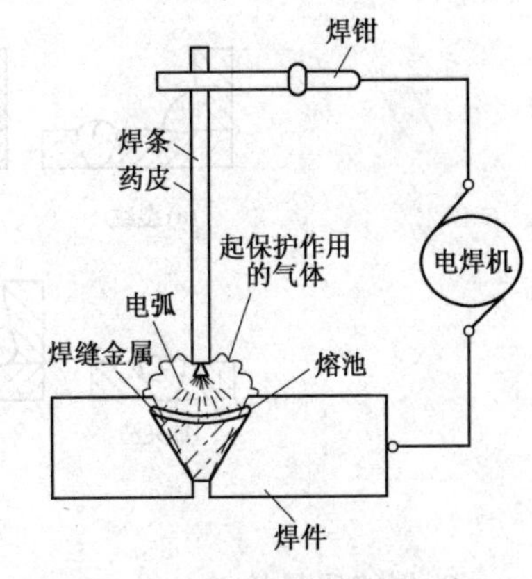

图 11.2　手工电弧焊原理示意图

(3)特点

手工电弧焊的优点是设备简单、适应性强，应用广泛。但焊缝质量取决于焊工的操作技术水平。

2. 埋弧自动焊

(1)原理

埋弧自动焊的工作原理见图 11.3，裸露的焊丝卷在转盘上，焊接时转盘旋转，焊丝自动进条，装在漏斗中的散状焊剂不断流下覆盖住熔融的焊缝金属，因而看不见强烈的弧光，全部装备安装在能自动走行的小车上，小车的移动由专门机构控制完成，从而实现自动焊接。埋弧自动焊的电弧热量集中，熔深大，适用于厚板的焊接。同时，焊缝质量均匀，塑性好，冲击韧性高，抗腐蚀性能强。

(2)焊丝型号

埋弧自动焊的焊丝型号也应与母材强度相匹配，对于 Q235，宜采用 H08、H08A、H08Mn 焊丝配合高锰、高硅型熔剂，对于 Q345，宜采用 H10Mn2 焊丝配合高锰型熔剂或低锰型熔剂，或用惰性气体代替熔剂。

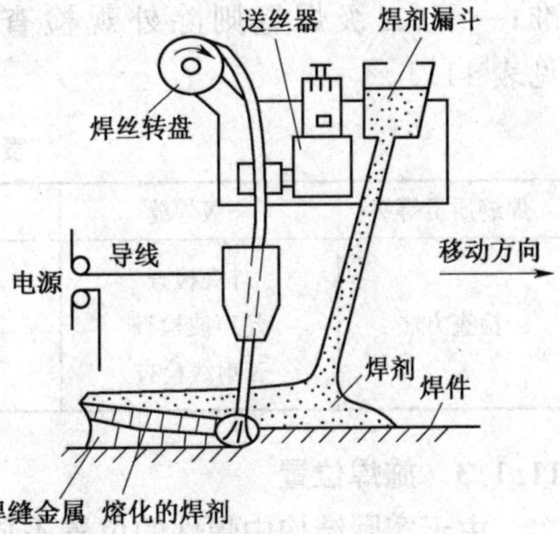

图 11.3　自动埋弧焊原理示意图

3. 电阻焊

电阻焊的工作原理是在焊件组合后，通过电极施加压力和馈电，利用电流流经焊件的接触面及临近区域产生的电阻热来熔化金属完成焊接。

电阻焊适用于模压及冷弯薄壁型钢的焊接及厚度为 6～12 mm 板的叠合焊接。

4. 气焊

气焊是利用乙炔在氧气中燃烧而形成的火焰和高温来熔化焊条和焊件，逐渐形成焊缝。

气焊常用在薄钢板和小型结构中。

5. 气体保护焊

气体保护焊是利用二氧化碳气体或其他惰性气体作为保护介质的一种电弧熔焊方法。

气体保护焊适用于全位置的焊接，但不适用于在风较大的地方施焊。

11.1.2 焊缝缺陷及焊缝质量检查

1. 焊缝缺陷

焊缝缺陷是指焊接过程中产生于焊缝金属或附近热影响区钢材表面或内部的缺陷(图 11.4)。

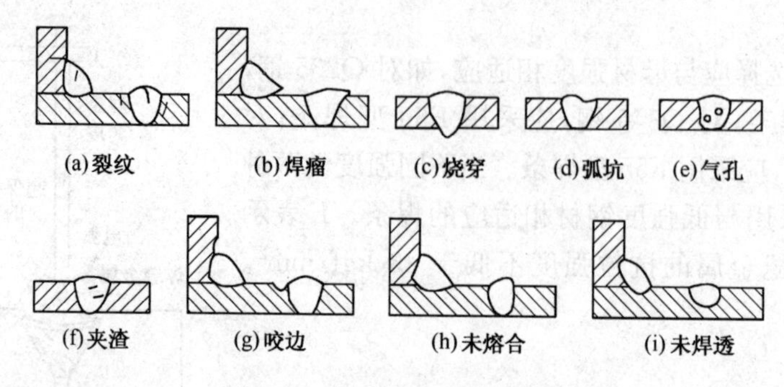

图 11.4 各种焊接缺陷示意图

2. 焊缝质量检验

焊缝缺陷的存在对连接的强度、冲击韧性及冷弯性能等均有不利的影响。因此,焊缝质量检验极为重要。

《钢结构工程施工质量验收规范》(GB 50205—2001)规定焊缝按其检验方法和质量要求分为一级、二级和三级。其中三级焊缝只要求对全部焊缝作外观检查且符合三级质量标准;一级、二级焊缝则除外观检查外,还要求一定数量的超声波检查和 X 射线检查,见表 11.1。

表 11.1 焊缝质量检查等级

焊缝质量等级	一级焊缝	二级焊缝	三级焊缝
检查方法	外观检查 超声波检查 X 射线检查	外观检查 超声波检查	外观检查的基本要求:焊缝表面焊波均匀,不得有裂纹、夹渣、焊瘤、烧穿、弧坑、气孔等;焊接区不得有飞溅物,焊缝实际尺寸偏差不得超过规范容许值

11.1.3 施焊位置

由于实际结构中焊件的位置不同,施焊时焊接人员采用不同的施焊位置,施焊位置有平焊、立焊、横焊和仰焊(图 11.5)。平焊(又称俯焊)施焊方便。立焊和横焊要求焊工操作水平比平焊高一些,仰焊的操作条件最差,焊缝质量不易保证,因此,应尽量避免采用仰焊。

11.1.4 焊接连接的形式

钢结构中常见的焊缝连接形式有对接连接、搭接连接、T 形连接和角接连接,如图 11.6 所示。这些连接所采用的焊缝种类主要是对接焊缝和角焊缝。

1. 对接连接

对接连接常用于连接位于同一平面内两块等厚或不等厚的构件,可直接采用对接焊缝连接[图 11.6(a)],这种连接的特

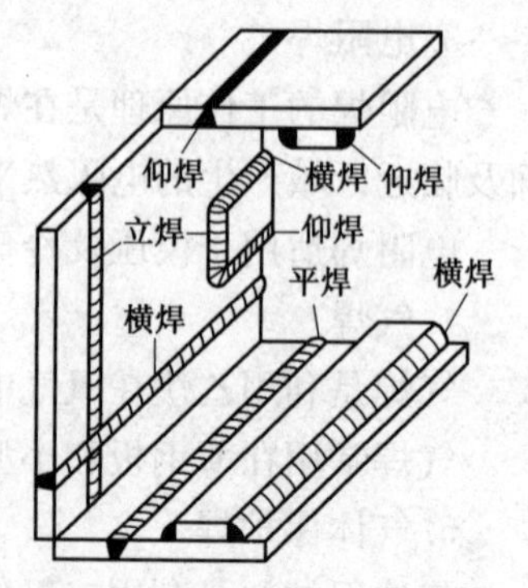

图 11.5 焊缝的施焊位置

点是传力平顺、受力性能好、用料省，但焊件坡口加工精度要求高；也可采用双层盖板（或称拼接板）以角焊缝的形式相连[图 11.6(b)]，这种连接的特点是对板边的加工要求低，制造省工，但传力不直接，有应力集中，且用料较多。

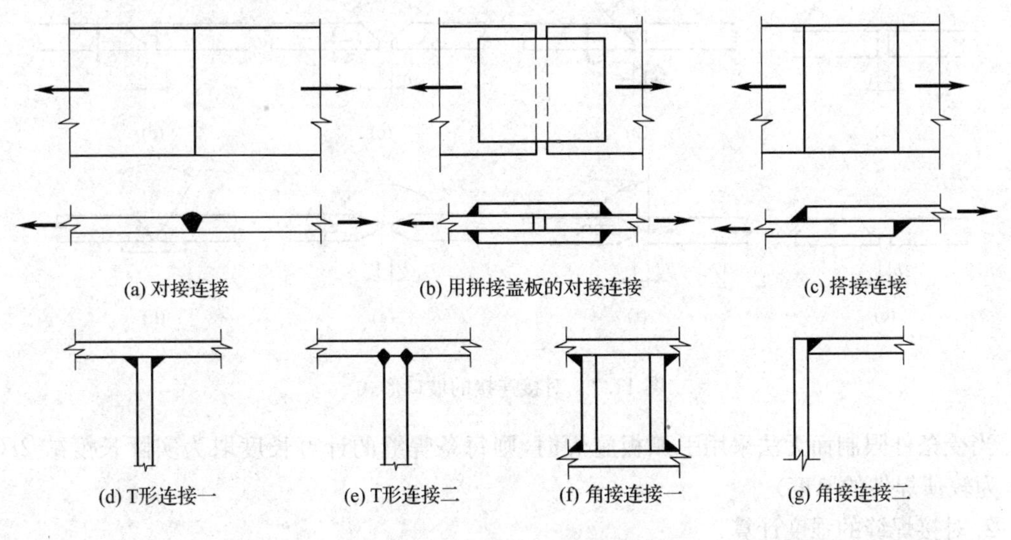

图 11.6　焊接接头的形式

2. 搭接接头

搭接接头常用于连接厚度不等的构件，用角焊缝连接[图 11.6(c)]，同样对板边的加工要求低，制造省工，但传力也不直接，力线弯折，有一定的应力集中。

3. T 形连接

T 形连接常用于制作组合截面，可采用角焊缝连接[图 11.6(d)]，焊件间存在缝隙，应力集中现象严重，疲劳强度较低，可用于不直接承受动力荷载结构的连接中。对于直接承受动力荷载的结构，如重级工作制吊车梁，其上翼缘与腹板的连接，应采用如[图 11.6(e)]所示的 K 形坡口焊缝进行连接。

4. 角接连接

角接连接主要用于制作箱形截面，可采用角焊缝[图 11.6(f)]或坡口焊缝连接[图 11.6(g)]。

11.1.5　对接焊缝的构造与计算

1. 对接焊缝的构造

(1)概念

对接焊缝多属于传力性连接，为保证焊透，根据所焊板件厚度的不同，需加工不同形式的坡口，因此，对接焊缝也叫坡口焊缝。

(2)坡口形式

坡口形式通常可分为 I 形（即不开坡口）、单边 V 形、V 形、J 形、U 形、K 形和 X 形等(图 11.7)。

(3)引弧板

对接焊缝的起点和终点，施焊时常因起弧和熄弧而出现弧坑（或称火口）等缺陷，从而产生应力集中。为避免这种缺陷,施焊时应在焊缝两端设置引弧板(图 11.8),这样起弧点和熄弧点均在引弧板上发生,焊完后用气割切除引弧板,并将板边修磨平整。

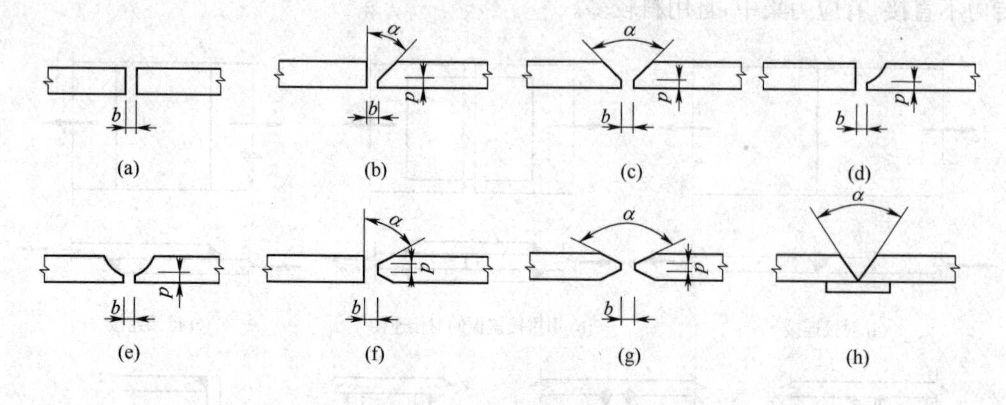

图 11.7 对接连接的坡口形式

当受条件限制而无法采用引弧板施焊时,则每条焊缝的计算长度取为实际长度减 $2t$(此处 t 为较薄焊件的厚度)。

2. 对接焊缝的强度计算

(1)轴心受力对接焊缝的计算

对轴心受力的对接焊缝(图 11.9)可按下式计算:

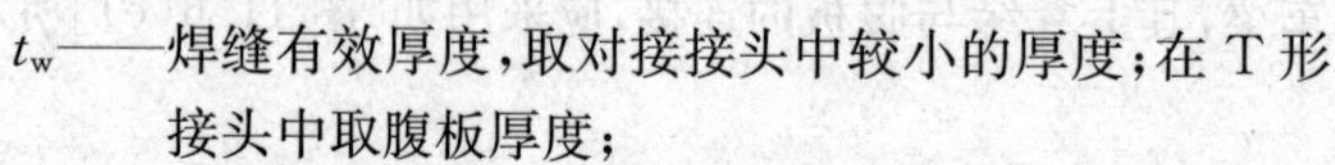

$$\sigma=\frac{N}{l_{w}t_{w}}\leqslant f_{t}^{w}\text{或 }f_{c}^{w} \tag{11.1}$$

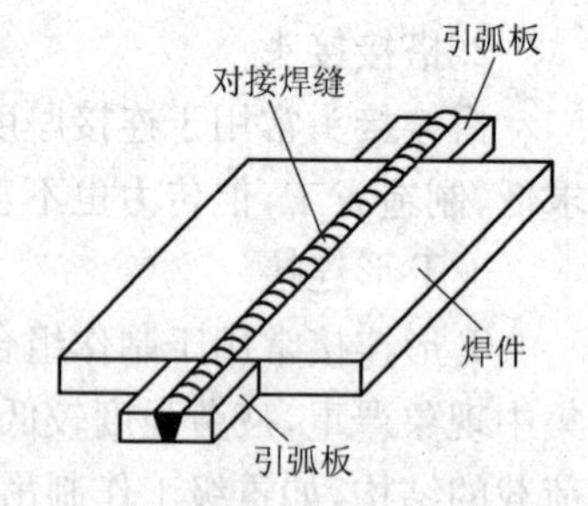

图 11.8 对接焊缝采用引弧板

式中 N——轴心拉力或压力;

l_{w}——焊缝的计算长度,用引弧板施焊时,取焊缝的实际长度;当未采用引弧板时,取实际长度减去 $2t$(或 10 mm);

t_{w}——焊缝有效厚度,取对接接头中较小的厚度;在 T 形接头中取腹板厚度;

f_{t}^{w}、f_{c}^{w}——对接焊缝的抗拉、抗压强度设计值,按附录中附表 2.2 采用。

由于一、二级焊缝的强度与母材强度相等,故只有三级焊缝才需按式(11.1)进行强度验算。当正焊缝满足不了强度时,可采用斜焊缝,如图 11.9(b)所示。计算证明,焊缝与作用力间的夹角 θ 满足 $\tan\theta\leqslant1.5$ 时,斜焊缝的强度不低于母材强度,可不再进行验算。

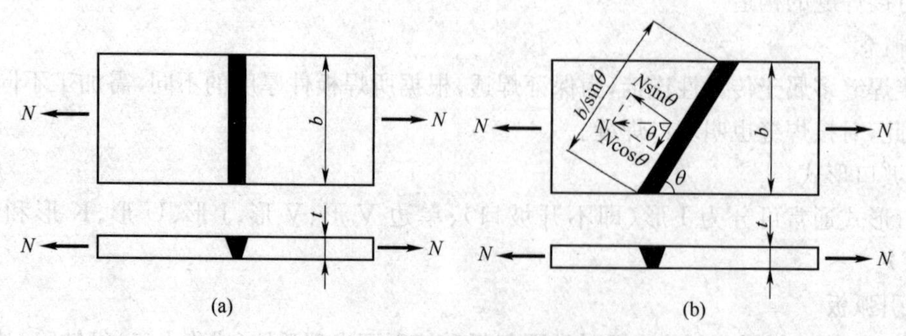

图 11.9 轴心受力的对接焊缝

【例11.1】 试验算图11.9所示钢板的对接焊缝的强度。图中 $b=500$ mm，$t=20$ mm，轴心力设计值为 $N=2\ 150$ kN。钢材为Q235-B，手工焊，焊条为E43型，三级焊缝，施焊时加引弧板。

【解】 由附录中附表2.2查得，三级焊缝的抗拉强度设计值为 $f_t^w=175\ \text{N/mm}^2$。抗剪强度设计值为 $f_v^w=120\ \text{N/mm}^2$，焊缝的正应力为

$$\sigma=\frac{N}{l_w t_w}=\frac{2\ 100\times10^3}{500\times20}=210(\text{N/mm}^2)>f_t^w=175\ \text{N/mm}^2$$

强度不满足，现改用斜对接焊缝，焊缝斜度取为1.5∶1，即 $\theta=56°$。

焊缝长度
$$l_w=\frac{b}{\sin\theta}=\frac{500}{\sin56°}=603(\text{mm})$$

此时，焊缝的正应力为

$$\sigma=\frac{N\sin\theta}{l_w t_w}=\frac{2\ 100\times10^3\times\sin 56°}{603\times20}=144.4(\text{N/mm}^2)<f_t^w=175\ \text{N/mm}^2$$

焊缝的剪应力为

$$\tau=\frac{N\cos\theta}{l_w t_w}=\frac{2\ 100\times10^3\times\cos 56°}{603\times20}=97.4(\text{N/mm}^2)<f_v^w=120\ \text{N/mm}^2$$

说明当 $\tan\theta\leqslant1.5$ 时，焊缝强度能够保证，可不必计算。

(2)弯矩和剪力共同作用下对接焊缝的计算

①焊缝截面为矩形

如图11.10(a)所示，对接接头受到弯矩和剪力的共同作用，由于焊缝截面是矩形，正应力与剪应力的最大值应分别满足下列强度条件。

$$\sigma_{max}=\frac{M}{W_w}\leqslant f_t^w \tag{11.2}$$

$$\tau_{max}=\frac{VS_w}{I_w t}\leqslant f_v^w \tag{11.3}$$

式中　M——焊缝计算截面的弯矩；

W_w——焊缝截面模量；

V——与焊缝方向平行的剪力；

S_w——焊缝截面面积矩；

I_w——焊缝截面惯性矩。

f_t^w、f_v^w——对接焊缝的抗拉、抗剪强度设计值，按附录中附表2.2采用。

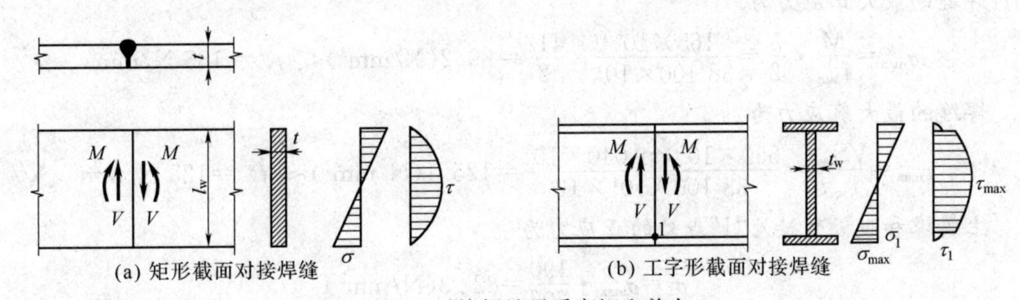

图11.10　对接焊缝承受弯矩和剪力

②焊缝截面为工字形

如图11.10(b)所示，工字形截面梁采用对接焊缝连接，受到弯矩和剪力的共同作用，除应

按式(11.2)和式(11.3)分别验算最大正应力和剪应力外，对于同时受有较大正应力和较大剪应力处，例如腹板与翼缘的交接点，还应按下式验算折算应力：

$$\sigma_{zs}=\sqrt{\sigma_1^2+3\tau_1^2}\leqslant 1.1f_t^w \tag{11.4}$$

式中 σ_1、τ_1——验算点处的焊缝正应力和剪应力；

1.1——考虑到最大折算应力只在局部出现，而将强度设计值适当提高的系数；

f_t^w——对接焊缝的抗拉强度设计值。

【例 11.2】 计算工字形截面牛腿与钢柱连接的对接焊缝强度(图 11.11)。荷载设计值 $F=550$ kN，偏心距 $e=300$ mm。钢材为 Q235-B，焊条为 E43 型，手工焊。三级焊缝，施焊时加引弧板。

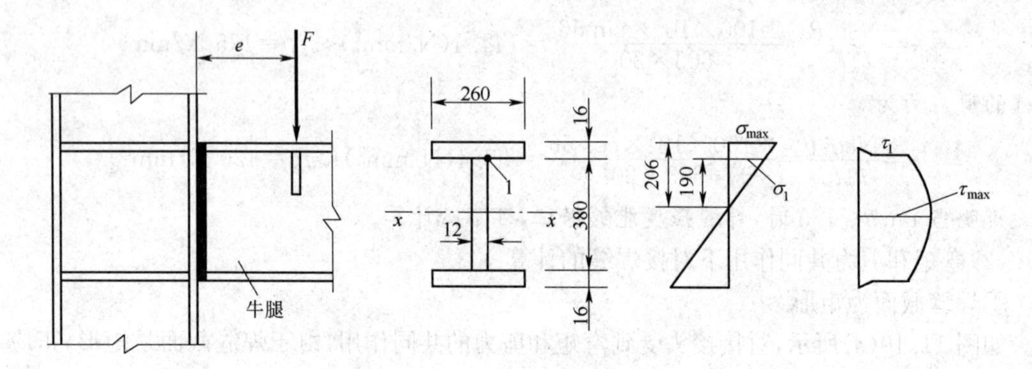

图 11.11 例题 11.2 图(单位：mm)

【解】 对接焊缝的计算截面与牛腿的截面相同，因而计算截面对 x 轴的惯性矩为

$$I_{wx}=\frac{1}{12}\times 1.2\times 38^3+2\times 26\times 1.6\times\left(\frac{38}{2}+\frac{1.6}{2}\right)^2=38\ 100(\text{cm}^4)$$

中性轴以外部分截面对 x 轴的面积矩为

$$S_{wx}=26\times 1.6\times 19.8+19\times 1.2\times 9.5=1\ 040(\text{cm}^3)$$

一块翼缘板对 x 轴的面积矩为

$$S_{wx1}=2.6\times 1.6\times 19.8=824(\text{cm}^3)$$

焊缝所受的剪力值为 $V=F=550$ kN

焊缝所受的弯矩值为 $M=Fe=550\times 0.3=165(\text{kN}\cdot\text{m})$

焊缝的最大正应力为

$$\sigma_{max}=\frac{M}{I_{wx}}\cdot\frac{h}{2}=\frac{165\times 10^6}{38\ 100\times 10^4}\times\frac{412}{2}=89.2(\text{N/mm}^2)< f_t^w=185\ \text{N/mm}^2$$

焊缝的最大剪应力为

$$\tau_{max}=\frac{VS_{wx}}{I_{wx}t}=\frac{550\times 10^3\times 1\ 040\times 10^3}{38\ 100\times 10^4\times 12}=125.1(\text{N/mm}^2)\approx f_v^w=125\ \text{N/mm}^2$$

上翼缘和腹板交接处“1”点处的正应力为

$$\sigma_1=\sigma_{max}\cdot\frac{190}{206}=82.3(\text{N/mm}^2)$$

剪应力为

$$\tau_1=\frac{VS_{wx1}}{I_{wx}t}=\frac{550\times 10^3\times 824\times 10^3}{38\ 100\times 10^4\times 12}=99.1(\text{N/mm}^2)$$

"1"点的折算应力为

$$\sigma_{zs}=\sqrt{\sigma_1^2+3\tau_1^2}=\sqrt{82.3^2+3\times 99.1^2}=190.4\ \mathrm{N/mm^2}<1.1\times 185=204(\mathrm{N/mm^2})$$

对接焊缝的强度满足要求。

11.1.6　角焊缝的构造与计算

1.角焊缝的形式

角焊缝是钢结构中最常用的焊缝，角焊缝多用于搭接、拼接及T形等焊接接头中，既可用于连接同一平面的钢板（如拼接），又可用于不同平面内的钢板连接（如T形）。

(1)按角焊缝与作用力的关系分

角焊缝按其与作用力的关系可分为端焊缝、侧焊缝和斜焊缝（图11.12）。

端焊缝——长度方向与作用力垂直的角焊缝；

侧焊缝——长度方向与作用力平行的角焊缝；

斜焊缝——焊缝长度方向与作用力斜交的角焊缝。

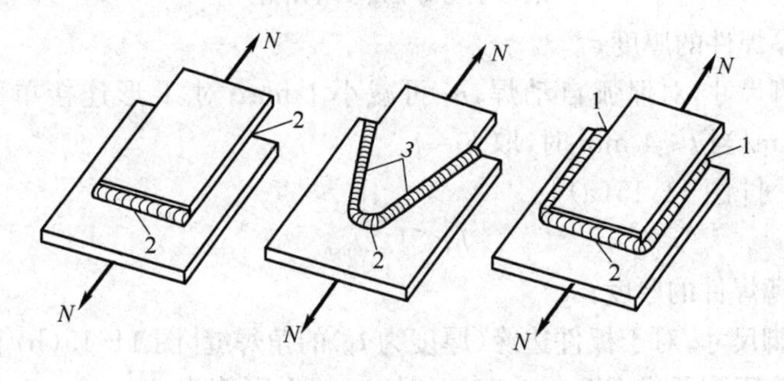

图11.12　焊缝分类

1—侧焊缝；2—端焊缝；3—斜焊缝

(2)按截面形式分

角焊缝可分为直角角焊缝和斜角角焊缝。

直角角焊缝按其截面形式可分为普通焊缝（手工焊）、平坡焊缝（端焊缝）和深熔焊缝（埋弧自动焊），如图11.13所示。图中h_f称为焊脚尺寸；直角角焊缝的计算截面为45°方向的截面，有效厚度为$h_e=0.7h_f$。

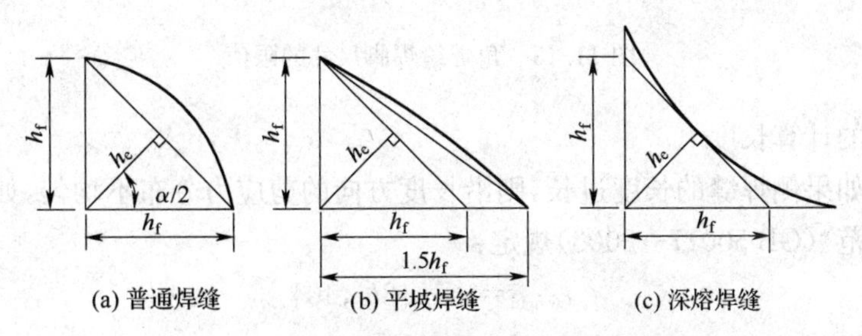

图11.13　直角角焊缝的截面形式

两焊脚边的夹角$\alpha>90°$或$\alpha<90°$的焊缝称为斜角角焊缝，如图11.14所示。斜角角焊缝常用于钢管结构中。

2.角焊缝的构造要求

为保证角焊缝的质量，焊缝除满足强度要求外，还需要满足构造要求，以下讨论角焊缝的具体构造要求,强度要求将在后续讨论。

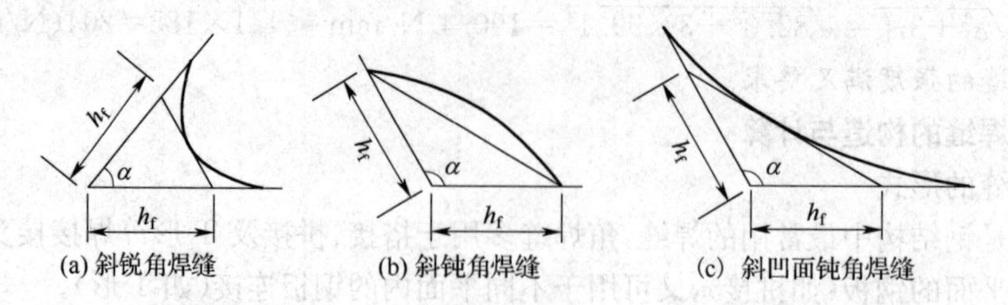

图 11.14　斜角角焊缝

(1)对焊脚尺寸 h_f 的要求

《钢结构设计规范》(GB 50017—2003)规定:

①最小焊脚尺寸[图 11.15(a)]

$$h_f \geqslant 1.5\sqrt{t_{max}} \quad (mm) \tag{11.5a}$$

式中　t_{max}——较厚焊件的厚度;

h_f——焊脚尺寸,对埋弧自动焊,h_f 可减小 1 mm;对 T 形连接单面焊缝,h_f 应增加 1 mm;当 $t \leqslant 4$ mm 时,取 $h_f = t$。

②最大焊脚尺寸[图 11.15(a)]

$$h_f \leqslant 1.2t_{min} \tag{11.5b}$$

式中　t_{min}——较薄焊件的厚度;

h_f——焊脚尺寸,对于板件边缘(厚度为 t_1)的角焊缝[图 11.15(b)],h_f 的最大值还要符合下列要求:当 $t_1 > 6$ mm 时,h_f 的上限值为 $t_1-(1\sim2)$mm;当 $t_1 \leqslant 6$ mm 时,h_f 的上限值为 t_1。

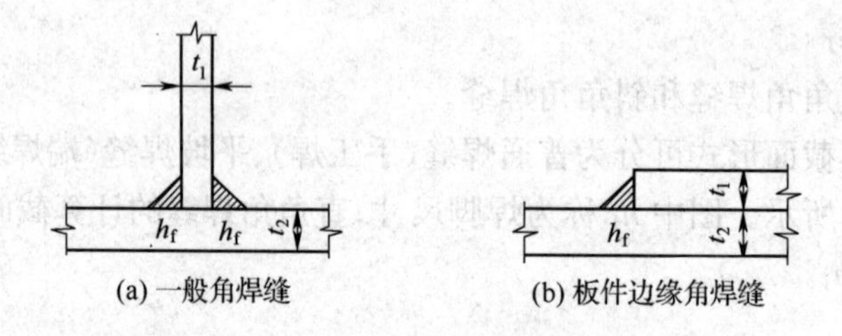

图 11.15　角焊缝焊脚尺寸的限值

(2)角焊缝的计算长度 l_w

试验表明,如果侧焊缝的长度过长,则沿长度方向的剪应力分布不均匀,如图 11.16 所示,《钢结构设计规范》(GB 50017—2003)规定:

$$l_{w,min} = \max\{8h_f, 40\} \tag{11.6}$$

$$l_{w,max} = 60h_f \tag{11.7}$$

$$l_{w,min} \leqslant l_w \leqslant l_{w,max} \tag{11.8}$$

(3)搭接连接中的构造要求

在搭接连接中,为减小因焊缝收缩产生过大的焊接残余应力及因偏心产生的偏心弯矩,要求搭接长度不小于较薄焊件厚度的 5 倍,且不小于 25 mm,如图 11.17 所示。

当板件的端部仅用两条侧焊缝连接时，为避免出现严重的应力集中现象，应使焊缝长度：

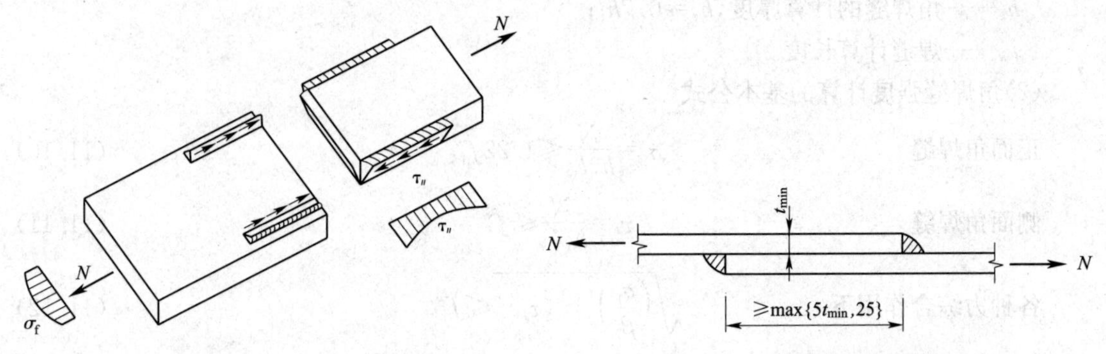

图11.16　侧焊缝的剪应力分布和破坏情况　　图11.17　搭接连接的角焊缝

$$\begin{cases} l_w \geqslant b \\ b = \begin{cases} 16t, & t > 12 \text{ mm} \\ 200, & t \leqslant 12 \text{ mm} \end{cases} \end{cases} \tag{11.9}$$

式中　b——两侧面角焊缝之间的距离；

t——较薄焊件的厚度。

若不满足式(11.9)则应加端焊缝。

角焊缝在构件的转角处不能熄弧，必须连续施焊绕过转角长度为 $2h_f$ 的长度再熄弧，以避免熄弧缺陷在此造成较严重的应力集中，如图11.18所示。

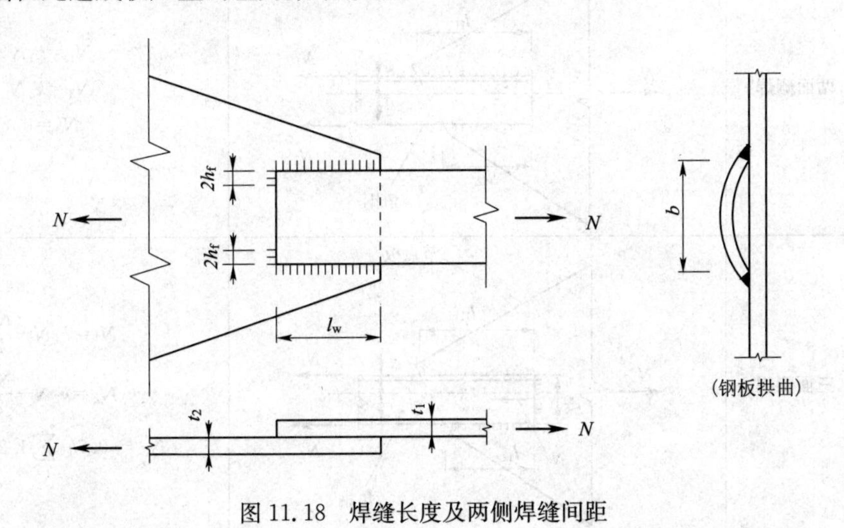

图11.18　焊缝长度及两侧焊缝间距

3. 角焊缝的强度计算

(1)角焊缝的强度

大量试验表明，侧焊缝主要承受剪应力。剪应力沿焊缝长度方向的分布不均匀，两端大中间小。

端焊缝的受力情况较复杂，既受拉、剪，又受弯。试验表明，端焊缝的平均强度比侧焊缝高，但较脆，塑性差。

$$A = h_e \times l_w$$

式中 A——角焊缝的计算截面;

h_e——角焊缝的计算厚度,$h_e=0.7h_f$;

l_w——焊缝计算长度。

(2)角焊缝强度计算的基本公式

正面角焊缝
$$\sigma_f=\frac{N}{h_e l_w}\leqslant 1.22 f_f^w \tag{11.10}$$

侧面角焊缝
$$\tau_f=\frac{N}{h_e l_w}\leqslant f_f^w \tag{11.11}$$

各种力综合作用下
$$\sqrt{\left(\frac{\sigma_f}{\beta_f}\right)^2+(\tau_f)^2}\leqslant f_f^w \tag{11.12}$$

其中 f_f^w 为角焊缝的抗剪强度设计值,按附录中附表 2.2 采用。

(3)承受轴力的角钢角焊缝计算

角钢杆件与节点板连接时,要求角钢的形心线通过焊缝有效截面的形心,防止焊缝受偏心力作用;采用三面围焊时,焊缝在转弯处不间断。角钢焊接的角焊缝及轴力作用分配见表 11.2。

表 11.2 角钢焊接的角焊缝及轴力作用分配

序号	类型	连接示意图	肢背 k_1	肢尖 k_2
			$k_1=\frac{e_2}{e_1+e_2}$	$k_2=\frac{e_1}{e_1+e_2}$
1	两面侧焊	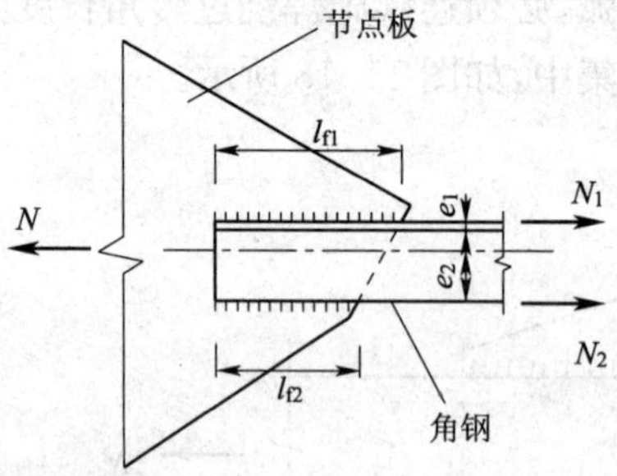 节点板 l_{f1} N N_1 e_1 e_2 N_2 l_{f2} 角钢	$N_1=k_1N$ $N_2=k_2N$ $N_3=0$	
2	三面侧焊	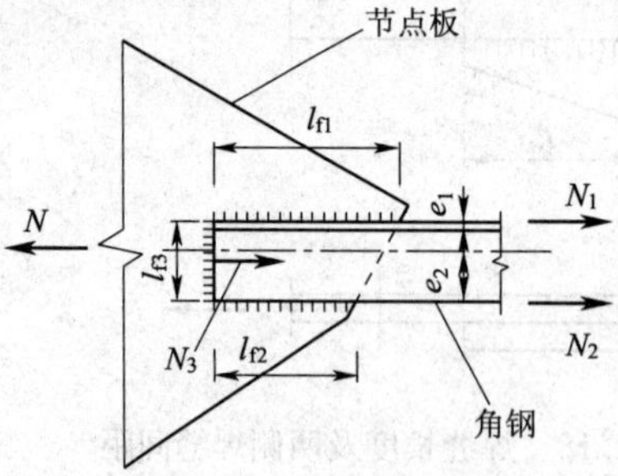 节点板 l_{f1} N N_1 e_1 l_{f3} e_2 N_2 N_3 l_{f2} 角钢	$N_1=k_1N-\frac{N_3}{2}$ $N_2=k_2N-\frac{N_3}{2}$ $N_3=0.7h_f\sum 1.22l_{f3}f_f^w$	
3	L形焊	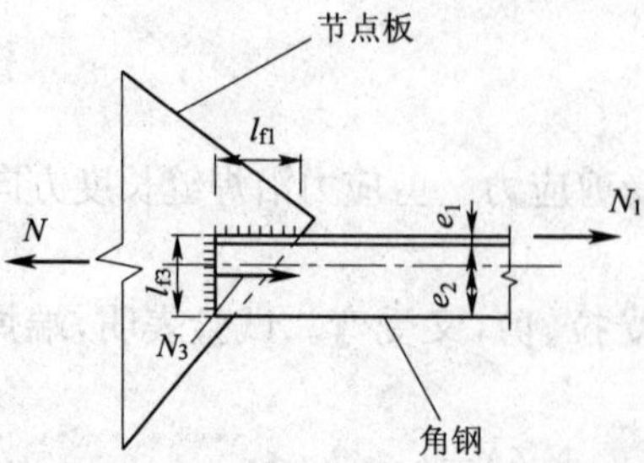 节点板 l_{f1} N N_1 e_1 l_{f3} e_2 N_3 角钢	$N_1=(k_1-k_2)N$ $N_2=0$ $N_3=2k_2N$	

实际设计时，对各种尺寸的角钢，k_1 和 k_2 可取作常数，由表 11.3 直接查得。

表 11.3　内力对角钢肢背和肢尖的分配系数

连接类型	肢背 k_1	肢尖 k_2
等肢角钢焊接连接	0.7	0.3
不等肢角钢短边焊接连接	0.75	0.25
不等肢角钢长边焊接连接	0.65	0.35

【例 11.3】　如图 11.19 所示，两块钢板用双面盖板拼接，已知钢板宽度 $B=270$ mm，厚度 $t_1=28$ mm，该连接承受的静态轴心力 $N=1\,400$ kN(设计值)，钢材为 Q235-B，手工焊，焊条为 E43 型。试设计此连接。

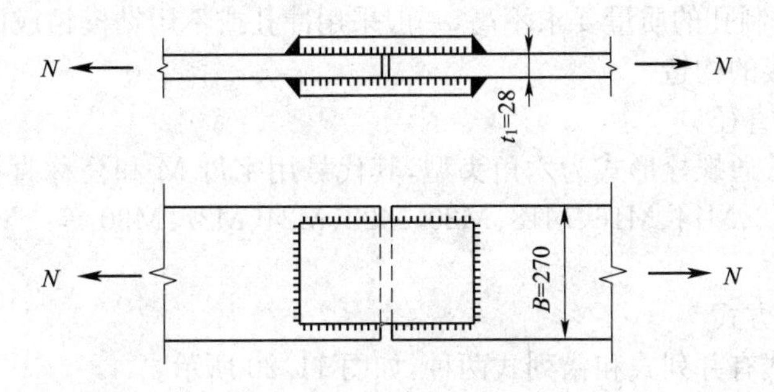

图 11.19　两块钢板的拼接(单位：mm)

【解】　设计此连接就是确定拼接盖板的尺寸及焊脚尺寸。拼接盖板的宽度取决于构造要求，为了能够布置侧焊缝，取拼接盖板的宽度略小于钢板宽度，设拼接盖板的宽度 $b=250$ mm。拼接盖板的厚度根据强度要求确定，在钢材种类相同的情况下，拼接盖板的截面积应大于钢板的截面积。

设拼接盖板的厚度为 t_2，根据 $2b\times t_2\geqslant B\times t_1$，得到：

$$t_2\geqslant Bt_1/2b=270\times 28/500=15.12(\text{mm})$$

取 $t_2=16$ mm，并取焊脚尺寸 $h_f=8$ mm。焊缝的抗剪强度设计值 $f_f^w=160$ N/mm^2。

由公式(11.10)可得：端焊缝所承担的内力

$$N_1=1.22 f_f^w h_e \sum l_w=1.22\times 160\times 0.7\times 8\times 500=546.56(\text{kN})$$

其中 $\sum l_w$ 为连接一侧端焊缝计算长度的总和。

连接一侧 4 条侧焊缝所受的力为 $N-N_1$，1 条侧焊缝所受的力为

$$N_2=\frac{1}{4}(N-N_1)=\frac{1}{4}\times(1\,400-546.56)=213.4(\text{kN})$$

根据式(11.11)，所需 1 条侧焊缝的长度为

$$\bar{l}=\frac{N_2}{h_e f_f^w}=\frac{213.4\times 1\,000}{0.7\times 8\times 160}=238.2(\text{mm})$$

在两块钢板间设 10 mm 的接缝，并考虑焊接起弧、熄弧所造成缺陷的影响，则所需拼接盖板的长度为

$$2\times 238.2+10+2\times 8=502.4(\text{mm})，实际可取 510\text{ mm}。$$

任务11.2 掌握螺栓连接的计算

11.2.1 普通螺栓连接

1.普通螺栓分类及特点

根据加工精度,普通螺栓可分为A、B和C三级。A级和B级螺栓又称为精制螺栓,C级螺栓又称为粗制螺栓。

(1)精制螺栓由毛坯在车床上经过切削加工精制而成,表面光滑,尺寸精确,螺栓杆的直径仅比栓孔直径小0.3~0.5 mm;对制孔质量要求较高,一般采用钻模钻孔或冲后扩孔,孔壁平滑,质量较高(属于Ⅰ类孔)。

(2)粗制螺栓是由未经过加工的圆钢压制而成。粗制螺栓螺栓杆的直径比螺栓孔的直径小1.0~1.5 mm;对制孔的质量要求不高,一般采用冲孔或不用钻模钻成的孔(属于Ⅱ类孔)。

2.普通螺栓连接的构造

(1)普通螺栓的直径

钢结构采用的普通螺栓形式为六角头型,其代号用字母M和公称直径的毫米数表示,标准的螺栓直径为M12、M14、M16、M18、M20、M22、M24、M27、M30等。M20、M22、M24为工程常用直径。

(2)螺栓的布置方式

螺栓的布置方式有并列式和错列式两种,如图11.20所示。

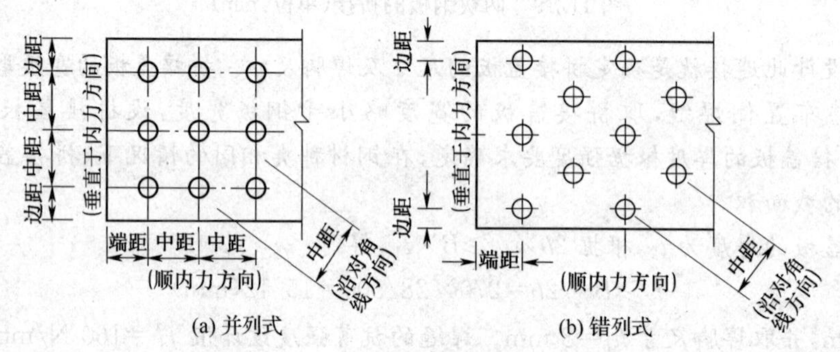

(a) 并列式　(b) 错列式

图11.20 螺栓的布置方式

并列式布置简单、紧凑,多用于传力性连接,栓距接近容许最小值,所用拼接板小。

错列式布置稍显复杂,所用螺栓数少,省工,多用于缀连性,栓距接近容许最大值,所用拼接板尺寸较大,但对截面削弱少。

螺栓的布置要满足受力、构造及施工要求,为此,《钢结构设计规范》(GB 50017—2003)规定了螺栓布置时的最大、最小容许距离,见表11.4。

表11.4 螺栓布置时的最大、最小容许距离

名称	位置和方向			最大容许距离(取两者的较小值)	最小容许距离
中心间距	外排(垂直内力方向或顺内力方向)			$8d_0$ 或 $12t$	$3d_0$
	垂直内力方向			$16d_0$ 或 $24t$	
	中间排	顺内力方向	压力	$12d_0$ 或 $18t$	
			拉力	$16d_0$ 或 $24t$	

续上表

<table>
<tr><th>名称</th><th colspan="3">位置和方向</th><th>最大容许距离(取两者的较小值)</th><th>最小容许距离</th></tr>
<tr><td>中心间距</td><td colspan="3">沿对角线方向</td><td>—</td><td>$3d_0$</td></tr>
<tr><td rowspan="4">中心至构件边缘距离</td><td colspan="3">顺内力方向</td><td rowspan="4">$4d_0$ 或 $8t$</td><td>$2d_0$</td></tr>
<tr><td rowspan="3">垂直内力方向</td><td colspan="2">剪切边或手工气割边</td><td rowspan="2">$1.5d_0$</td></tr>
<tr><td rowspan="2">轧制边自动精密气割或锯割边</td><td>高强度螺栓</td></tr>
<tr><td>其他螺栓或铆钉</td><td>$1.2d_0$</td></tr>
</table>

注：1. d_0 为螺栓孔或铆钉孔直径，t 为外层较薄板件的厚度；

2. 钢板边缘与刚性构件(如角钢、槽钢等)相连的螺栓或铆钉的最大间距，可按中间排的数值采用。

布置螺栓时还应注意以下几点：

①使螺栓群形心的位置大致在构件的形心轴线上，以便减少由偏心引起的附加力矩；

②使截面削弱尽可能少；

③为便于制作加工，在同类型的各构件中尽可能采用同样的钉距、端距和线距；

④型钢中的螺栓布置要考虑型钢截面具有圆角的特点，如角钢两肢螺栓位置可错开布置以减少对截面的削弱。

(3)螺栓连接接头的构造形式

钢结构中常见的螺栓连接接头的构造形式有以下几种。

①用两块拼接板的对接接头，如图11.21(a)所示。这种连接接头受力情况对称，不发生挠曲或转动，螺栓受双剪，承载力比单剪高。

②搭接接头，如图11.21(b)所示。这种连接接头的特点是施工简便，缺点是受力时产生附加弯矩，螺栓受单剪，承载力较低。

③错接拼接接头，如图11.21(c)所示。用于双层板的搭接，双层翼缘板，不同时断开，节约拼接板。

④加填板的拼接，如图11.21(d)所示。厚度小于6 mm的填板，不计其传力，不必伸出拼接板外。填板较厚时，参与传力，伸出拼接板外，并用额外的螺栓与构件连牢。螺栓少受弯曲，连接变形较小，工作情况较好。

⑤牛腿连接构造，如图11.21(e)所示。螺栓可承受剪力或拉力。

⑥型钢截面的拼接接头，如图11.21(f)所示。角钢用拼接角钢拼接，工作性能好，若用板条分别角钢拼接两肢，工作性能差。槽钢或工字钢的拼接，用拼接板分别拼接其翼缘或腹板。传力直接，各处变形小。

3. 普通螺栓连接的计算

根据螺栓的传力方式，普通螺栓可分为：受剪螺栓、受拉螺栓及剪拉复合螺栓。

以下考虑受剪螺栓、受拉螺栓的工作性能和强度计算。

(1)受剪螺栓连接的工作性能及破坏形式

①工作性能

受剪螺栓连接在受力后，当外力不大时，由被连接构件之间的摩擦力来传递外力[图11.22(a)]。当外力继续增大超过静摩擦力后，构件之间将出现相对滑移，螺杆开始接触孔壁而受剪，孔壁则受压[图11.22(b)]。

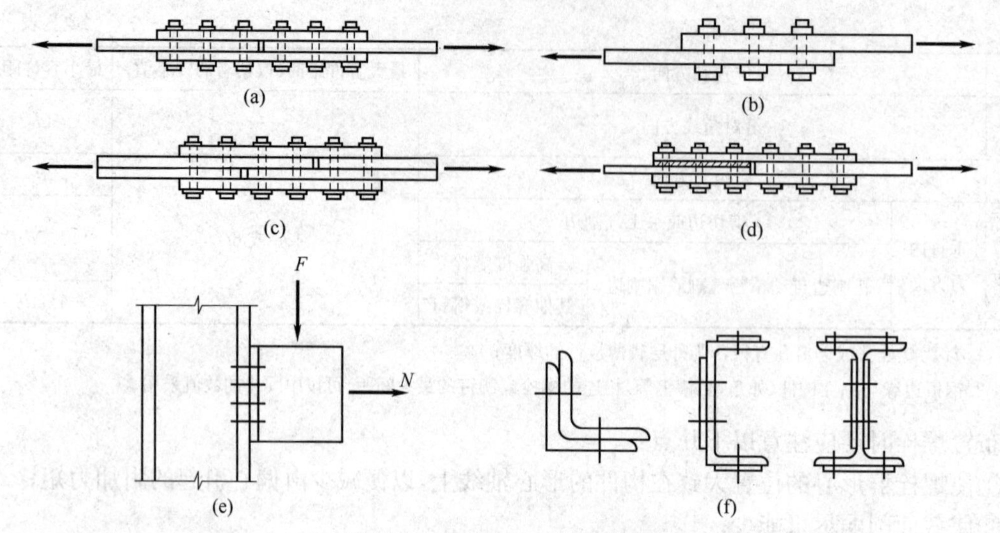

图 11.21　螺栓连接接头的构造形式

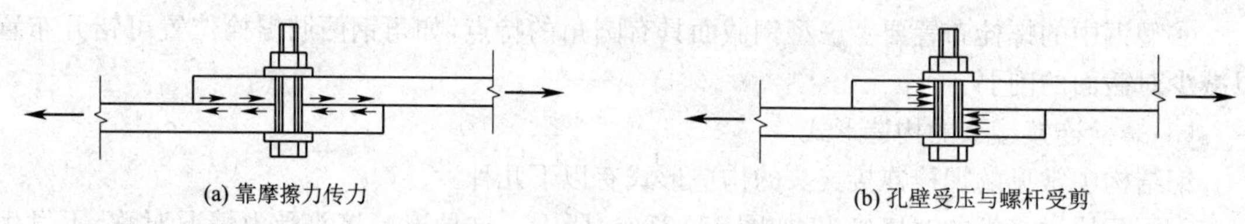

图 11.22　螺栓连接的工作性能

②破坏形式

受剪螺栓连接的破坏形式如图 11.23 所示：

a. 栓杆被剪断。栓杆的抗剪能力不够,须通过强度检算[图 11.23(a)]。

b. 构件孔壁挤压破坏。构件孔壁承压能力不够,须通过强度检算[图 11.23(b)]。

c. 构件或拼接板被拉断。须按净截面检算强度[图 11.23(c)]。

d. 构件端部被拉坏。端距太小,按规范要求从构造上保证[图 11.23(d)]。

e. 栓杆过度弯曲。连接板束太厚,栓杆太细,选择合适的栓杆直径[图 11.23(e)]。

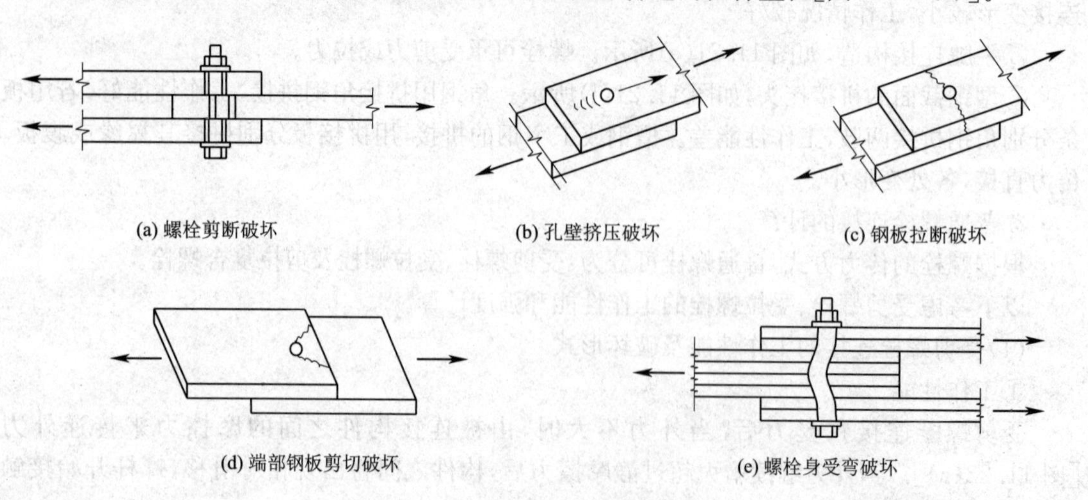

图 11.23　受剪螺栓连接的破坏形式

(2)单个受剪螺栓的承载力设计值

单个受剪螺栓的承载力可按栓杆受剪(剪切条件)和孔壁承压(承压条件)两种情况分别计算,取较小者。

假定剪应力在栓杆截面上均匀分布,按剪切条件计算的单个受剪螺栓的承载力设计值为

$$N_v^b = n_v \frac{\pi d^2}{4} f_v^b \tag{11.13}$$

式中　N_v^b——按剪切条件确定的单栓承载力;

n_v——单个螺栓的剪切面数;

d——栓杆直径;

f_v^b——螺栓的抗剪强度设计值,按附录中附表 2.3 采用。

假定承压应力在栓杆直径平面上均布,按承压条件计算单个受剪螺栓的承载力设计值为

$$N_c^b = d \sum t f_c^b \tag{11.14}$$

式中　N_c^b——按承压条件确定的单栓承载力;

d——栓杆直径;

$\sum t$——同一方向承压板总厚度,取较小者;

f_c^b——螺栓的承压强度设计值,按附录中附表 2.3 采用。

单个受剪螺栓的承载力设计值 N^b 取式(11.13)和式(11.14)计算结果的最小值,即

$$N^b = \min\{N_v^b, N_c^b\} \tag{11.15}$$

(3)受剪螺栓连接在轴力作用下的计算

试验证明,轴心力 N 作用下,受剪螺栓连接的螺栓群在长度方向各螺栓受力不均匀[图 11.24(b)],两端受力大,而中间受力小。当连接长度 $l_1 \leqslant 15d_0$(d_0 为螺栓孔直径)时,由于连接工作进入弹塑性阶段后,内力发生重分布,螺栓群中各螺栓受力逐渐接近[图 11.24(c)],故可认为轴心力 N 由每个螺栓平均分担。

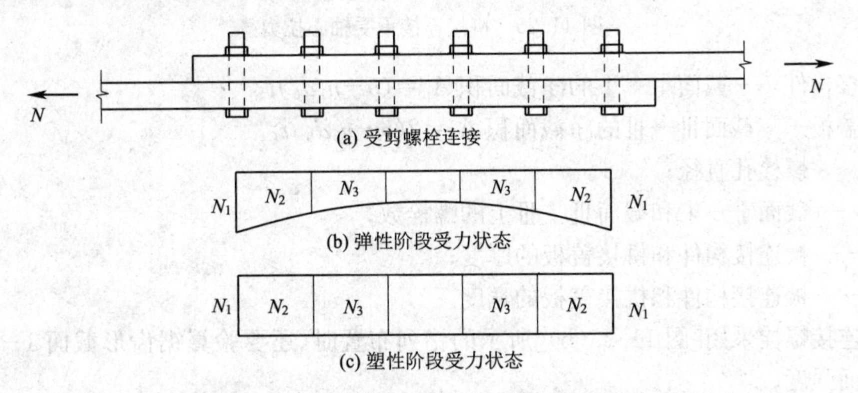

图 11.24　受剪螺栓群在长度方向的内力分布

保证螺栓不发生破坏的条件是

$$N_1 = \frac{N}{n} \leqslant N_b \tag{11.16}$$

式中　n——螺栓总数。

除螺栓不发生破坏以外,连接螺栓栓孔净截面处构件或拼接板也不能发生破坏,因此,须

按下式检算构件或拼接板的抗拉强度。

$$\sigma=\frac{N}{A_n}\leqslant f \tag{11.17}$$

式中 A_n——构件或拼接板验算截面上的净截面面积;

N——构件或拼接板验算截面处的轴心力设计值;

f——钢材的抗拉(或抗压)强度设计值,按附录中附表 2.1 采用。

值得注意的是,验算截面应选择最不利截面,即内力最大或净截面面积较小的截面。

(4)最不利截面

以图 11.25 所示的两块钢板拼接连接为例,该连接螺栓采用并列布置,拉力 N 通过每侧 12 个螺栓传递给拼接板。假定均匀传递,则每个螺栓承受 $N/12$,构件在截面Ⅰ—Ⅰ、Ⅱ—Ⅱ、Ⅲ—Ⅲ处的拉力分别为 N、$8N/12$、$4N/12$,因此最不利截面为截面Ⅰ—Ⅰ,其内力最大为 N,之后各截面因前面螺栓已传递部分内力,故逐渐递减。但拼接板各截面的内力恰好与被连接构件相反,截面Ⅲ—Ⅲ受力最大亦为 N。因此,还须按下面公式比较它和被连接构件截面Ⅰ—Ⅰ的净截面面积,以确定最不利截面,然后进行验算。

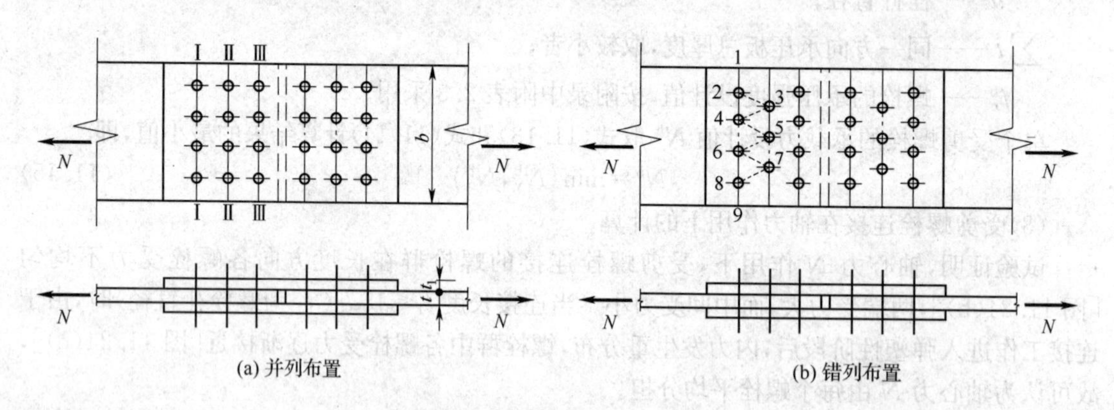

图 11.25 拼接连接承受轴心拉力

被连接构件——截面Ⅰ—Ⅰ的净截面积 $A_n=(b-n_1d_0)t$。

拼接盖板——截面Ⅲ—Ⅲ的净截面积 $A_n=2(b-n_3d_0)t_1$。

式中 d_0——螺栓孔直径;

n_1,n_3——截面Ⅰ—Ⅰ和截面Ⅲ—Ⅲ上的螺栓数;

t,t_1——被连接构件和拼接盖板的厚度;

b——被连接构件和拼接盖板的宽度。

如该连接螺栓采用[图 11.25(b)]所示的错列布置时,还要验算锯齿形截面 1—2—…—9 上的净截面强度。

【例 11.4】 如图 11.26 所示,两块钢板 2—□ 14×400 采用双盖板拼接连接,C 级螺栓 M20,钢材 Q235,轴心拉力设计值 $N=950$ kN,试设计此连接。

【解】 拼接盖板的材料仍采用 Q235 钢,取拼接盖板的宽度与钢板同宽,即 $b=400$ mm,为使连接的强度不小于钢板的强度,则要求拼接盖板的截面积不小于钢板的面积,即 $2t_1\times 400>14\times 400$,取拼接盖板的厚度 $t_1=8$ mm。

根据式(11.13),按剪切条件计算的单个螺栓承载力设计值为

$N_v^b = n_v \dfrac{\pi d^2}{4} f_v^b = 2 \times \dfrac{3.14 \times 20^2}{4} \times 140 = 87\ 964(\text{N})$

根据式(11.14)，按承压条件计算的单个螺栓承载力设计值为

$$N_c^b = d \sum t f_c^b = 20 \times 14 \times 305 = 85\ 400(\text{N})$$

因此，单个螺栓的承载力设计值取上述两者的较小值，即 $N^b = 85\ 400$ N。

连接一侧所需的螺栓数为

$$n \geqslant \frac{N}{N^b} = \frac{950 \times 1\ 000}{85\ 400} = 11.1，取 n = 12 个$$

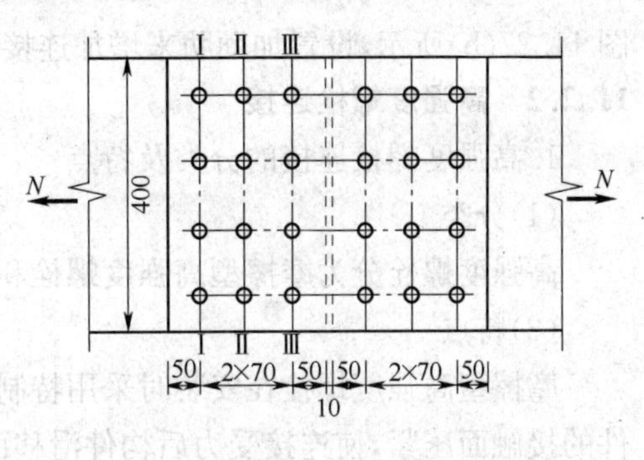

图 11.26　例题 11.4 图(单位:mm)

采用并列布置，依据表 11.4 进行螺栓布置。拼接盖板的长度为 $L = 2 \times (50 + 70 + 70 + 50) + 10 = 490$(mm)。拼接盖板的尺寸为 2—□ 14×400×490。

钢板净截面强度验算：

Ⅰ—Ⅰ截面的净面积　$A_n = (400 - 4 \times 22) \times 14 = 4\ 368(\text{mm}^2)$

$$\sigma = \frac{N}{A_n} = \frac{950 \times 1\ 000}{4\ 368} = 215.2(\text{N/mm}^2)，略超过 215\ \text{N/mm}^2(可)$$

拼接盖板的净面积大于钢板的净截面，不必验算。

4. 受拉螺栓连接及其单栓承载力

如图 11.27 所示的受拉螺栓连接中，外力将使被连接构件的接触面有互相脱开的趋势，螺栓杆 A、B 直接承受拉力来传递平行于螺杆方向的外力。因此，受拉螺栓连接的破坏形式为螺栓杆被拉断。

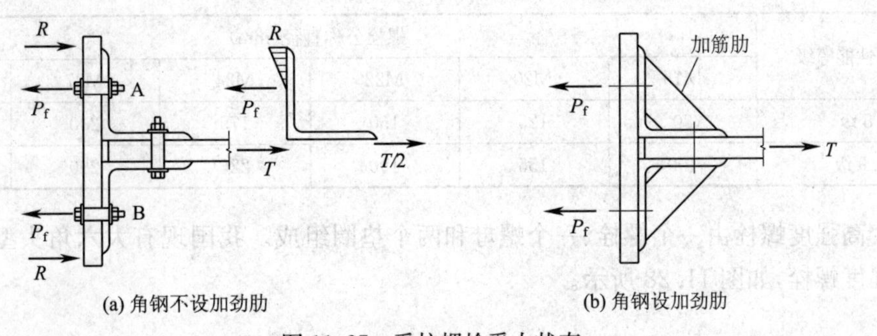

图 11.27　受拉螺栓受力状态

单个抗拉螺栓的承载力设计值为

$$N_t^b = \frac{\pi d_e^2}{4} f_t^b \tag{11.18}$$

式中　d_e——螺栓螺纹处的有效直径，按附录中附表 2.14 采用。

f_t^b——螺栓抗拉的强度设计值，按附录中附表 2.3 采用。

受拉螺栓连接常用于 T 形连接中，在 T 形连接中，若连接件刚度较小，如图 11.27(a)所示角钢连接件，当受拉时，在与拉力方向垂直的角钢肢会产生较大变形，从而出现杠杆作用，在角钢肢尖产生反力 R，从而使螺栓受力增大。

连接件刚度愈小，R 愈大。由于反力 R 的计算比较复杂，设计中为简化起见，通常不计算 R 力，而将螺栓抗拉容许应力适当降低作为补偿。在设计时可采取一些构造措施，例如

图 11.27(b)所示，设置加劲肋来增加连接件的刚度，以减小螺栓中附加力的影响。

11.2.2 高强度螺栓连接

1. 高强度螺栓连接的分类及特点

(1)分类

高强度螺栓分为摩擦型高强度螺栓和承压型高强度螺栓。

(2)特点

摩擦型高强度螺栓在安装时采用特制的扳手将螺帽拧紧，使螺杆中产生很大的拉力，将构件的接触面压紧，使连接受力后构件滑移面上产生很大的摩擦力来阻止被连接构件间的相互滑移，以达到传递外力的目的。

承压型高强度螺栓在受剪时则允许摩擦力被克服并发生相对滑移，之后外力还可继续增加，并以栓杆抗剪或孔壁承压的最终破坏为极限状态。

(3)应用

高强度螺栓连接具有施工简单，连接紧密，整体性好，受力性能好，耐疲劳，能承受动力荷载及可拆卸等优点。目前已广泛用于桥梁钢结构、大跨度房屋及工业厂房钢结构中。

2. 摩擦型高强度螺栓连接的单栓抗剪承载力

摩擦型高强度螺栓主要用于承受垂直于螺栓杆方向的外力的连接中(通常称为抗剪连接)，单个螺栓连接的抗剪强度主要取决于施加在螺栓杆中的预拉力 P 和连接表面的处理状况。

(1)预拉力 P

《钢结构设计规范》(GB 50017—2003)规定的预拉力设计值 P 见表 11.5。

表 11.5 高强度螺栓的预拉力设计值 P(kN)

螺栓的性能等级	螺栓公称直径(mm)					
	M16	M20	M22	M24	M27	M30
8.8 级	80	125	150	175	230	280
10.9 级	100	155	190	225	290	355

一套高强度螺栓由一个螺栓、一个螺母和两个垫圈组成。我国现有大六角头型和扭剪型两种高强度螺栓，如图 11.28 所示。

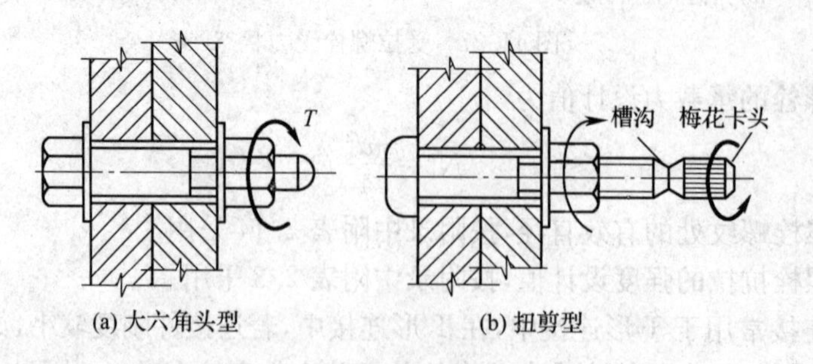

图 11.28 高强度螺栓

为达到设计所需要的预拉力值，必须采取合适的方法拧紧螺帽。目前拧紧螺帽的方法有 3 种。大六角头型采用转角法和扭矩法，扭剪型采用扭掉螺栓尾部的梅花卡头法。

(2)连接表面的处理

连接构件表面处理的目的是提高摩擦面的抗滑移系数 μ。表面处理一般采用下列方法：

①喷丸。用直径 1.2～1.4 mm 的铁丸在一定压力下喷射钢材表面，除去表面浮锈及氧化铁皮，提高表面的粗糙度，增大抗滑移系数 μ。

②喷丸后涂无机富锌漆。表面喷丸后若不立即组装，表面又可能会受污染或生锈，为此常在表面涂一层无机富锌漆，但这样处理将使摩擦面的抗滑移系数 μ 值降低。

③喷丸后生赤锈。实践及研究表明，喷丸后若在露天放置一段时间，让其表面生出一层浮锈，再用钢丝刷除去浮锈，可增加表面的粗糙度，抗滑移系数 μ 值也会比原来提高。

《钢结构设计规范》(GB 50017—2003)对摩擦面抗滑移系数 μ 值的规定见表 11.6。

表 11.6　摩擦面抗滑移系数 μ 值

在连接处构件接触面的处理方法	构件的钢号		
	Q235 钢	Q345 钢、Q390 钢	Q420 钢
喷丸	0.45	0.50	0.50
喷丸后涂无机富锌漆	0.35	0.40	0.40
喷丸后生赤锈	0.45	0.50	0.50
钢丝刷清除浮锈或未经处理的干净轧制表面	0.30	0.35	0.40

摩擦型高强度螺栓连接的单栓抗剪承载力设计值为

$$N_v^b = 0.9 n_f \mu P \tag{11.19}$$

式中　0.9——螺栓抗力系数分项系数 1.111 的倒数值；

n_f——传力摩擦面数。

3. 承压型高强度螺栓连接的计算

(1)承压型高强度螺栓连接承受剪力时的计算

承压型高强度螺栓连接承受剪力时以栓杆受剪破坏或孔壁承压破坏为极限状态，故其计算方法基本上与受剪普通螺栓连接相同。单个承压型高强度螺栓的抗剪承载力设计值为

$$N_v^b = n_v \frac{\pi d_e^2}{4} f_v^b \tag{11.20}$$

式中　f_v^b——承压型高强度螺栓的抗剪强度设计值，按附录中附表 2.3 采用；

n_v——单个螺栓的剪切面数；

d_e——栓杆有效直径。

单个承压型高强度螺栓的承压承载力设计值为：

$$N_c^b = d \sum t f_c^b \tag{11.21}$$

式中　f_c^b——承压型高强度螺栓连接的孔壁承压强度设计值，按附录中附表 2.3 采用；

d ——栓杆直径(取公称直径)；

$\sum t$ ——同一方向承压板总厚度，取较小者。

单个承压型高强度螺栓的承载力设计值为

$$N_{v\,min}^b = \min(N_v^b, N_c^b) \tag{11.22}$$

(2)承压型高强度螺栓承受拉力时的计算

承压型高强度螺栓承受拉力时的单栓承载力设计值

$$N_t^b=\frac{\pi d_e^2}{4}f_t^b \tag{11.23}$$

式中 d_e——承压型高强度螺栓的有效直径;

f_t^b——承压型高强度螺栓的抗拉强度设计值,按附录中附表 2.3 采用。

习 题

1.钢结构的焊缝有哪两种形式?它们各自有何优点?

2.简述角焊缝的有效厚度与有效截面。

3.已知钢板梁腹板 $t=10$ mm,Q235 钢,采用焊透对接焊缝(使用了引弧板)连接。钢板梁腹板对接处作用弯矩为 $M=1\ 200$ kN·m,剪力 $V=205$ kN。试验算对接焊缝的强度。

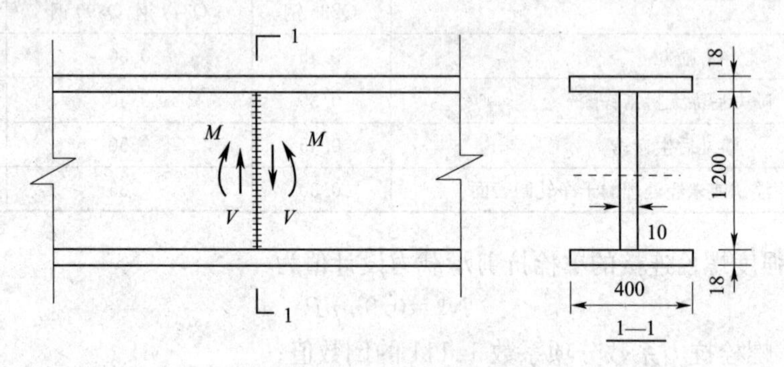

图 11.29 习题 3 图(单位:mm)

4.已知等肢角钢∟80×8 与节点板搭接,节点板厚 $t=10$ mm,采用粗制螺栓,螺栓直径 $d=22$ mm,孔径 $d_0=23.5$ mm,钢材为 Q235 钢,设计轴力值 $N=80$ kN。试进行普通螺栓连接设计。

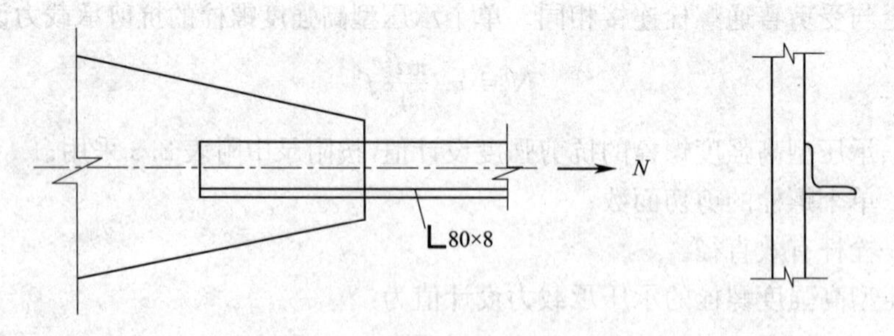

图 11.30 习题 4 图(单位:mm)

项目 12　轴心受力构件

主要知识点	轴心受力构件的强度和刚度、整体稳定性、实腹式和格构式压杆设计
重点及难点	轴心受力构件的强度、实腹式和格构式压杆设计
学习指导	通过本项目的学习，掌握轴心受力构件的承载能力计算，熟悉相关的构造知识

任务 12.1　熟悉轴心受力构件的特点和截面形式

1. 概念

轴心受力构件是指外力作用线沿杆件截面形心轴的一类构件。

2. 分类

轴心受力构件分实腹式和格构式两类。

3. 特点

实腹式构件(图 12.1)截面形式较多，有单个型钢截面(如角钢、槽钢、工字钢、H 形钢、T 形钢、圆钢及钢管等)，适合受力较小的构件；也有由型钢或钢板组成的组合截面，适合受力较大的构件。

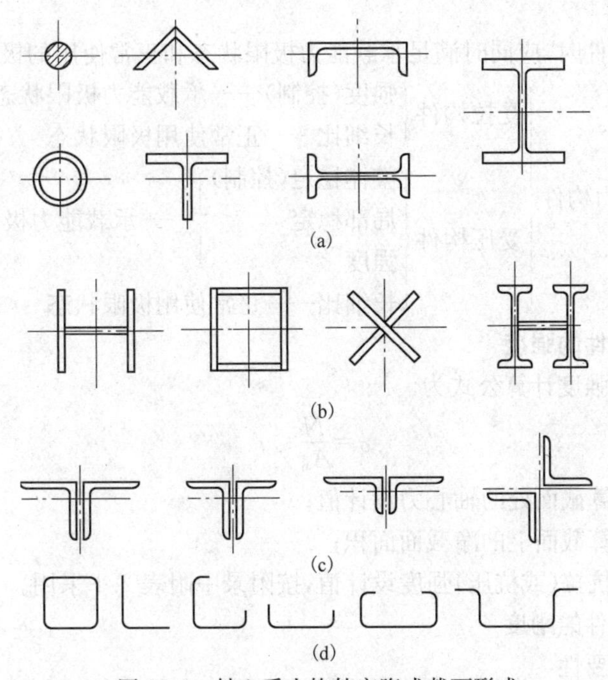

图 12.1　轴心受力构件实腹式截面形式

格构式构件(图 12.2)的截面一般由两个或多个分肢组成,分肢通常为槽钢或由钢板组成的槽形截面,分肢之间采用缀条或缀板连成整体,缀板和缀条统称为缀系或缀材,如图 12.3 所示。格构式构件容易使压杆实现两主轴方向等稳定性的要求,刚度较大,抗扭性能也较好,用料较省。

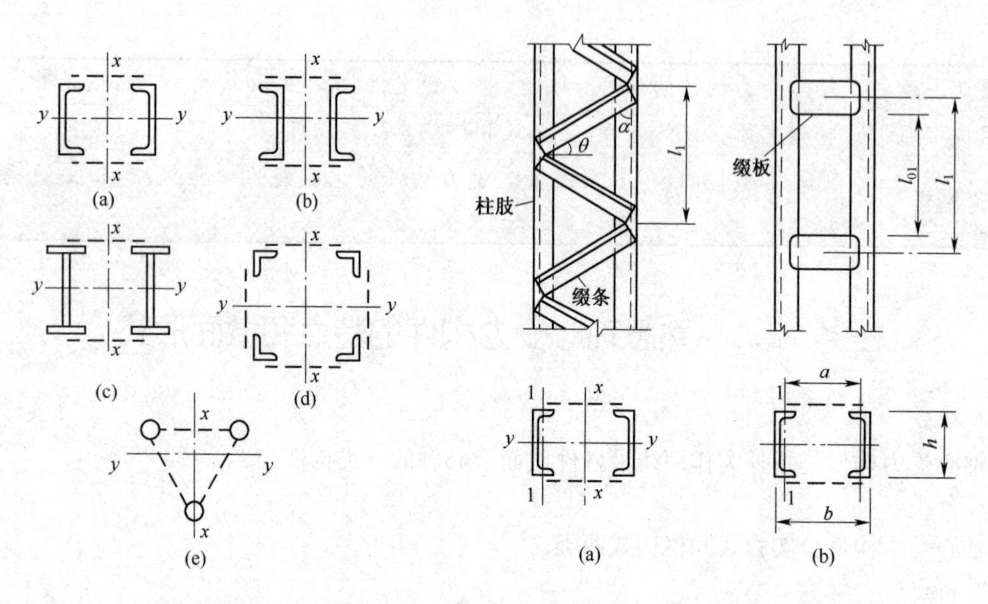

图 12.2　格构式构件的截面形式

图 12.3　格构式构件的缀系布置

任务 12.2　掌握轴心受力构件强度和刚度的计算

设计轴心受力构件时,应同时满足承载能力极限状态和正常使用的极限状态的要求。

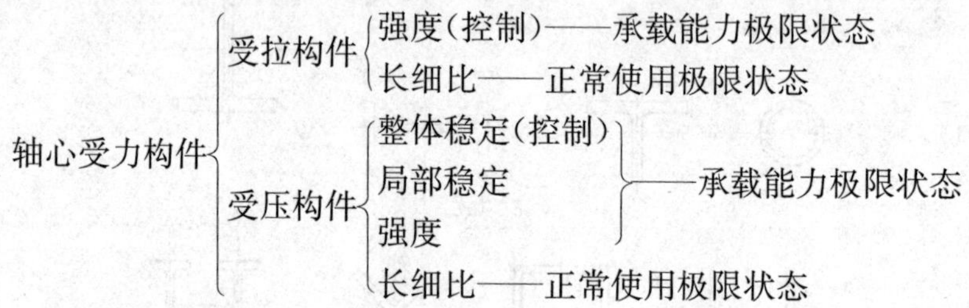

12.2.1　轴心受力构件的强度

轴心受力构件的强度计算公式为

$$\sigma=\frac{N}{A_{\mathrm{n}}}\leqslant f \tag{12.1}$$

式中　N——构件验算截面处的轴心力设计值;

A_{n}——构件验算截面上的净截面面积;

f——钢材的抗拉(或抗压)强度设计值,按附录中附表 2.1 采用。

12.2.2　轴心受力构件的刚度

1. 刚度验算的必要性

为满足结构的正常使用要求,轴心受力构件不应做得过分柔细,而应具有一定的刚度,当构件的刚度不足时，会产生下列不利影响：①在运输和安装过程中产生弯曲或过大的变形；②使用期间因其自重而明显下挠；③在动力荷载作用下发生较大的振动；④对于压杆，刚度不足时，除具有前述各种不利因素外，还使得构件的极限承载力显著降低，同时，初弯曲和自重产生的挠度也将对构件的整体稳定带来不利影响。

2. 刚度验算公式

轴心受拉和受压构件的刚度都是以保证其长细比不超过容许长细比来实现的，刚度的计算公式为：

$$\lambda=\frac{l_0}{i}\leqslant[\lambda] \tag{12.2}$$

式中　λ——构件的最大长细比，一般取两主轴方向长细比的较大值；

l_0——相应主轴方向上构件的计算长度；

i——相应主轴方向上截面的回转半径；

$[\lambda]$——构件的容许长细比，按表12.1和表12.2取值。

3. 刚度限值

《钢结构设计标准》(GB 50017—2017)规定了受拉构件(表12.1)和受压构件(表12.2)的刚度限值。

表12.1　受拉构件的容许长细比

项次	构件名称	承受静力荷载或间接承受动力荷载的结构		直接承受动力荷载的结构
		一般建筑结构	有重级工作制的厂房	
1	桁架的杆件	350	250	250
2	吊车梁或吊车桁架以下的柱间支撑	300	200	—
3	其他拉杆、支撑	400	350	—

表12.2　受压构件的容许长细比

项次	构件名称	容许长细比
1	柱、桁架和天窗架构件	150
	柱的缀条、吊车梁或吊车桁架以下的柱间支撑	
2	支撑(吊车梁或吊车桁架以下的柱间支撑除外)	200
	用以减小受压构件长细比的杆件	

12.2.3　轴心拉杆的设计

1. 概述

轴心受拉构件设计时通常要考虑强度和刚度两个方面的问题。

轴心拉杆设计
- 承受较大静荷载的轴心受拉构件(由静强度控制)
- 承受反复荷载的拉杆
  - 拉力较大(由疲劳强度控制)
  - 拉力较小(由刚度控制)

2. 设计思路

(1)当轴心受拉构件由强度控制设计时，通常按强度条件计算所需要的净截面面积，再选择截面，然后进行强度和刚度验算。

(2)当轴心受拉构件由刚度控制设计时，则按刚度要求计算所需要的截面回转半径，再选择截面，然后进行强度和刚度验算。

【例 12.1】 有一中级工作制吊车厂房屋架的下弦杆(图 12.4)，承受轴心拉力 1 100 kN(设计值)，几何长度为 $l=3$ m，钢材为 Q235，$f=215$ N/mm^2，杆端用 C 级 M20 普通螺栓连接，该杆件由强度控制设计，试设计该杆件。

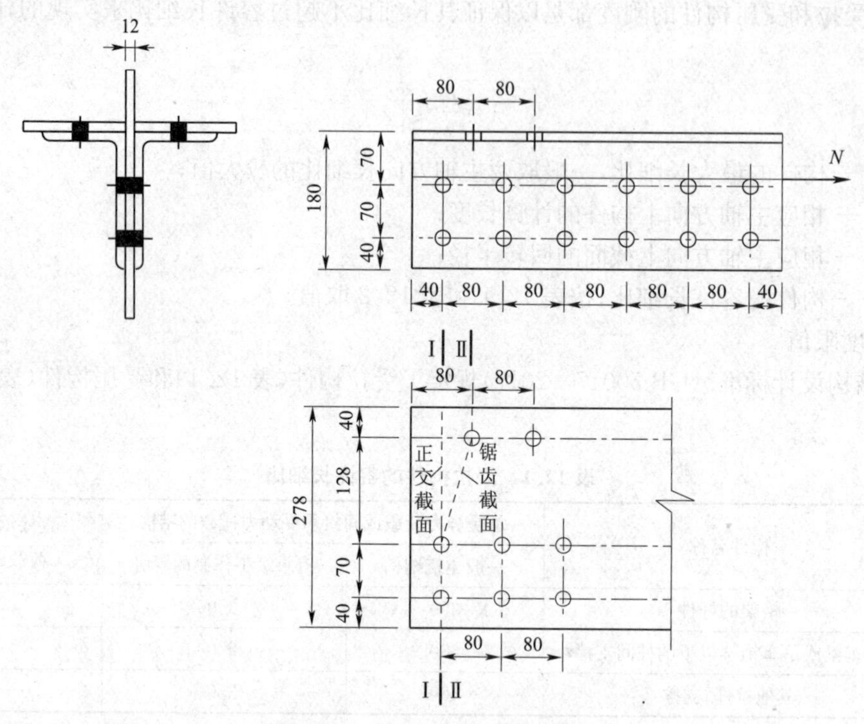

图 12.4　例 12.1 图(单位:mm)

【解】 1.截面选择

已知杆件由强度控制设计，由强度条件式(12.1)，所需的杆件净截面面积为

$$A_n \geqslant \frac{N}{f}=\frac{1\ 100\times10^3}{215}=5\ 116(\text{mm}^2)=51.16(\text{cm}^2)$$

查附表 2.13，可选用 2∟180×110×12，长肢并拢，共提供截面积 $A_n=2\times33.7=67.4(\text{cm}^2)$，回转半径 $i_x=3.1$ cm，$i_y=8.79$ cm。

2.杆端连接螺栓布置

根据式(11.13)和式(11.14)，查附表 2.3 知 $f_v^b=140$ MPa，$f_c^b=305$ MPa。按剪切条件计算的单个螺栓承载力设计值为

$$N_v^b=n_v\frac{\pi d^2}{4}f_v^b=2\times\frac{3.14\times20^2}{4}\times140=87\ 964(\text{N})$$

按承压条件计算的单个螺栓承载力设计值为

$$N_c^b=d\sum tf_c^b=20\times12\times305=73\ 200(\text{N})$$

因此，根据式(11.15)取单个螺栓的承载力设计值为 $N^b=73\ 200$ N。

所需杆端连接螺栓数 $n=\dfrac{N}{N^b}=\dfrac{1\ 100\times10^3}{73\ 200}=15.02$，取 16 个，按图 12.4 排列。

3. 强度验算

正交截面Ⅰ—Ⅰ的净面积：

$$A_n=2\times(278\times12-2\times20\times12)=5\,712(\text{mm}^2)$$

锯齿截面Ⅱ—Ⅱ的净面积：

$$A_n=2\times(40+\sqrt{128^2+40^2}+70+40-3\times20)\times12=5\,378.5(\text{mm}^2)$$

可见，控制面积为锯齿截面。

$$\sigma=\frac{N}{A_n}=\frac{1\,100\times10^3}{5\,378.5}=204.5(\text{N/mm}^2)<f=215\ \text{N/mm}^2\quad(\text{强度满足})$$

4. 刚度验算

取杆件的计算长度 $l_{0x}=l_{0y}=3$ m，长细比为

$$\lambda_x=\frac{l_{0x}}{i_x}=\frac{3\times10^2}{3.1}=96.8<[\lambda]=350,\quad \lambda_y=\frac{l_{0y}}{i_y}=\frac{3\times10^2}{8.79}=34.1<[\lambda]=350$$

刚度满足要求。

任务12.3　掌握实腹式轴心受压构件的整体稳定计算

一般情况下，轴心受压构件的承载能力是由整体稳定性条件决定的。整体稳定性是受压构件设计中最为突出的问题。

12.3.1　稳定问题概述

稳定是指结构或构件在受到外力作用发生变形后所处平衡状态(静止或匀速直线运动)的一种属性。

如图 12.5 所示，凹面上的小球是处于稳定的平衡状态，平面上的小球则是处于随遇平衡状态，即临界平衡状态，而凸面上的小球则是处于不稳定的平衡状态。

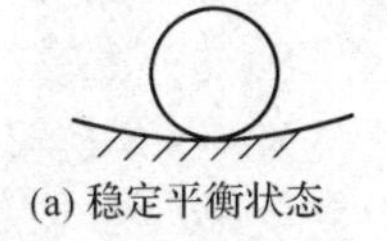
(a) 稳定平衡状态

(b) 随遇平衡状态

(c) 不稳定的平衡状态

图 12.5　小球的平衡状态

同样的，对于一个构件(或结构)，随着外荷载的增加，可能在强度破坏之前，就从稳定的平衡状态经过临界平衡状态，进入不稳定的平衡状态，从而丧失稳定性。

稳定对于钢结构来说是一个极为重要的问题。这是因为钢材强度高，组成结构的构件相对较细长，所用板件也较薄，因而常常出现钢结构的失稳破坏。

12.3.2　理想轴心受压构件的稳定性

所谓理想轴心受压构件，是指杆件的轴线绝对平直，材质均匀，各向同性，荷载无偏心且不存在初始应力。

理想轴心压杆发生整体失稳时，有 3 种可能的失稳形式(或称屈曲形式)，分别是弯曲失稳、扭转失稳及弯扭失稳，如图 12.6 所示。

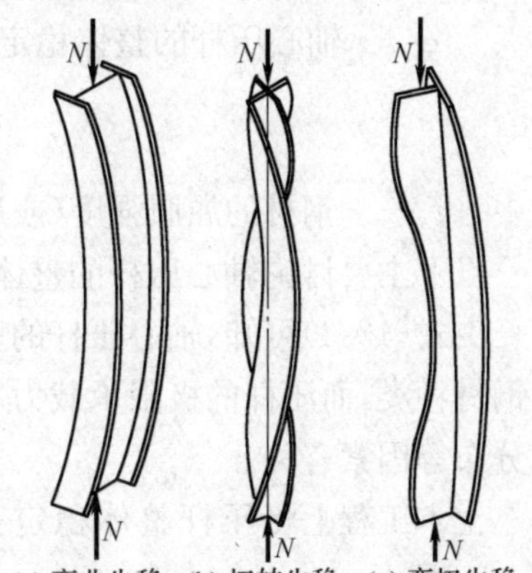

(a) 弯曲失稳　(b) 扭转失稳　(c) 弯扭失稳

图 12.6　理想轴心压杆的失稳形式

12.3.3 实际钢压杆的整体稳定性

实际压杆由于不可避免地存在诸如初弯曲、初偏心、残余应力等初始缺陷,其稳定性与理想压杆有很大的不同。

1.初弯曲

(1)产生原因

在加工制造和运输安装过程中,杆件不可避免地会产生微小的初始弯曲。

(2)对稳定承载力的影响

由于初弯曲的存在,压杆的承载力总是低于欧拉临界力,另外,初弯曲对中等长细比杆件的不利影响较大。

2.初偏心

(1)产生原因

由于制造、安装误差所造成的杆件尺寸偏差以及构造等原因。

(2)对稳定承载力的影响

初偏心的数值通常较小,除了对短杆有较明显的影响外,杆件愈长影响愈小。

3.残余应力

(1)产生原因

钢材在轧制、焊接、制造加工中产生。

(2)对稳定承载力的影响

残余应力对弱轴的影响比对强轴严重得多。残余应力对杆件临界力的影响取决于残余应力的分布、杆件的截面形式及弯曲主轴。

12.3.4 实际钢压杆的整体稳定计算

1.实际钢压杆整体稳定实用计算方法

《钢结构设计规范》(GB 50017—2003)对轴心压杆的整体稳定计算采用下列形式:

$$\frac{N}{\varphi A} \leqslant f \tag{12.3}$$

式中 N——轴心压力设计值;

A——压杆的毛截面面积;

f——钢材的抗拉、抗压和抗弯强度设计值;

φ——轴心压杆的整体稳定系数,定义为:

$$\varphi = \frac{N_u}{A f_y} \tag{12.4}$$

式中 f_y——钢材的屈服强度(或屈服点)。

以下主要讨论轴心压杆的整体稳定系数 φ 的计算。

由式(12.4)可知,轴心压杆的整体稳定系数 φ 取决于压杆的极限承载力 N_u、截面大小 A 及钢材种类,而压杆的极限承载力 N_u 又与构件的长细比、截面形状、弯曲方向、残余应力水平及分布等因素有关。

土木工程上将压杆整体稳定系数 φ 与长细比 λ 之间的关系曲线称为“柱子曲线”,如图 12.7所示。

为便于设计应用,《钢结构设计规范》(GB 50017—2003)将不同钢材的 a、b、c、d 四条曲线分别编成 4 个表格，见附录中附表 2.4～附表 2.7，φ 值可按截面种类及 $\lambda\sqrt{\frac{f_y}{235}}$ 查表求得。

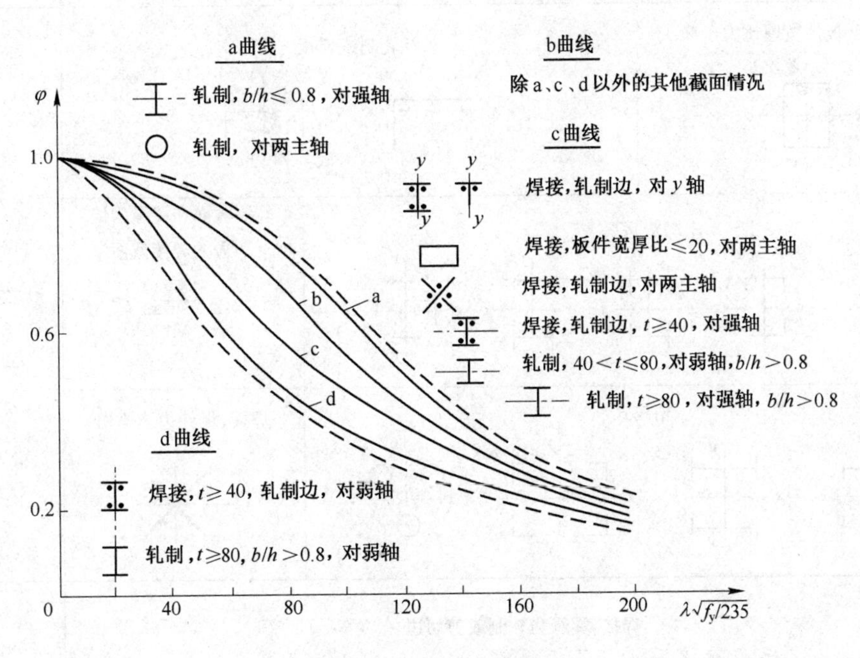

图 12.7　压杆的柱子曲线

四条柱子曲线各代表一组截面，截面分类见表 12.3。

表 12.3a　轴心压杆的截面分类（板厚 $t<40$ mm）

截面形式	对 x 轴	对 y 轴
轧制（圆管）	a类	a类
轧制 $b/h\leqslant0.8$	a类	b类
轧制 $b/h>0.8$；翼缘，翼缘为焰切边；焊接（圆管）；轧制；轧制，等边角钢	b类	b类

续上表

截面形式		对 x 轴	对 y 轴
轧制，焊接(板件宽厚比大于 20) 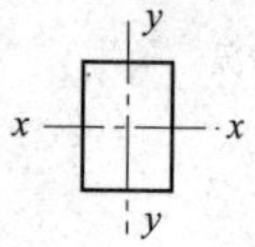	轧制或焊接 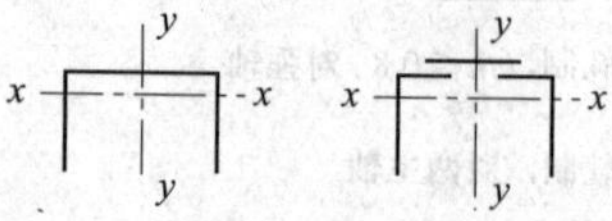	b类	b类
焊接 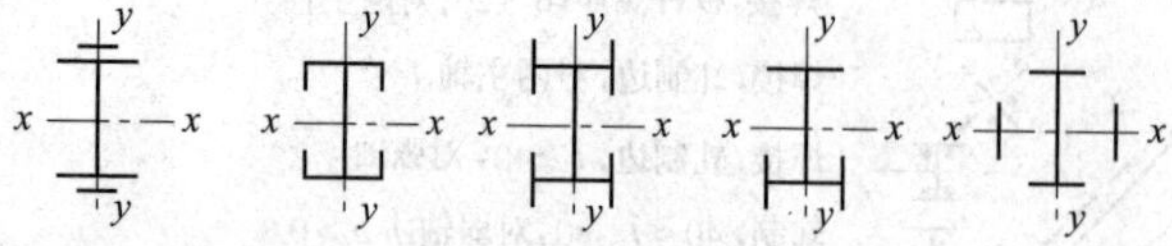	轧制截面和翼缘为焰切边的焊接截面 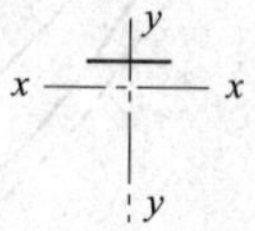		
格构式 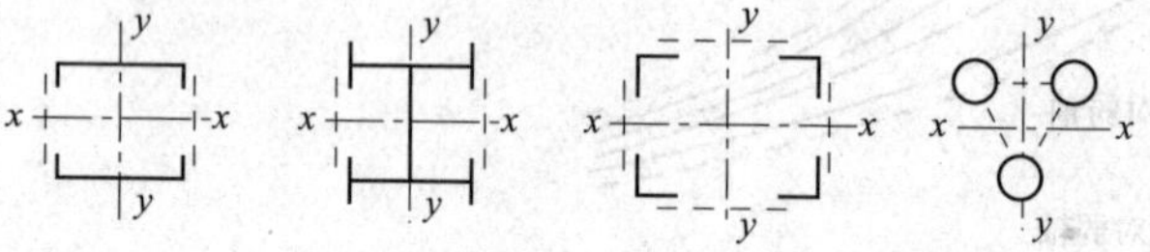	焊接，板件边缘焰切 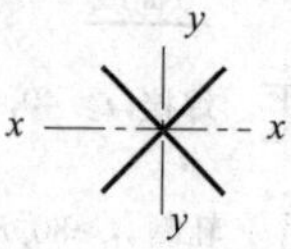		
焊接，翼缘为轧制或剪切边 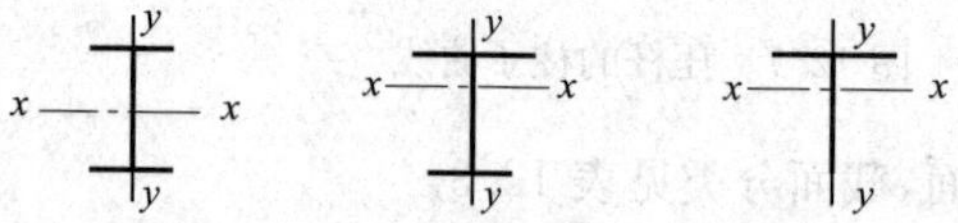		b类	c类
焊接，板件边缘轧制或剪切 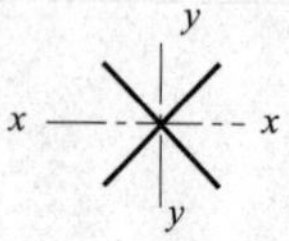	焊接，板件宽厚比≤20 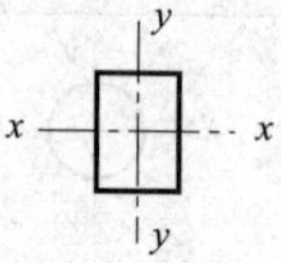	c类	c类

表 12.3b 轴心压杆的截面分类(板厚 $t \geq 40$mm)

截面形式		对 x 轴	对 y 轴
轧制工字形或 H 形截面 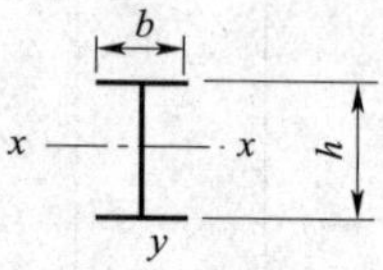	$t<80$ mm	b类	c类
	$t \geq 80$ mm	c类	d类
焊接工字形截面 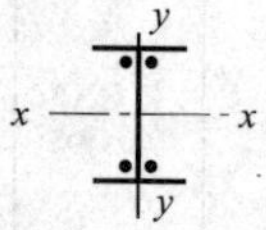	翼缘为焰切边	b类	b类
	翼缘为轧制或剪切边	c类	d类

续上表

截面形式		对 x 轴	对 y 轴
焊接箱型截面	构件宽厚比>20	b类	b类
	构件宽厚比≤20	c类	c类

2. 杆件长细比 λ 的计算

《钢结构设计规范》(GB 50017—2003)有如下规定。

(1)对截面为双轴对称或极对称的构件

$$\lambda_x = l_{0x}/i_x,\quad \lambda_y = l_{0y}/i_y \tag{12.5}$$

式中　l_{0x}, l_{0y}——构件对主轴 x 和 y 的计算长度；

i_x, i_y——构件截面对主轴 x 和 y 的回转半径。

(2)对截面为单轴对称的构件

对单轴对称截面(如T形和槽形截面)：

①绕非对称轴(设为 x 轴)的整体稳定仍按式(12.5)的长细比进行计算；

②绕对称轴(设为 y 轴)的整体稳定要按下面的换算长细比 λ_{yz} 进行计算：

$$\lambda_{yz} = \frac{1}{\sqrt{2}}\left[(\lambda_y^2+\lambda_z^2)+\sqrt{(\lambda_y^2+\lambda_z^2)^2-4(1-a_0^2/i_0^2)\lambda_y^2\lambda_z^2}\right]^{\frac{1}{2}} \tag{12.6}$$

$$\lambda_z = \sqrt{\frac{Ai_0^2}{I_w/l_w^2+GI_t/(\pi^2E)}} \tag{12.7}$$

$$i_0^2 = a_0^2+i_x^2+i_y^2 \tag{12.8}$$

式中　a_0——截面形心至剪切中心的距离；

i_0——截面对剪切中心的极回转半径；

λ_y——构件对对称轴的长细比；

λ_z——扭转屈曲的换算长细比；

I_t——毛截面抗扭惯性矩；

I_w——毛截面扇形惯性矩；对T形截面(轧制、双板焊接、双角钢组合)、十字形截面和角形截面可近似取 $I_w=0$；

A——毛截面面积；

l_w——扭转屈曲的计算长度。

(3)对单角钢截面和双角钢组成的T形截面

对单角钢截面和双角钢组成的T形截面(图12.8)，绕对称轴的换算长细比 λ_{yz} 可采用下列简化方法确定：

①等边单角钢截面[图12.8(a)]

当 $b/t \leqslant 0.54\, l_{0y}/b$ 时：
$$\lambda_{yz} = \lambda_y\left(1+\frac{0.85b^4}{l_{0y}^2t^2}\right) \tag{12.9}$$

当 $b/t > 0.54\, l_{0y}/b$ 时：
$$\lambda_{yz} = 4.78\,\frac{b}{t}\left(1+\frac{l_{0y}^2t^2}{13.5b^4}\right) \tag{12.10}$$

式中　b、t——角钢肢的宽度和厚度。

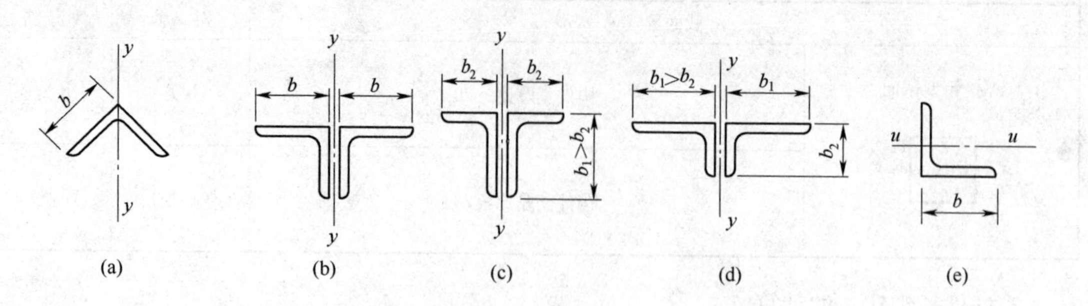

图 12.8　单角钢截面和双角钢组合 T 形截面

②等边双角钢截面[图 12.8(b)]

当 $b/t \leqslant 0.58\ l_{0y}/b$ 时：
$$\lambda_{yz}=\lambda_y\left(1+\frac{0.475b^4}{l_{0y}^2t^2}\right) \tag{12.11}$$

当 $b/t>0.58l_{0y}/b$ 时：
$$\lambda_{yz}=3.9\ \frac{b}{t}\left(1+\frac{l_{0y}^2t^2}{18.6b^4}\right) \tag{12.12}$$

③长肢相并的不等边双角钢截面[图 12.8(c)]

当 $b_2/t \leqslant 0.48\ l_{0y}/b_2$ 时：
$$\lambda_{yz}=\lambda_y\left(1+\frac{1.09b_2^4}{l_{0y}^2t^2}\right) \tag{12.13}$$

当 $b_2/t>0.48l_{0y}/b_2$ 时：
$$\lambda_{yz}=5.1\ \frac{b_2}{t}\left(1+\frac{l_{0y}^2t^2}{17.4b_2^4}\right) \tag{12.14}$$

④短肢相并的不等边双角钢截面[图 12.8(d)]

当 $b_1/t \leqslant 0.56l_{0y}/b_1$ 时，可近似取 $\lambda_{yz}=\lambda_y$，否则应取
$$\lambda_{yz}=3.7\ \frac{b_1}{t}\left(1+\frac{l_{0y}^2t^2}{52.7b_1^4}\right) \tag{12.15}$$

(4)单轴对称的轴心压杆在绕非对称主轴(u 轴)以外的任一轴失稳[图 12.8(e)]

当 $b/t \leqslant 0.69l_{0u}/b$ 时：
$$\lambda_{uz}=\lambda_u\left(1+\frac{0.25b^4}{l_{0u}^2t^2}\right) \tag{12.16}$$

当 $b/t>0.69l_{0u}/b$ 时：
$$\lambda_{uz}=5.4b/t \tag{12.17}$$
$$\lambda_u=l_{0u}/i_u \tag{12.18}$$

式中　l_{0u}——构件对 u 轴的计算长度；

　　　i_u——构件截面对 u 轴的回转半径。

任务 12.4　掌握实腹式轴心受压杆件的设计

实腹式轴心压杆设计时要考虑稳定性(整体、局部)、强度和刚度等问题，上述问题中，以整体稳定最为重要。实腹式轴心压杆的设计步骤是：

(1)选择杆件的截面形式；

(2)根据整体稳定和局部稳定等要求选择截面尺寸；

(3)进行强度和稳定验算。

12.4.1　轴心压杆截面形式的选择

常用的截面形式有轧制普通工字钢、H 形钢、焊接工字形截面、型钢和钢板的组合截面、

圆管和方管截面等，如图 12.9 所示。

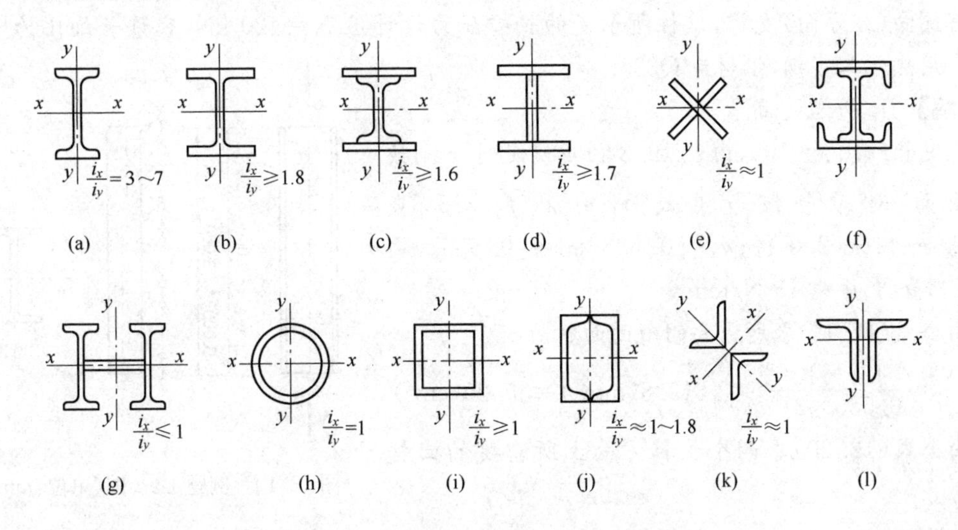

图 12.9　实腹式轴心压杆的截面形式

选择实腹式轴心压杆的截面时，通常应考虑以下几个原则：

(1)肢宽壁薄。在满足板件宽厚比限值的条件下使截面面积分布尽量远离形心轴。

(2)等稳定性。使构件在两个主轴方向的稳定系数接近，即使 $\varphi_x\approx\varphi_y$。

(3)便于与其他构件进行连接。

(4)尽可能构造简单，制造省工，取材方便。

12.4.2　轴心压杆截面尺寸的选择

选定合适的截面形式后，接下来就要初步选择截面的尺寸。

通常轴心压杆按整体稳定控制设计，具体步骤如下：

(1)假定压杆的长细比 λ，求出所需要的截面面积 A

$$A=\frac{N}{\varphi f} \tag{12.19}$$

(2)求两个主轴方向上所需要的回转半径

$$i_x=\frac{l_{0x}}{\lambda}\;;\quad i_y=\frac{l_{0y}}{\lambda} \tag{12.20}$$

(3)由计算得到的所需要的截面面积 A、两个主轴的回转半径 i_x、i_y，优先选用轧制型钢，如普通工字钢、H 形钢等(查型钢表，找出合适的型钢号)。

当现有型钢规格无法满足所需截面尺寸要求时，可以采用组合截面(自行设计)。

12.4.3　轴心压杆的截面验算

对初选的截面须作如下几方面的验算：整体稳定(控制)、局部稳定、强度、刚度。

以上几方面验算若不能满足要求，须调整截面重新验算，直到满足要求为止。

12.4.4　轴心压杆的构造规定

为防止轴心压杆在施工和运输过程中发生变形，提高抗扭刚度，当实腹式压杆的腹板高厚比 $h_0/t_w>80$ 时，应在一定位置设置横向加劲肋。横向加劲肋的间距不得大于 $3h_0$，外伸宽度 b_s 应不小于$(h_0/30+40)$mm，厚度 t_s 应不小于外伸宽度 b_s 的 1/15。

【例 12.2】 试设计一两端铰接的轴心受压柱,柱长 9 m,如图 12.10 所示,在两个三分点处均有侧向(x 方向)支撑,该柱所承受的轴心压力设计值 $N=420$ kN,容许长细比为$[\lambda]=150$,采用热轧工字钢,钢材为 Q235。

【解】 1.初选截面

假定长细比 $\lambda=100$,由表 12.3 初步确定对 x 轴按 a 类截面,对 y 轴按 b 类截面,由 $\lambda\sqrt{f_y/235}$,查附表 2.4~附表 2.5 得;$\varphi_x=0.638$,$\varphi_y=0.555$。由附表 2.1查得 $f=215\ \text{N/mm}^2$。

由公式(12.19)求所需要的截面面积为:

$$A=\frac{N}{\varphi_y f}=\frac{420\times10^3}{0.555\times215}=3\ 519.8(\text{mm}^2)=35.20(\text{cm}^2)$$

由公式(12.20)求两个主轴方向上所需要的回转半径:

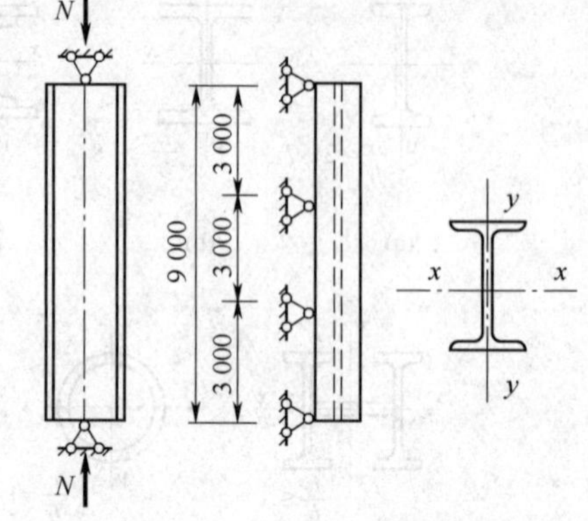

图 12.10 例题 12.2 图(单位:mm)

$$i_x=\frac{l_{0x}}{\lambda}=\frac{900}{100}=9(\text{cm}),\quad i_y=\frac{l_{0y}}{\lambda}=\frac{300}{100}=3(\text{cm})$$

根据 A、i_x、i_y 查附表 2.10 选 I25a。

$A=48.54\ \text{cm}^2$, $i_x=10.18$ cm, $i_y=2.4$ cm, $h=250$ mm, $b=116$ mm。

2.截面验算

$$\lambda_x=\frac{l_{0x}}{i_x}=\frac{900}{10.18}=88.4,\quad \lambda_y=\frac{l_{0y}}{i_y}=\frac{300}{2.4}=125$$

小于表 12.2 所规定的容许长细比 150。

因 $b/h=116/250=0.464<0.8$,查表 12.3 可知,该截面对 x 轴为 a 类截面,对 y 轴为 b 类截面。查附表 2.4~附表 2.5,得 $\varphi_x=0.725$,$\varphi_y=0.411$。

$$\frac{N}{\varphi_y A}=\frac{420\times10^3}{0.411\times48.54\times10^2}=210.5(\text{N/mm}^2)<f=215\ \text{N/mm}^2$$

由于截面没有削弱,所以强度不用验算,型钢截面局部稳定也不用验算。

该截面满足要求。

任务 12.5 掌握格构式轴心受压杆件的设计

12.5.1 格构式压杆的组成及其整体稳定性

1.格构式压杆的组成

格构式压杆由分肢和缀材组成,其截面形式如图 12.11 所示。

(1)分肢通常为槽形截面,有时也采用工字形或圆管。

(2)缀材可分为缀条和缀板:

①采用缀条时,视为铰接连接,只传递轴力,按桁架体系分析,如图 12.11(a)所示;

②采用缀板时,视为刚性连接,传递剪力和弯矩,按平面刚架体系分析,如图 12.11(b)所示。

(3)格构式压杆截面上与分肢腹板垂直的轴线称为实轴,如图 12.12 中的 y 轴,与缀材面平行的轴线称为虚轴，如图 12.12 中的 x 轴。

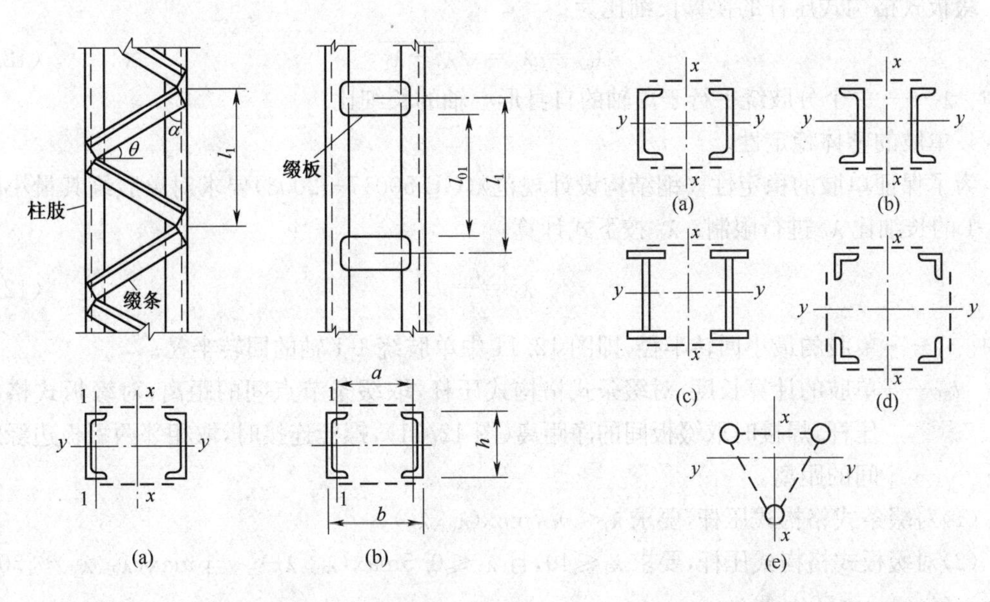

图 12.11　格构式构件的缀系布置图　　图 12.12　格构式构件的截面形式

2. 格构式压杆的整体稳定性

格构式压杆绕实轴与虚轴的稳定性不同。

(1)绕实轴的稳定性计算与实腹式压杆相同。

(2)绕虚轴的稳定性计算要考虑剪切变形的影响。

格构式压杆绕虚轴的临界力及临界应力的计算公式：

$$N_{\mathrm{cr}x}=\frac{\pi^2 EI_x}{(\mu l_{0x})^2} \tag{12.21}$$

$$\sigma_{\mathrm{cry}}=\frac{\pi^2 E}{(\mu\lambda_x)^2}=\frac{\pi^2 E}{\lambda_{0x}{}^2} \tag{12.22}$$

式中　μ——格构式压杆计算长度放大系数，与缀材体系有关，$\mu=\sqrt{1+\frac{\pi^2 EI_x}{l_{0x}{}^2}\gamma_1}$；

λ_{0x}——格构式压杆绕虚轴的换算长细比，$\lambda_{0x}=\mu\lambda_x$。

求得绕虚轴的换算长细比 λ_{0x} 后，按 b 类截面进行查表得到相应的 φ 值，即可按公式(12.3)计算格构式压杆绕虚轴的整体稳定。

3. 格构式压杆绕虚轴的换算长细比(λ_{0x})的计算

以下分别按缀条及缀板体系讨论如何计算换算长细比 λ_{0x}。

(1)缀条体系

缀条式格构式压杆的换算长细比为：

$$\lambda_{0x}=\mu\lambda_x=\sqrt{\lambda_x^2+\frac{27A}{A_1}} \tag{12.23}$$

式中　A_1——任一横截面所在两根斜缀条截面之和。

(2)缀板体系

缀板式格构式压杆的换算长细比为：

$$\lambda_{0x}=\mu\lambda_x=\sqrt{\lambda_x^2+\lambda_1^2} \tag{12.24}$$

式中　λ_1——一个分肢绕平行于虚轴的自身形心轴的长细比。

4.单肢的整体稳定性

为了保证单肢的稳定性,《钢结构设计规范》(GB 50017—2003)要求对单肢绕其最小刚度轴1-1的长细比λ_1进行限制。λ_1按下式计算：

$$\lambda_1=\frac{l_{01}}{i_1} \tag{12.25}$$

式中　i_1——单肢的最小回转半径,即图12.11中单肢绕1-1轴的回转半径；

l_{01}——单肢的计算长度,对缀条式格构式压杆,取缀条节点间的距离;对缀板式格构式压杆,焊接时取缀板间的净距离(图12.11),螺栓连接时,取相邻两缀板边缘螺栓间的距离。

(1)对缀条式格构式压杆,要求$\lambda_1\leqslant 0.7\max(\lambda_{0x},\lambda_y)$；

(2)对缀板式格构式压杆,要求$\lambda_1\leqslant 40$,且$\lambda_1\leqslant 0.5\max(\lambda_{0x},\lambda_y)$。当$\max(\lambda_{0x},\lambda_y)\leqslant 50$时,按$\max(\lambda_{0x},\lambda_y)=50$计算。

如不满足上述要求,则应验算单肢对本身平行于虚轴的惯性轴的稳定性。

12.5.2　缀材的设计计算

缀材主要承受剪力。通常,轴心压杆中存在剪力的原因有：

(1)杆件弯曲屈曲或杆件初弯曲、初偏心时产生的弯矩沿纵轴的变化(规范涉及)；

(2)杆件自重或其他偶然因素引起的侧向力(规范未涉及)。

1.缀材计算所用的剪力V

《钢结构设计规范》(GB 50017—2003)中采用的公式为

$$V=\frac{Af}{85}\sqrt{\frac{f_y}{235}} \tag{12.26}$$

式中　A——构件两肢毛截面面积之和。

缀材设计中,偏安全地假设剪力值V沿杆件全长不变。对双肢格构式压杆,该剪力由两侧缀材平均分担。

2.缀条计算

(1)稳定性检算

对格构式两肢压杆,有两个缀条面,各受剪力$V_1=0.5V$,如图12.13所示。斜缀条所受的轴心力为：

$$N_t=\frac{V_1}{n\cos\alpha} \tag{12.27}$$

式中　V_1——分配到一个缀条面上的剪力；

n——承受V_1的斜缀条数；

α——斜缀条与水平缀条的夹角。

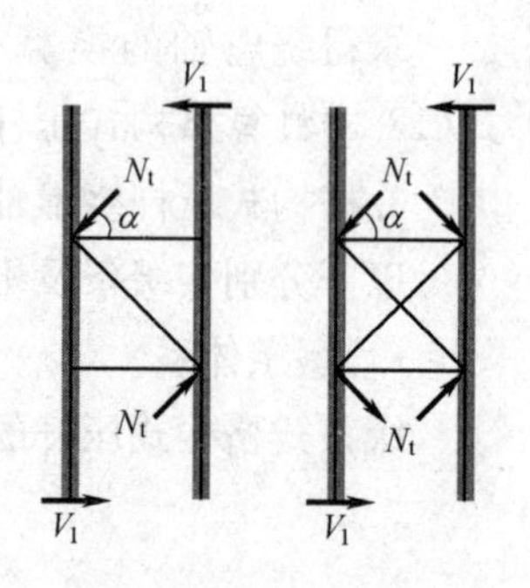

图12.13　缀条计算简图

按轴心压杆进行稳定性验算：

$$\sigma=\frac{N_t}{A}\leqslant\varphi\eta f \tag{12.28}$$

式中　η——强度折减系数。

缀条通常采用单角钢，实际为偏心受力，将发生弯扭屈曲。为了简化计算，《钢结构设计规范》(GB 50017—2003)规定仍按轴心受压杆件计算，但将强度设计值乘以折减系数 η 以考虑偏心的不利影响。

折减系数 η 的取法为：

①等边角钢：$0.6+0.0015\lambda$，但不大于1.0；

②不等边角钢短边连接：$0.5+0.0025\lambda$，但不大于1.0；

③不等边角钢长边连接：0.7。

其中 λ 为单角钢压杆的长细比，按最小回转半径计算。当 $\lambda<20$ 时，取 $\lambda=20$。

(2)强度检算

强度检算与轴心受力杆件相同，但须将强度设计值乘以折减系数0.85。

(3)刚度检算

刚度检算也与轴心受力杆件相同，取容许长细比 $[\lambda]=150$。

3.缀板计算

每个缀板面各承受剪力 $V_1=0.5V$。按框架体系进行分析，反弯点位于各节间中点，缀板计算简图如图12.14所示。

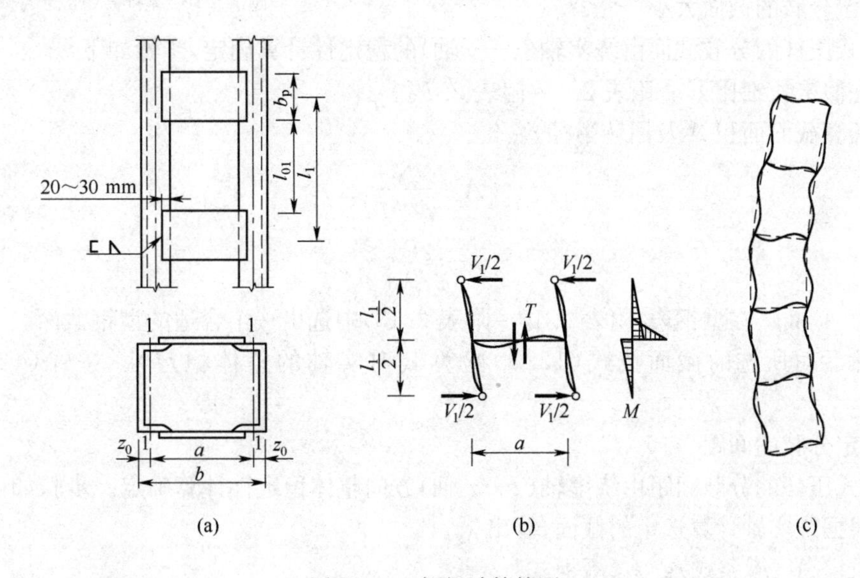

图12.14　缀板计算简图

缀板所受的剪力为

$$T=\frac{V_1 l_1}{a} \tag{12.29}$$

式中　l_1——相邻两缀板轴线间的距离；

　　a——分肢轴心间的距离。

缀板所受的弯矩为

$$M=\frac{Ta}{2}=\frac{V_1 l_1}{2} \tag{12.30}$$

缀板按固定在柱肢上的悬臂梁分析，缀板本身按承受弯矩 M 和剪力 T 进行强度验算。

缀板当用角焊缝与肢件相连接时，搭接的长度一般为 20～30 mm。缀板本身应有一定的刚度，《钢结构设计规范》(GB 50017—2003)规定，在构件同一截面处两侧缀板的线刚度之和(I_b/a)不得小于柱分肢线刚度(I_1/l_1)的 6 倍，此处 $I_b=2\times\frac{1}{12}t_p b_p^3$。通常取缀板的宽度 $b_p\geqslant 2a/3$，厚度 $t_p\geqslant a/40$ 及$\geqslant$6 mm。端缀板宽适当加宽，取 $b_p=a$ 。

12.5.3 格构式压杆的横隔

为了增强杆件的整体刚度，保证杆件截面的形状不变，杆件除在受有较大的水平力处设置横隔外，尚应在运输单元的端部设置横隔，横隔的间距不得大于柱截面较大宽度的 9 倍，也不得大于 8 m。横隔可用钢板或交叉角钢做成，如图 12.15 所示。

12.5.4 格构式压杆的设计

格构式轴心压杆的设计一般包括下面一些内容：

1.选择压杆的截面形式和钢材种类

常采用的截面形式是用两根槽钢或工字钢作为分肢的双轴对称截面。

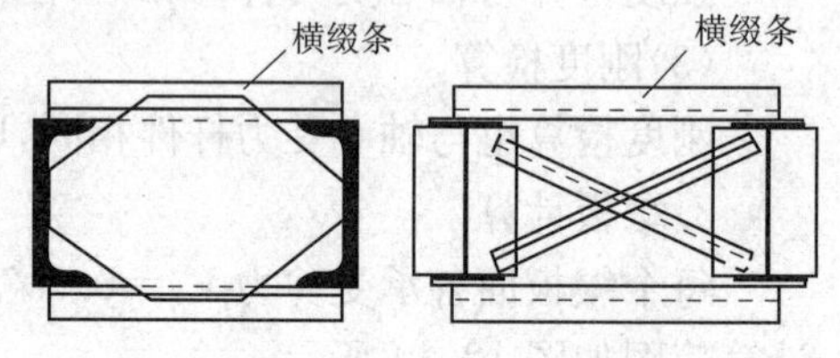

图 12.15 格构式压杆的横隔

2.确定分肢的截面大小

格构式压杆的分肢截面由绕实轴(y—y 轴)的稳定性计算确定，步骤如下：

(1)先假定长细比 λ，查附表 2.4～附表 2.7 得 φ。

(2)计算截面面积 A 及回转半径 i_y。

$$A\geqslant\frac{N}{\varphi\cdot f} \tag{12.31}$$

$$i_y=\frac{l_{0y}}{\lambda} \tag{12.32}$$

(3)由 A 和 i_y 在型钢表(附表 2.10～附表 2.13)中选出一个合适的型钢截面。

(4)然后对所选的截面按式(12.3)验算其对实轴的整体稳定性；按式(12.2)验算刚度。

3.确定分肢的间距

格构式压杆的分肢间距由绕虚轴(x—x 轴)方向整体稳定性计算确定。步骤如下：

(1)根据绕实轴计算选定的截面，算出 λ_y。

(2)取定 A_1(缀条式)或 λ_1(缀板式)。

对于缀条式格构式压杆，可按一个斜缀条截面积 $A_1/2\approx0.05A$，并保证 $A_1/2$ 不低于按构造要求的最小角钢型号来确定的斜缀条面积。

对于缀板式格构式压杆，可近似取 $\lambda_1\leqslant0.5\lambda_y$ 且 $\lambda_1\leqslant40$ 进行计算。

(3)计算 $\bar{\lambda}_x$：

$$\bar{\lambda}_x=\sqrt{\lambda_y^2-\frac{27A}{A_1}}\quad(\text{缀条式}) \tag{12.33}$$

$$\bar{\lambda}_x=\sqrt{\lambda_y^2-\lambda_1^2}\quad(\text{缀板式}) \tag{12.34}$$

(4)计算 $\bar{i}_x$：

$$\bar{i}_x=\frac{l_{0x}}{\bar{\lambda}_x} \tag{12.35}$$

(5)计算肢间距 b：

$$b=\frac{\bar{i}_x}{\alpha_2} \tag{12.36}$$

一般 b 宜取 10 mm 的倍数。

4. 验算绕虚轴的整体稳定性(略)

5. 单肢稳定性验算(略)

6. 缀材及连接设计(略)

【例 12.3】 试设计一两端铰接的轴心受压缀条式格构柱(图 12.16)，该柱的轴心压力设计值 $N=1\ 650$ kN，在 x 轴方向的计算长度 $l_{0x}=6$ m，在 y 轴方向的计算长度 $l_{0y}=3$ m，采用钢材为 Q345。

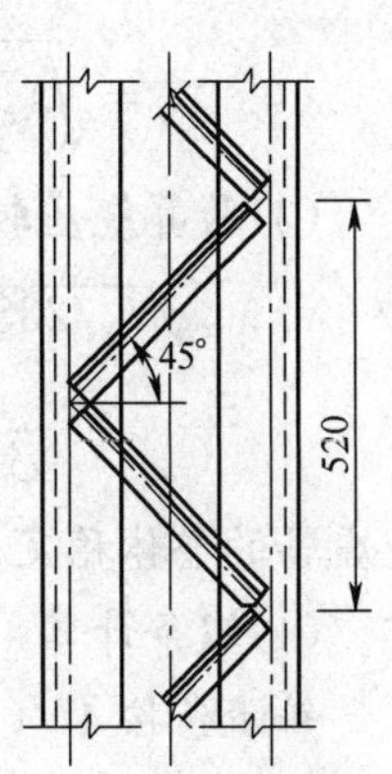

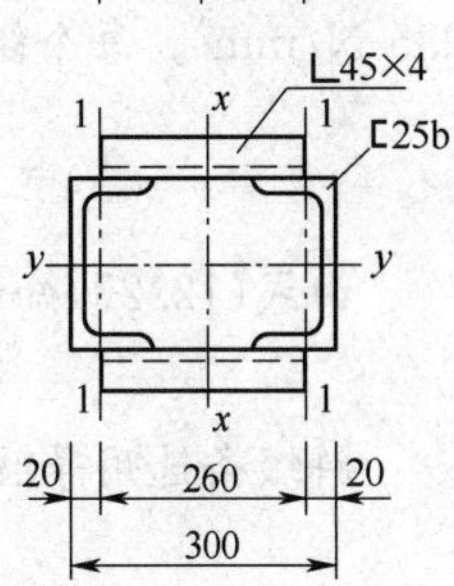

图 12.16　例 12.3 图
(单位：mm)

【解】 截面形式采用两根槽钢[25b 作为分肢的双轴对称截面。

(1)确定分肢截面

由附表 2.1 查得：$f=310$ N/mm²。根据表 12.3 可知，该截面对 x 轴和 y 轴均属 b 类截面。假定 $\lambda=70$(设计时一般取 $\lambda=60\sim100$)，由 $\lambda\sqrt{f_y/235}=70\sqrt{345/235}=85$，查附表 2.5 得：$\varphi_y=0.655$。则所需要的分肢截面面积为：

$$A=\frac{N}{\varphi f}=\frac{1\ 650\times10^3}{0.655\times310}=8\ 126(\text{mm}^2)$$

绕实轴(y 轴)方向上所需要的回转半径：

$$i_y=\frac{l_{0y}}{\lambda}=\frac{300}{70}=4.3(\text{cm})$$

查型钢表(附表 2.11)，选[25b，截面几何特性为：

$$A=2\times39.91(\text{cm}^2)=79.82(\text{cm}^2)=7\ 982(\text{mm}^2)$$

$$i_y=9.52\text{ cm},I_1=196.4\text{ cm}^4,i_1=2.22\text{ cm},\ z_0=1.99\text{cm}$$

$$\lambda_y=\frac{l_{0y}}{i_y}=\frac{300}{9.52}=32<[\lambda]=150$$

由 $\lambda_y\sqrt{f_y/235}=32\sqrt{345/235}\approx38.8$，按 b 类截面查附表 2.5，得 $\varphi_y=0.904$。

$$\frac{N}{\varphi_y A}=\frac{1\ 650\times10^3}{0.904\times7\ 982}=228.6(\text{N/mm}^2)<f=310\text{ N/mm}^2$$

绕实轴的整体稳定满足要求。

(2)确定分肢的间距

斜缀条选用等肢角钢L 45×4(查附表 2.12)，$A_1=2\times3.49=6.98(\text{cm}^2)$。

$$\bar{\lambda}_x=\sqrt{\lambda_y^2-\frac{27A}{A_1}}=\sqrt{32^2-27\times\frac{79.834}{6.98}}=26.74$$

$$\bar{i}_x=\frac{l_{0x}}{\bar{\lambda}_x}=\frac{600}{26.74}=22.44(\text{cm})$$

由附表 2.9 可知，$\alpha_1=0.44$。

$$b=\frac{\bar{i}_{0x}}{\alpha_1}=\frac{22.44}{0.44}=51(\text{cm})$$

为便于在构件内部进行油漆养护，两个槽钢翼缘间的净距不宜小于 100～150 mm，则构件宽度为 $b=(100\sim150\ \text{mm})+2b_1=(100\sim150\ \text{mm})+2\times80=(260\sim310)\text{mm}$。式中，$b_1$ 为附表 2.11 中的 b。因此，取 $b=300\ \text{mm}=30\ \text{cm}$。

$$I_x=2\times\left[196+39.917\times\left(\frac{30}{2}-1.98\right)^2\right]=13\ 925.5(\text{cm}^4)$$

$$i_x=\sqrt{\frac{I_x}{A}}=\sqrt{\frac{13\ 925.5}{79.834}}=13.2,\quad \lambda_x=\frac{l_{0x}}{i_x}=\frac{600}{13.2}=45.5$$

$$\lambda_{0x}=\sqrt{\lambda_x^2+\frac{27A}{A_1}}=\sqrt{45.5^2+\frac{27\times79.834}{6.972}}=48.8<[\lambda]=150(\text{查附表 2.12})$$

(3)验算绕虚轴的整体稳定性

由 $\lambda_{0x}\sqrt{f_y/235}=48.8\sqrt{345/235}\approx59.1$，按 b 类截面查附表 2.5，得 $\varphi_x=0.810$。

$$\frac{N}{\varphi_x A}=\frac{1\ 650\times10^3}{0.810\times7\ 983.4}=255.2(\text{N/mm}^2)<f=310\ \text{N/mm}^2$$

绕虚轴的整体稳定满足要求。

(4)缀条计算

斜缀条按 45°(设计时一般取 $\alpha=40°\sim70°$)布置，如图 12.16 所示。材料选用 Q235，$f_y=235\ \text{N/mm}^2$。每个缀条面承受的剪力 $V_1=0.5V$。

$$V_1=0.5\frac{Af}{85}\sqrt{\frac{f_y}{235}}=0.5\times\frac{7\ 983.4\times310}{85}\sqrt{\frac{345}{235}}=17\ 639.1(\text{N})$$

由式(12.27)知斜缀条内力：

$$N_t=V_1/\cos\alpha=17\ 639.1/\cos45°=24\ 949.2(\text{N})$$

斜缀条选用等肢角钢L 45×4，$A=3.49\ \text{cm}^2$，$i_{y0}=0.89\ \text{cm}$。

$$\lambda_y=\frac{l_t}{i_{y0}}=\frac{30-2\times1.98}{\cos45°\times0.89}=41.4<[\lambda]=150$$

缀条刚度满足要求。

由 $\lambda\sqrt{f_y/235}=41.4\times\sqrt{235/235}=41.4$，按 b 类截面查附表 2.5，得 $\varphi=0.893$。

对于等边角钢，取 $\eta=0.6+0.001\ 5\times41.4=0.662$。

按式(12.28)进行稳定性验算：

$$\frac{N_t}{A}=\frac{24\ 949.2}{3.49\times10^2}=71.6(\text{N/mm}^2)<\varphi\eta f=0.893\times0.662\times215=127.1(\text{N/mm}^2)$$

缀条稳定性满足要求。

(5)单肢稳定性验算

对缀板式格构式压杆，要求 $\lambda_1\leqslant40$，且 $\lambda_1\leqslant0.5\max(\lambda_{0x},\lambda_y)$，当 $\max(\lambda_{0x},\lambda_y)\leqslant50$ 时，按 $\max(\lambda_{0x},\lambda_y)=50$ 计算。本题 $\lambda_{max}=\lambda_{0x}=48.8<50$，故取 $\lambda_{max}=50$。

由图 12.16 可知，$l_{01}=2(b-2z_0)=2\times(30-2\times1.98)=52.08(\text{cm})$。

$$\lambda_1=l_{01}/i_1=52.08/2.22=23.5<0.7\lambda_{max}=0.7\times50=35$$

单肢稳定性满足要求。

(6)连接

采用两面侧焊缝，依据式(11.5)和式(11.6)取 $h_f=4$ mm。

《钢结构设计规范》(GB 50017—2003)规定，单面连接的单角钢，按轴心受力计算强度和连接时，需乘以系数 $\eta=0.85$。

查表11.2和表11.3，并由公式(11.11)可知，所需肢背焊缝的长度：

$$l_{w1}=\frac{k_1 N_t}{0.7h_f\eta f_f^w}=\frac{0.7\times 24\ 949.2}{0.7\times 4\times 0.85\times 160}=45.9(\text{mm})$$

$$l_1=l_{w1}+10=55.9(\text{mm})$$

所需肢尖焊缝的长度：

$$l_{w2}=\frac{K_2 N_t}{0.7h_f\eta f_f^w}=\frac{0.3\times 24\ 949.2}{0.7\times 4\times 0.85\times 200}=19.7(\text{mm})$$

$$l_2=l_{w2}+10=29.7(\text{mm})$$

实际取肢背的长度为60 mm，肢尖焊缝的长度为35 mm。

习　题

1. 以实腹式轴心受压构件为例，说明构件强度计算与稳定计算有什么区别？

2. 有一中级工作制吊车厂房屋架的下弦杆，承受轴心拉力500 kN(设计值)，几何长度 $l=2$ m，钢材为Q235，杆端用C级M20普通螺栓连接，试设计该杆件。

3. 焊接T形截面轴心压杆(桁架的中间横向联接系的构件)，其自由长度 $l_{0x}=l_{0y}=3$ m，钢材为Q235钢，试计算该压杆能承受的最大轴向压力 N？

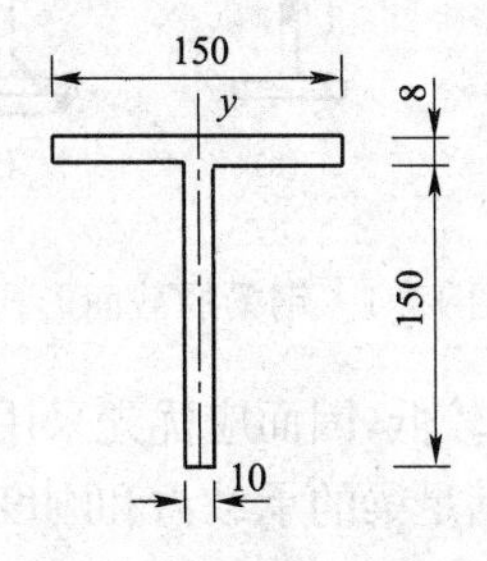

图12.17　习题3图(单位：mm)

项目13 受弯构件

主要知识点	梁的强度和刚度、截面塑性发展系数、梁的整体稳定性、临界弯矩、拼接、叠接和平接
重点及难点	梁的强度和刚度、整体稳定、临界弯矩
学习指导	通过本项目的学习，掌握梁的强度和刚度、整体稳定计算，熟悉相关的构造知识

受弯构件主要是指用来承受横向荷载的构件，即荷载的作用方向垂直于构件的纵向轴线，其截面内力为弯矩和剪力。

受弯构件的形式有实腹式(梁)和格构式(桁架)两类。

钢梁按制作方法分为型钢梁和组合梁两大类。型钢梁截面如图13.1(a)～(f)所示，组合梁截面如图13.1(g)～(k)所示。

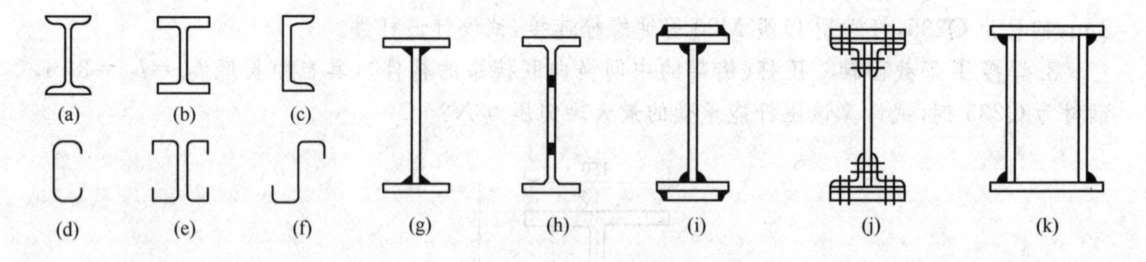

图13.1 钢梁的截面形式

型钢梁构造简单，制造省工，成本较低，因而应优先采用。当荷载较大或跨度较大时，由于轧制条件的限制，型钢的截面尺寸不能满足梁的承载力和刚度要求时，就必须采用组合梁。组合梁按其连接方法和使用材料的不同，可以分为焊接组合梁、铆接组合梁、钢与混凝土组合梁等。

任务13.1 掌握梁的强度和刚度计算

13.1.1 梁的强度

梁的强度有抗弯强度、抗剪强度、局部承压强度、组合应力强度等。

1. 抗弯强度

梁的抗弯强度要求梁的最大弯矩作用截面(或称危险截面)上的最大弯曲应力不得超过抗弯强度设计值。

对单向弯曲梁：

$$\frac{M_x}{\gamma_x W_{nx}} \leqslant f \tag{13.1}$$

对双向弯曲梁：

$$\frac{M_x}{\gamma_x W_{nx}}+\frac{M_y}{\gamma_y W_{ny}}\leqslant f \tag{13.2}$$

式中 M_x、M_y——绕 x 和 y 轴的弯矩（对工字形截面，x 轴为强轴，y 轴为弱轴）；

W_{nx}、W_{ny}——截面对 x 和 y 轴的净截面模量；

γ_x、γ_y——考虑梁的截面塑性区大小而引入的截面塑性发展系数，见表 13.1；

f——钢材抗弯强度设计值。

表 13.1 截面塑性发展系数

截面形式	γ_x	γ_y	截面形式	γ_x	γ_y
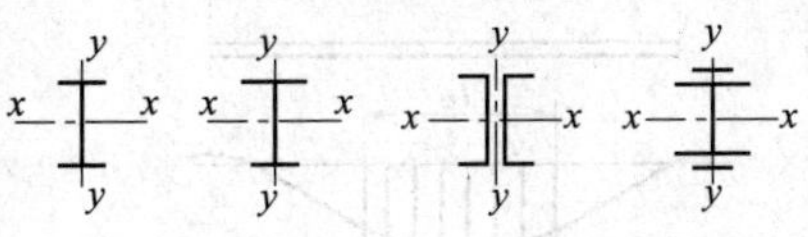	1.05	1.2	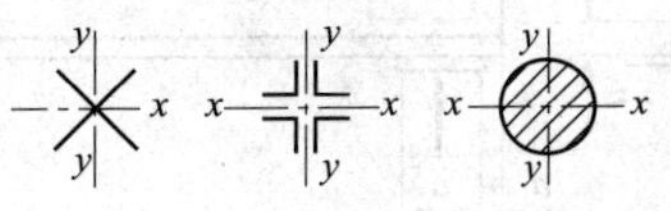	1.2	1.2
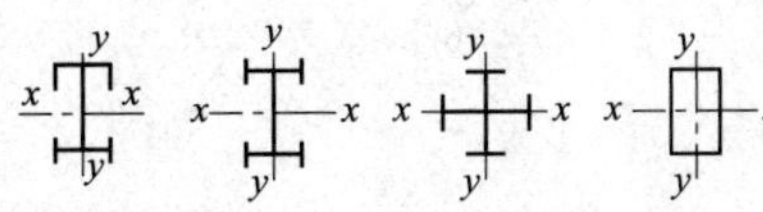		1.05	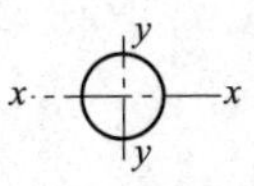	1.15	1.15
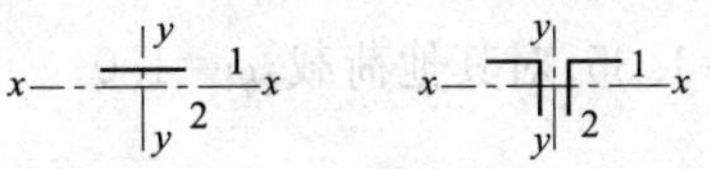	$\gamma_{x1}=1.05$ $\gamma_{x2}=1.2$	1.2	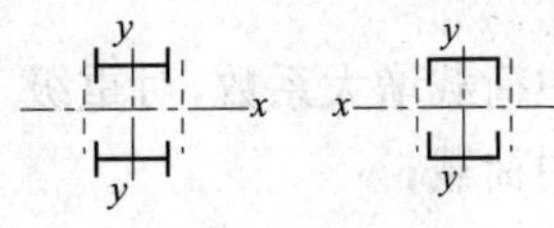	1.0	1.05
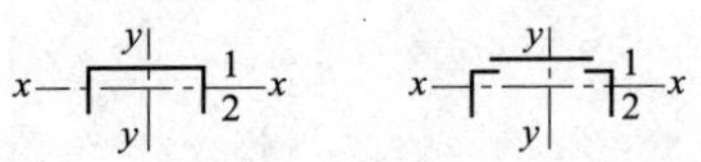		1.05	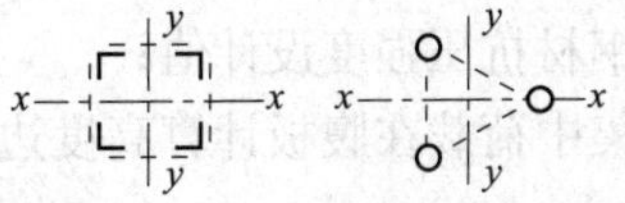		1.0

对于下面两种情况，《钢结构设计规范》(GB 50017—2003)规定取 $\gamma=1.0$，即不允许截面有塑性区，而以弹性极限弯矩作为梁的设计极限弯矩。

(1)当梁的受压翼缘自由外伸宽度与其厚度之比超过 $13\sqrt{235/f_y}$ 但不超过 $15\sqrt{235/f_y}$ 时，考虑截面塑性发展对翼缘的局部稳定有不利影响，这时应取 $\gamma=1.0$。

(2)对于直接承受动力荷载的梁及受疲劳应力的梁，考虑截面塑性发展会使钢材硬化，促使疲劳断裂提早出现，这时应取 $\gamma=1.0$。

2. 抗剪强度

对于梁的抗剪强度，规定以最大剪应力达到所用钢材剪切屈服点作为抗剪承载力极限状态，梁的抗剪强度计算公式为

$$\tau=\frac{VS}{I_x t_w}\leqslant f_v \tag{13.3}$$

式中 V——计算截面上的剪力；

S——计算截面中性轴以上或以下的截面对中性轴的面积矩；

I_x——毛截面惯性矩；

t_w——腹板厚度；

f_v——钢材抗剪强度设计值。

当梁的抗剪强度不足时，最有效的办法是增大腹板厚度。

3. 局部承压强度

当梁的翼缘上有集中荷载作用时，如图 13.2 所示，会对该处的腹板产生很大的局部压应力。《钢结构设计规范》(GB 50017—2003)要求按下式计算腹板计算高度处的局部承压强度：

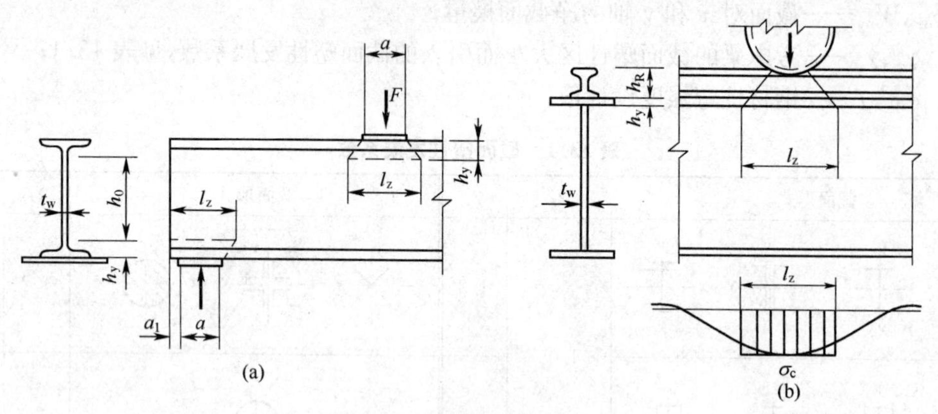

图 13.2　梁腹板的局部压应力

$$\sigma_c=\frac{\psi F}{t_w l_z}\leqslant f \tag{13.4}$$

式中　ψ——集中荷载增大系数，对重级工作制吊车轮压，$\psi=1.35$；对其他荷载，$\psi=1.0$；

F——集中荷载；

t_w——腹板厚度；

f——钢材抗压强度设计值；

l_z——集中荷载在腹板计算高度边缘的假定分布长度。

4. 折算应力

在组合梁的腹板计算高度边缘处，若同时受有较大的正应力、剪应力和局部压应力(如连续梁的支座处或梁的翼缘截面改变处等)，应验算其折算应力。例如图 13.3 中受集中荷载作用的梁，在 1—1 截面处，弯矩及剪力均为最大值，这时该梁 l—1 截面腹板边缘 A 点(计算高度)处同时有正应力 σ、剪应力 τ、集中荷载引起的局部压应力 σ_c 的共同作用，为保证安全，应按下式验算其折算应力：

$$\sqrt{\sigma^2+\sigma_c^{\ 2}-\sigma\sigma_c+3\tau^2}\leqslant\beta_1 f \tag{13.5}$$

式中　σ——验算点处的正应力，$\sigma=\frac{M}{I_{nx}}y$(M 为验算截面上的弯矩，y 为验算点至中性轴的距离)；

τ——验算点处的剪应力，$\tau=\frac{VS}{I_x t_w}$(V 为验算截面上的剪力)；

σ_c——验算点处的局部压应力，$\sigma_c=\frac{\psi F}{t_w l_z}$；

f——钢材抗拉强度设计值；

β_1——强度设计值增大系数。《钢结构设计规范》(GB 50017—2003)规定：当 σ 与 σ_c 异号时，取 $\beta_1=1.2$；当 σ 与 σ_c 同号或 $\sigma_c=0$ 时，取 $\beta_1=1.1$。

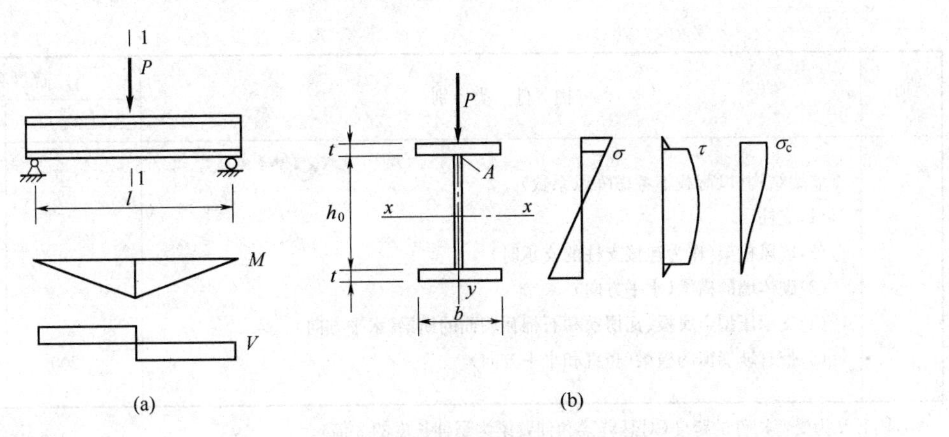

图 13.3 受集中荷载作用梁的折算应力验算

13.1.2 梁的刚度

《钢结构设计规范》(GB 50017—2003)要求结构构件或体系变形不得损害结构正常使用功能及观感。例如,吊车梁挠度太大,会影响吊车正常运行等等。因此设计钢梁除应保证各项强度要求之外,还应满足刚度要求。

梁的刚度按正常使用状态下,荷载标准值引起的挠度来衡量,规范中限制梁的挠度不超过规定的容许值,即

$$w \leqslant [w] \tag{13.6}$$

式中 w——梁的最大挠度,按荷载的标准值进行计算。

$[w]$——梁的容许挠度,按表13.2取值。

表13.2 受弯构件的容许挠度

项次	构件类别	挠度容许值	
		$[w_T]$	$[w_Q]$
1	吊车梁和吊车桁架(按自重和起重量最大的一台吊车计算挠度) (1)手动吊车和单梁吊车(包括悬挂吊车) (2)轻级工作制桥式吊车 (3)中级工作制桥式吊车 (4)重级工作制桥式吊车	 $l/500$ $l/800$ $l/1\,000$ $l/1\,200$	—
2	手动或电动葫芦的轨道梁	$l/400$	—
3	有重轨(重量等于或大于38 kg/m)轨道的工作平台梁 有轻轨(重量等于或小于24 kg/m)轨道的工作平台梁	$l/600$ $l/400$	—
4	楼(屋)盖梁或桁架、工作平台梁(第3项除外)和平台板 (1)主梁或桁架(包括设有悬挂起重设备的梁和桁架) (2)抹灰顶棚的次梁 (3)除(1)、(2)款外的其他梁(包括楼梯梁) (4)屋盖檩条 支承无积灰的瓦楞铁和石棉瓦屋面者 支承压型金属板、有积灰的瓦楞铁和石棉瓦等屋面者 支承其他屋面材料者 (5)平台板	 $l/400$ $l/250$ $l/250$ $l/150$ $l/200$ $l/200$ $l/150$	 $l/500$ $l/350$ $l/300$ — — — —

续上表

项次	构 件 类 别	挠度容许值	
		$[w_T]$	$[w_Q]$
5	墙架结构(风荷载不考虑阵风系数) (1)支柱 (2)抗风桁架(作为连接支柱的支承时) (3)砌体墙的横梁(水平方向) (4)支承压型金属板、瓦楞铁和石棉瓦墙面的横梁(水平方向) (5)带有玻璃窗的横梁(竖直和水平方向)	 — — — — $l/200$	 $l/400$ $l/1\ 000$ $l/300$ $l/200$ $l/200$

注:1. l 为受弯构件的跨度(对悬臂梁和伸臂梁为悬伸长度的2倍)。

2. $[w_T]$为永久和可变荷载标准值产生的挠度(如有起拱应减去拱度)的容许值;$[w_Q]$为可变荷载标准值产生的挠度的容许值。

梁的挠度可按材料力学和结构力学的方法计算,也可由结构静力计算手册取用。受多个集中荷载的梁(如吊车梁、楼盖主梁等),其挠度的精确计算较为复杂,但与最大弯矩相同的均布荷载作用下的挠度接近。于是,可采用下列近似公式验算梁的挠度。

对等截面简支梁:

$$w=\frac{5}{48}\frac{M_k l^2}{EI_x} \tag{13.7a}$$

对变截面简支梁:

$$w=\frac{5}{48}\frac{M_k l^2}{EI_x}\left(1+\frac{3}{25}\frac{I_x-I_{x1}}{I_x}\right) \tag{13.7b}$$

式中 M_k——荷载标准值产生的最大弯矩;

I_x——跨中毛截面惯性矩;

I_{x1}——支座附近毛截面惯性矩。

【例13.1】 重级工作制吊车梁承担作用在垂直面内的弯矩设计值 $M_x=4\ 302$ kN·m,该梁需进行疲劳验算,吊车梁下翼缘的净截面模量 $W_{nx}=16\ 169\times10^3$ mm³。试验算吊车梁的受弯承载力。

【解】 吊车梁属单向弯曲梁,可按式(13.1)计算。又因吊车梁直接承受动力荷载且需验算疲劳,故宜取 $\gamma_x=1.0$。

$$\frac{M_x}{\gamma_x W_{nx}}=\frac{4\ 302\times10^6}{1.0\times16\ 169\times10^3}=266.06(\text{N/mm}^2)<f=295\ \text{N/mm}^2$$

吊车梁受弯承载力满足要求。

任务13.2 掌握梁的整体稳定计算

13.2.1 梁的整体稳定概念及临界弯矩

当荷载增加使梁的受压翼缘的弯曲应力达到一定数值时,梁可能会由平面弯曲状态变为侧向弯曲,并伴随扭转,如图13.4所示,这种现象称为梁的整体失稳,这时梁承受的相应弯矩称为临界弯矩。

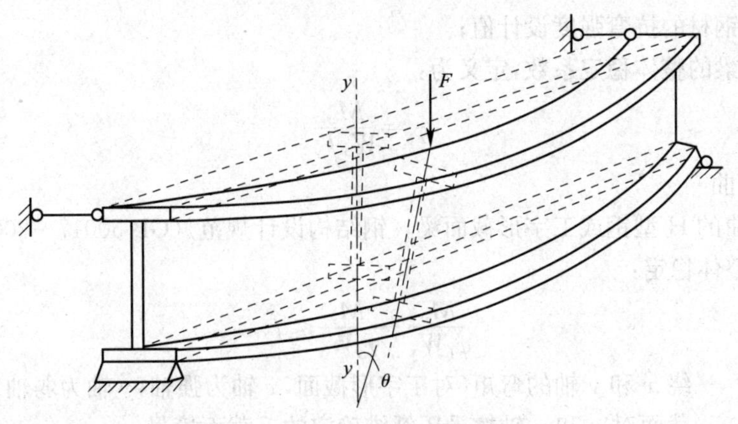

图 13.4　梁的整体失稳

1. 双轴对称截面纯弯曲梁的临界弯矩

双轴对称工字形截面简支梁受纯弯曲时的临界弯矩 M_{cr}：

$$M_{cr}=k\frac{\sqrt{EI_yGI_t}}{l} \tag{13.8}$$

式中　k——梁的侧扭屈曲系数。

2. 横向荷载作用下双轴对称工字形截面梁的临界弯矩

理论计算证明，横向荷载作用下的梁，其临界弯矩也可用式(13.8)来表达。

3. 单轴对称工字形截面梁的临界弯矩

单轴对称工字形截面简支梁(如图 13.4)，在不同荷载作用下的临界弯矩 M_{cr}，可用能量法求出：

$$M_{cr}=\beta_1\frac{\pi^2EI_y}{l^2}\left[\beta_2a+\beta_3B_y+\sqrt{(\beta_2a+\beta_3B_y)^2+\frac{I_w}{I_y}\left(1+\frac{GI_tl^2}{\pi^2EI_w}\right)}\right] \tag{13.9}$$

式中　β_1、β_2、β_3——依梁的截面形式、支承情况和荷载类型而定的系数；

EI_y、GI_t、EI_w——截面侧向抗弯刚度、自由扭转刚度和翘曲刚度；

a——横向荷载作用点至剪切中心 S 的距离；

l——受压翼缘的计算长度；

B_y——截面不对称特征，$B_y=\frac{1}{2I_x}\int y(x^2+y^2)\mathrm{d}A-y_0$

13.2.2　梁的整体稳定验算及整体稳定系数的计算

由梁的临界弯矩可求得梁的整体稳定临界应力，为保证梁的整体稳定性，就要求梁的最大弯曲应力不超过临界应力，即

$$\sigma=\frac{M_x}{W_x}\leqslant\frac{\sigma_{cr}}{\gamma_R}=\frac{M_{cr}}{W_xf_y}\frac{f_y}{\gamma_R}=\varphi_bf$$

(1)单向弯曲

《钢结构设计规范》(GB 50017—2003)中采用的梁的整体稳定检算公式为：

$$\frac{M_x}{\varphi_bW_x}\leqslant f \tag{13.10}$$

式中　M_x——绕强轴作用的最大弯矩；

W_x——按受压翼缘确定的梁的毛截面模量；

f——钢材的抗弯强度设计值;

φ_b——梁的整体稳定系数,定义为:

$$\varphi_b=\frac{M_{cr}}{W_x f_y} \tag{13.11}$$

(2)双向弯曲

对双向弯曲的H型钢或工字形截面梁,《钢结构设计规范》(GB 50017—2003)要求按下列经验公式验算整体稳定:

$$\frac{M_x}{\varphi_b W_x}+\frac{M_y}{\gamma_y W_y}\leqslant f \tag{13.12}$$

式中 M_x、M_y——绕x和y轴的弯矩(对工字形截面,x轴为强轴,y轴为弱轴);

W_x、W_y——截面对x和y轴按受压纤维确定的毛截面模量;

γ_y——对y轴的截面塑性发展系数。

f——钢材抗弯强度设计值。

φ_b——绕x轴弯曲时梁的整体稳定系数。

【例13.2】 某轧制普通工字钢简支梁,型号为I50a,$W_x=1\ 860\ \text{cm}^3$,跨度6 m,梁上翼缘作用均布永久荷载$g_k=10$ kN/m(标准值,含自重)和可变荷载$q_k=25$ kN/m(标准值),跨中无侧向支承,钢材为Q235,试验算此梁的整体稳定性。

【解】 (1)求最大弯矩设计值

$$M_{max}=\frac{1}{8}(\gamma_G g_k+\gamma_Q q_k)l^2=\frac{1}{8}\times(1.2\times10+1.4\times25)\times6^2=211.5(\text{kN}\cdot\text{m})$$

(2)求整体稳定系数φ_b

按跨中无侧向支承,均布荷载作用于上翼缘,$l_1=6$ m,查附表2.8得$\varphi_b=0.59<0.6$。

(3)验算整体稳定性

查附表2.1知$f=215\ \text{N/mm}^2$。由式(13.10)有

$$\frac{M_{max}}{\varphi_b W_x}=\frac{211.5\times10^6}{0.59\times1\ 860\times10^3}=192.7(\text{N/mm})^2<f$$

整体稳定性满足要求。

任务13.3 掌握梁的拼接和主次梁的连接原理

13.3.1 梁的拼接

由于钢材尺寸的限制,钢结构构件制造时常常需在工厂将钢板接长或加宽。同时,由于运输或安装条件的限制,钢梁必须分段运输,然后在工地进行拼装。

1.型钢梁(焊接、拼接板)

型钢梁的拼接可直接采用对接焊缝连接[图13.5(a)],也可采用拼接板焊接[图13.5(b)]。拼接位置宜放在弯矩较小处。

2.组合梁

(1)工厂拼接(焊接、高强度螺栓连接)

焊接组合梁在工厂中拼接时,翼缘和腹板的拼接位置最好错开并用直对接焊缝相连,另外,腹板的拼接焊缝与横向加劲肋之间至少相距$10t_w$(图13.6)。

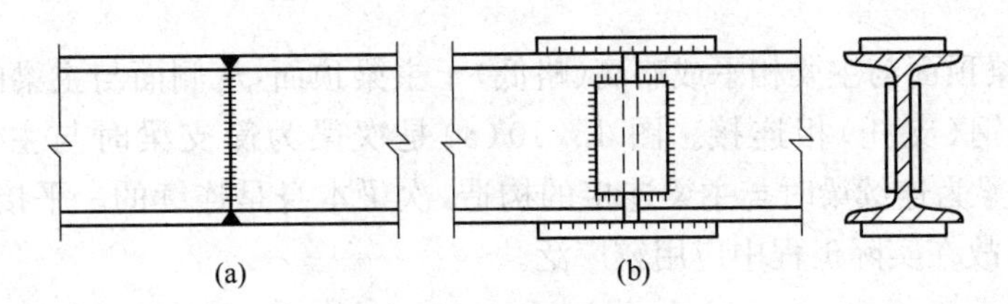

图 13.5 型钢梁的拼接

(2)工地拼接

梁的工地拼接应使翼缘和腹板基本上在同一截面处断开,以便分段运输。高大的梁在工地施焊时不便翻身,应将上、下翼缘的拼接边缘均做成向上开口的 V 形坡口,以便俯焊[图 13.7(a)]。有时将翼缘和腹板的接头略为错开一些[图 13.7(b)],这样受力情况较好。

由于现场施焊条件较差,焊缝质量难于保证,所以较重要或受动力荷载的大型梁,其工地拼接宜采用高强度螺栓(图 13.8)。

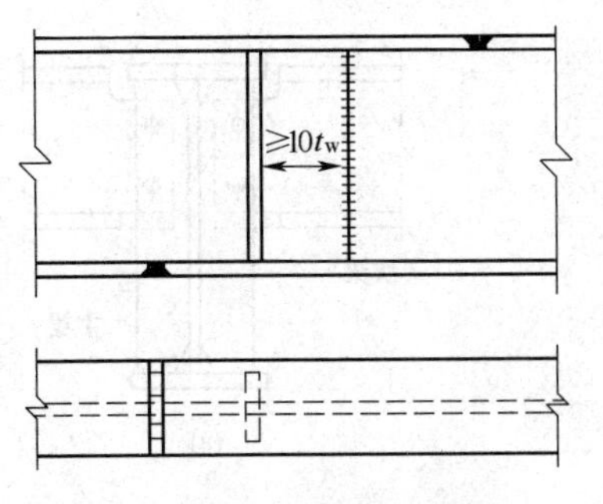

图 13.6 组合梁的工厂拼接

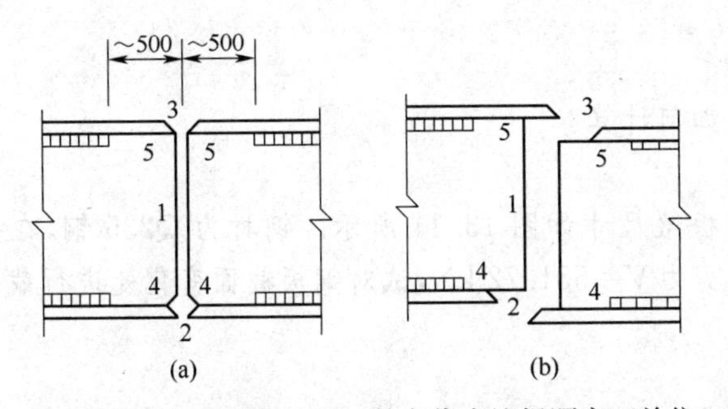

图 13.7 组合梁的工地拼接(注:数字代表施焊顺序)(单位:mm)

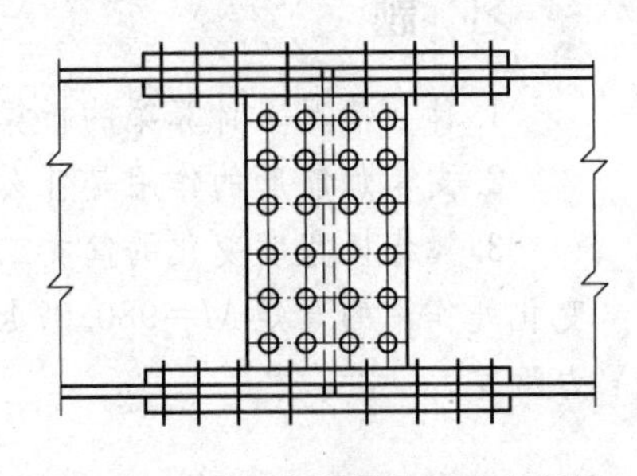

图 13.8 采用高强螺栓的工地拼接

13.3.2 次梁与主梁的连接

次梁与主梁的连接形式有叠接和平接两种。

1.叠接

叠接(图 13.9)是将次梁直接搁在主梁上面,用螺栓或焊缝连接,构造简单,但结构的高度大,其使用常受到限制。图 13.9(a)是次梁为简支梁时与主梁连接的构造,图 13.9(b)是次梁为连续梁时与主梁连接的构造。

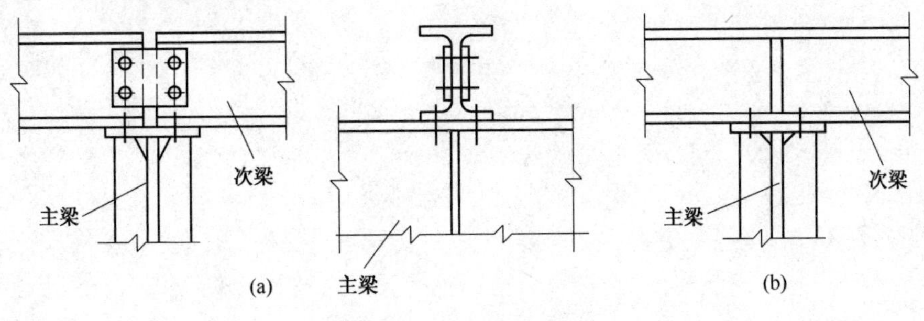

图 13.9 次梁与主梁的叠接

2. 平接

平接是使次梁顶面与主梁相平或略高(略低)于主梁顶面,从侧面与主梁的加劲肋或与腹板上专设的短角钢(支托)相连接。图 13.10(a)是次梁为简支梁时与主梁连接的构造,图 13.10(b)是次梁为连续梁时与主梁连接的构造,次梁本身是连续的。平接虽构造复杂,但可降低结构高度,故在实际工程中应用较广泛。

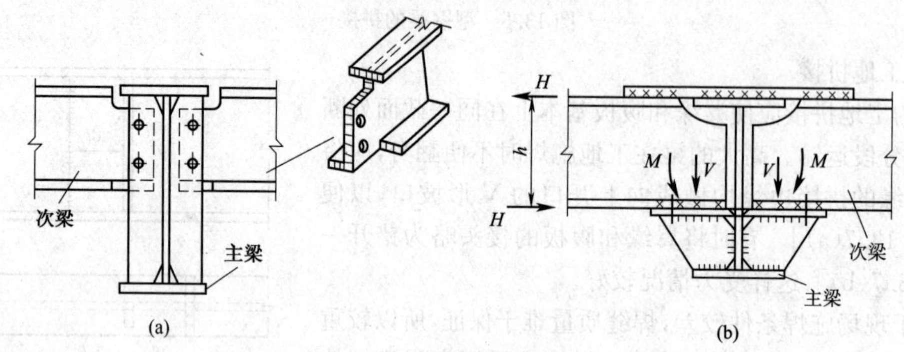

图 13.10 次梁与主梁的平接

习 题

1. 什么情况下计算梁的折算应力? 如何计算?

2. 支承加筋肋的作用是什么?

3. 翼缘板宽度变化的简支工字形钢板梁尺寸如图 13.11 所示。钢材为 Q235 钢,在截面变化处作用的弯矩 M=980.07 kN·m,剪力 V=551.72 kN,试对钢板截面变化处进行截面应力验算。

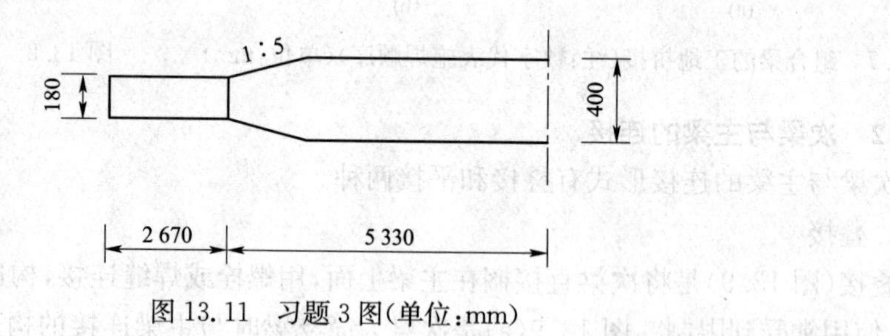

图 13.11 习题 3 图(单位:mm)

项目 14　钢结构的制造与防护

主要知识点	钢结构的制造工序、防护方法
重点及难点	钢结构的防护方法
学习指导	通过本项目的学习，掌握钢结构的制造工序和防护方法

任务 14.1　熟悉钢结构制造的主要工序

钢结构的工程造价和维护费用较高。从费用构成来看，要降低钢结构的造价，首先应改进制作工艺和防护技术。

钢结构的构配件标准化率、装配化程度和对制作与安装的精度都较高；为控制制作质量、缩短施工工期和降低生产成本，要求钢结构的构配件必须在专业化的制造厂内加工。不同制造厂的生产设备和制造方法不尽相同，但其主要的加工工序基本一致。主要分为以下三步。

1. 前期准备工作

(1)技术交底

技术交底是在工程施工前，由相关专业技术人员向参与施工的人员进行的技术性交待，其目的是使施工人员对工程特点、技术质量要求、施工方法与措施和安全等方面有一个较详细的了解，以便于科学地组织施工，避免技术质量等事故的发生。

(2)材料准备

钢结构使用的钢材、焊接材料、涂装材料和紧固件等应具有质量证书，必须符合设计要求和现行标准的规定。

(3)施工准备

施工准备主要涉及人员、材料初步处理、量具、场地、“四通一平”(“四通”是施工现场水通、电通、路通、通讯要通；“一平”是施工现场要平整)以及安全防护。

2. 施工

(1)放样、号料

①熟悉施工图，发现有疑问之处，应与有关技术部门联系解决。

②准备好做样板、样杆的材料，一般可采用薄铁皮和小扁钢。

③放样需要的钢尺必须经过计量部门的校验复核，合格后方可使用。

④号料前必须了解原材料的材质及规格，检查原材料的质量。不同规格、不同材质的零件应分别号料，并依据先大后小的原则依次号料。

⑤样板样杆上应用油漆写明加工号、构件编号、规格，同时标注孔直径、工作线、弯曲线等各种加工符号。

⑥放样和号料应预留收缩量(包括现场焊接收缩量)及切割需要的加工余量。

⑦主要受力构件和需要弯曲的构件，在号料时应按工艺规定的方向取料，弯曲件的外侧不应有伤痕缺陷。

⑧号料应有利于切割和保证零件质量。

⑨本次号料后的剩余材料应进行余料标识，包括余料编号、规格、材质及炉批号等，以便于余料的再次使用。

(2)切割

下料划线以后的钢材，必须按其所需的形状和尺寸进行下料切割。

(3)边缘加工

常用边缘加工方法有：铲边、刨边、铣边、碳弧气刨、气割和坡口机加工等。

(4)矫正和成型

①矫正

成品冷矫正，一般使用翼缘矫平机、撑直机、油压机、压力机等机械力进行矫正。

火焰矫正，加热方法有点状加热、线状加热和三角形加热三种。

②成型

热加工：对低碳钢一般在 1 000～1 100 ℃时进行热加工，热加工终止温度不应低于 700 ℃。钢材热加工时产生脆性，严禁锤打和弯曲，否则容易使钢材断裂。

冷加工：钢材在常温下进行加工制作，大多数都是利用机械设备和专用工具进行。

(5)制孔

①构件使用的紧固件有高强度螺栓(大六角头螺栓、扭剪型螺栓等)、拉铆钉、自攻钉及射钉等。制孔的方法有：钻孔、铣孔、冲孔和铰孔等。

②构件制孔优先采用钻孔，当证明某些材料质量、厚度和孔径在冲孔后不会引起脆性时允许采用冲孔。

(6)组装

①组装前，工作人员必须熟悉构件施工图及有关的技术要求，并根据施工图要求复核其需组装零件质量。

②由于原材料的尺寸不够，或技术要求需拼接的零件，一般必须在组装前拼接完成。

③钢结构构件组装方法的选择，必须根据构件的结构特性和技术要求，结合制造厂的加工能力、机械设备等情况，选择能有效控制组装质量且生产效率高的方法进行。

(7)连接

连接方法主要是焊接和栓接。

3.验收

包括竣工图、设计变更文件相关验收报告和验收记录。

钢结构制作工序流程如图 14.1 所示。

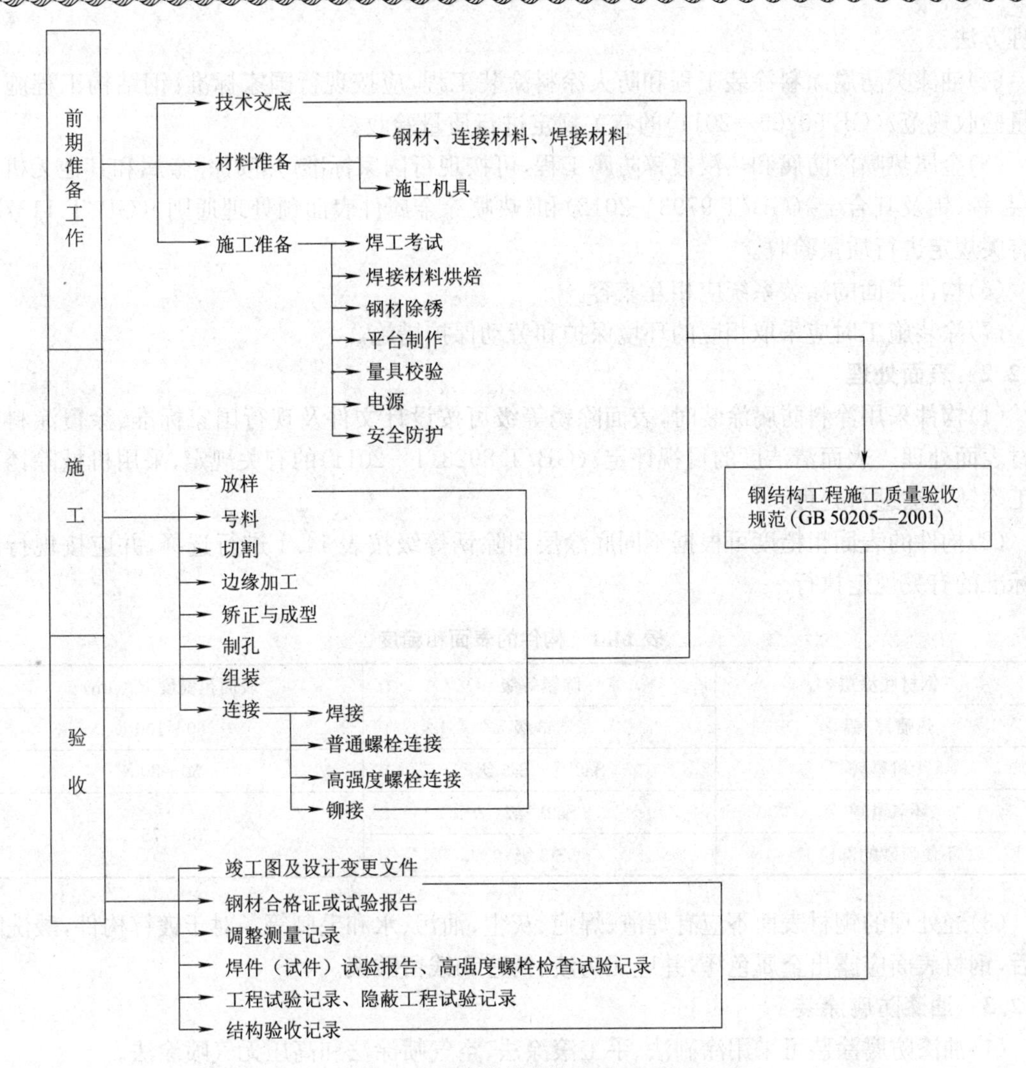

图14.1　钢结构制作工序流程图

任务14.2　熟悉钢结构防护知识

14.2.1　一般规定

本任务适用于钢结构的油漆类防腐涂装、金属热喷涂防腐，热浸镀锌防腐和防火涂料涂装等工程的施工。

(1)钢结构防腐涂装施工宜在构件组装和预拼装工程检验批的施工质量验收合格后进行。涂装完毕后，宜在构件上标注构件编号；大型构件应标明重量、重心位置和定位标记。

(2)钢结构防火涂料涂装施工应在钢结构安装工程和防腐涂装工程检验批施工质量验收合格后进行。当设计文件规定构件可不进行防腐涂装时，安装验收合格后可直接进行防火涂料涂施工。

(3)防腐涂装施工前，钢材应按《钢结构工程施工规范》(GB 50755—2012)和设计文件要求进行表面处理。当设计文件未提出要求时，可根据涂料产品对钢材表面的要求，采用适当的处理方法。

(4)油漆类防腐涂料涂装工程和防火涂料涂装工程,应按现行国家标准《钢结构工程施工质量验收规范》(GB 50205—2011)的有关规定进行质量验收。

(5)金属热喷涂防腐和热浸镀锌防腐工程,可按现行国家标准《热喷涂 金属和其他无机覆盖层 锌、铝及其合金》(GB/T 9793—2012)和《热喷涂金属件表面预处理通则》(GB/T 11373)等有关规定进行质量验收。

(6)构件表面的涂装系统应相互兼容。

(7)涂装施工时应采取相应的环境保护和劳动保护措施。

14.2.2 表面处理

(1)构件采用涂料防腐涂装时,表面除锈等级可按设计文件及现行国家标准《涂覆涂料前钢材表面处理 表面清洁度的目视评定》(GB/T 8923.1—2011)的有关规定,采用机械除锈和手工除锈方法进行处理。

(2)构件的表面粗糙度可根据不同底涂层和除锈等级按表 14.1 进行选择,并应按现行国家标准的有关规定执行。

表 14.1 构件的表面粗糙度

钢材底涂层	除锈等级	表面粗糙度 R_a(μm)
热喷锌/铝	Sa3 级	60～100
无机富锌	$Sa2^{1/2}$～Sa3 级	50～80
环氧富锌	$Sa2^{1/2}$级	30～75
不便喷砂的部位	St3 级	

(3)经处理的钢材表面不应有焊渣、焊疤、灰尘、油污、水和毛刺等。对于镀锌构件,酸洗除锈后,钢材表面应露出金属色泽,并应无污渍、锈迹和残留酸液。

14.2.3 油漆防腐涂装

(1)油漆防腐涂装可采用涂刷法、手工滚涂法、空气喷涂法和高压无气喷涂法。

(2)钢结构涂装时的环境温度和相对湿度,除应符合涂料产品说明书的要求外,还应符合下列规定:

①当产品说明书对涂装环境温度和相对湿度未作规定时,环境温度宜为 5～38 ℃,相对湿度不应大于 85%,钢材表面温度应高于露点温度 3 ℃,且钢材表面温度不应超过 40 ℃;

②施工物体表面不得有凝露;

③遇雨、雾、雪、强风天气时应停止露天涂装,应避免强烈阳光照射下施工;

④涂装后 4 h 内应采取保护措施,避免淋雨和沙尘侵袭;

⑤风力超过 5 级时,室外不宜喷涂作业。

(3)涂料调制应搅拌均匀,应随拌随用,不得随意添加稀释剂。

(4)不同涂层间的施工应有适当的重涂间隔时间,最大及最小重涂间隔时间应符合涂料产品说明书的规定,应超过最小重涂间隔再施工,超过最大重涂间隔时应按涂料说明书的指导进行施工。

(5)工地焊接部位的焊缝两侧宜留出暂不涂装的区域,焊缝及焊缝两侧也可涂装不影响焊接质量的防腐涂料。

(6)构件油漆补涂应符合下列规定：

①表面涂有工厂底漆的构件，因焊接、火焰校正、曝晒和擦伤等造成重新锈蚀或附有白锌盐时，应经表面处理后再按原涂装规定进行补漆；

②对运输、安装过程的涂层碰损、焊接烧伤等，应根据原涂装规定进行补涂。

14.2.4　金属热喷涂

(1)钢结构金属热喷涂方法可采用气喷涂或电喷法，并应按现行国家标准《热喷涂　金属和其他无机覆盖层　锌、铝及其合金》(GB/T 9793—2012)的有关规定执行。

(2)钢结构表面处理与热喷涂施工的间隔时间，晴天或湿度不大的气候条件下应在 12 h 以内，雨天、潮湿、有盐雾的气候条件下不应超过 2 h。

(3)金属热喷涂施工应符合下列规定：

①采用的压缩空气应干燥、洁净；

②喷枪与表面宜成直角，喷枪的移动速度应均匀，各喷涂层之间的喷榆方向应相互垂直、交叉覆盖；

③一次喷涂厚度宜为 25～80 μm，同一层内各喷涂带间应有 1/3 的重叠宽度；

④当大气温度低于 5 ℃或钢结构表面温度低于露点 3 ℃时应停止热喷涂操作。

(4)金属热喷涂层的封闭剂或首道封闭油漆施工宜采用涂刷方式施工。

14.2.5　热浸镀锌防腐

(1)构件表面单位面积的热浸镀锌质量应符合设计文件规定的要求。

(2)构件热浸镀锌应符合现行国家标准《金属覆盖层 钢铁制件热浸镀锌层技术要求及试验方法》(GB/T 13912—2002)的有关规定，并应采取防止热变形的措施。

(3)热浸镀锌造成构件的弯曲或扭曲变形，应采取延压、滚轧或千斤顶等机械方式进行矫正。矫正时，宜采取垫木方等措施，不得采用加热矫正。

14.2.6　防火涂装

(1)防火涂料涂装前，钢材表面际锈及防腐涂装应符合设计文件和国家现行有关标准的规定。

(2)基层表面应无油污、灰尘和泥沙等污垢，且防锈层应完整、底漆无漏刷。构件连接处的缝隙应采用防火涂料或其他防火材料填平。

(3)选用的防火涂料应符合设计文件和国家现行有关标准的规定，具有抗冲击能力和黏结强度，不应腐蚀钢材。

(4)防火涂料可按产品说明书要求在现场进行搅拌或调配。当天配置的涂料应在产品说明书规定的时间内用完。

(5)厚涂型防火涂料，属于下列情况之一，宜在涂层内设置与构件相连的钢丝网或其他相应的措施：

①承受冲击、振动荷载的钢梁；

②涂层厚度大于或等于 40 mm 的钢梁和桁架；

③涂料黏结强度小于或等于 0.05 MPa 的构件；

④钢板墙和腹板高度超过 1.5 m 的钢梁。

(6)防火涂料施工可采用喷涂、抹涂或滚涂等方法。

(7)防火涂料涂装施工应分层施工，应在上层涂层干燥或固化后，并进行下道涂层施工。

(8)厚涂型防火涂料有下列情况之一时,应重新喷涂或补涂:

①涂层干燥固化不良,黏结不牢或粉化、脱落;

②钢结构接头和转角处的涂层有明显凹陷;

③层厚度小于设计规定厚度85%;

④涂层厚度来达到设计规定厚度,且涂层连续长度超过1 m。

(9)薄涂型防火涂料面层涂装施工应符合下列规定:

①面层应在底层涂装干燥后开始涂装;

②面层涂装应颜色均匀、一致,接槎应平整。

任务14.3 熟悉钢结构涂装施工工艺

金属结构的腐蚀普遍存在。粗略的估计,每年因腐蚀而造成的金属结构、设备及材料损失量大约是当年产量的20%~40%。全世界每年因腐蚀而报废的金属件超过1亿t。在工业发达国家,腐蚀造成的直接经济损失约占国民经济总产值1%~4%,在我国约占4%。而且腐蚀还会造成产品质量下降、资源能源消耗增加等间接损失。因此,做好钢结构的防腐蚀工作具有重要的经济和社会意义。

潮湿的大气层是造成钢材腐蚀的基本因素,对钢结构进行涂装是一种方便、有效的防腐方法。

14.3.1 钢结构防腐涂装的作用

涂装防腐就是采用结构致密,能耐水、耐氧气和抗腐蚀介质,并能在钢结构表面产生牢固附着物的材料,涂敷在钢材表层,使其在较长的时间内阻止腐蚀反应的发生,从而达到防腐的目的。

1.涂层中涂料的作用

(1)涂料具有坚实致密的连续膜,可使钢结构的构件同周围有害介质相隔离。

(2)含有碱性颜料的涂料(如红丹漆)具有中化作用,使铁离子很难进入溶液,阻止钢铁的阴极反应。

(3)把含有大量锌粉的涂料(如富锌底漆)涂刷在钢结构表面,在发生电化学反应时,由于比铁活泼的锌成为阳极,而铁成为阴极,保护了铁。

(4)一般涂料都具有良好的绝缘性,能阻止铁离子的运动,起到保护作用。

(5)对于特殊用途的涂料,通过添加特殊成分,可具有耐酸、耐碱、耐油、耐火、耐水等功能。

钢结构的设计决定了钢结构的施工与防腐蚀方法,但钢结构的施工和防腐蚀又对设计提出相应的限制和要求。两者的关系是相辅相成的。表14.2表现了这种互相制约的关系。

2.钢结构设计与防腐蚀工艺的相关问题

(1)钢结构设计中的构件尺度划分要与防腐蚀工艺协调。如果采用热浸锌方法作长效防腐蚀处理,构件长度及高、宽均受热浸锌镀槽尺寸的限制,一般不超过8 m长、0.5 m宽或高。当然,有大型镀槽时可放宽到14 m长、1.5 m宽或高。

(2)防腐蚀工艺流程对钢构件构造处理有不同要求。如热浸锌时构件整体受高温作用,因而管状构件不允许两端封闭,若有封闭空腔则会在镀锌时由于内部空气膨胀而爆裂,造成安全事故。

(3)室外钢结构设计中尽可能减少焊接贴合面。室外钢结构构件或钢板焊接连接时,若互相之间有贴合面(贴合边不在其列),则在贴合面内的防腐蚀处理必然不彻底,经长期锈蚀会影响结构的耐久性，因此应该避免。

表 14.2　钢结构设计与施工关系

钢结构设计	钢结构施工
(1)规定材料、结构形式、几何形状及尺寸、连接方式等； (2)按普通的材料供应状况和加工条件，对设计提出制约或反馈要求，规定适当的防腐蚀方法，以达到要求的耐久性； (3)不同的防腐方法对钢结构构造设计有不同的要求，规定构件的划分及连接方式； (4)运输条件及经济性对构件划分的要求，运输过程中加固要求规定构件的现场连接方式、安装顺序； (5)安装程序、能力、进度对构件划分、连接设计、构件刚度提出要求，结合规范规定钢结构各部分应达到的质量标准； (6)检验方法、设备、标准、资金对设计作出相应限制	工厂制作 ↓ 防腐蚀 ↓ 运输 ↓ 安装 ↓ 验收

(4)现场焊缝处防腐蚀涂层处理。现场焊接之前需将焊缝附近的防腐蚀层清除，因而也就破坏了防腐蚀涂层。对于油漆等涂料，只要重新涂覆即可。对于长效防腐蚀涂层，如热浸锌或热喷铝，则现场很难恢复，因而只能用效果相近的涂料作补救处理，对此设计应有明确的施工说明。

14.3.2　防腐材料

1.防腐材料的要求

(1)建筑钢结构工程防腐蚀材料品种、规格、颜色应符合国家有关技术指标和设计要求，应具有产品出厂合格证。

(2)当有特殊使用要求时，应有相应的检验报告。

(3)钢结构防腐蚀材料使用前，应按照国家现行相关标准进行检查和验收。

2.防腐材料的组成

建筑钢结构防腐蚀材料有底漆、中间漆、面漆、稀释剂和固化剂等。

涂刷后，挥发性的物质逐渐挥发逸出，留下不挥发的成膜物质结实成膜。成膜物质分主要、次要和辅助成膜物质三种。涂料组成中没有颜料和体质颜料的透明体称为“清漆”；添加有颜料和体质颜料的不透明体称为“色漆”；添加大量体质颜料的胶装体称为“腻子”。组成详见表 14.3。

表 14.3　防腐涂料的组成表

组　成		原　料
主要成膜物质	油料	动物油：鲨鱼肝油、带鱼油、牛油等
	树脂	植物油：桐油、豆油、芝麻油等
次要成膜物质	颜料	天然颜料：钛白、氧化锌、铬黄、铁蓝、铬绿、氧化铁红、炭黑等 有机颜料：甲苯胺红、酞菁蓝、耐晒黄等 防锈颜料：红丹、锌铬黄、偏硼酸钡等
	体质颜料	滑石粉、碳酸钙、硫酸钡等
辅助成膜物质	助剂	增韧剂、催化剂、固化剂、稳定剂、防霉剂、防污剂、乳化剂、润湿剂、防结皮剂、引发剂等
挥发物质	稀释剂	石油溶剂(200 号溶剂汽油等)、苯、甲苯、二甲苯、氯苯、环成二烯、醋酸乙酯、醋酸丁酯、丙酮、丁醇等

3.防腐材料的分类和命名

我国涂料产品的分类根据《涂料产品分类和命名》(GB/T 2705—2003)的规定，有两种分类：

(1)按涂料产品的用途分：建筑涂料、工业涂料和通用涂料、辅助涂料；

(2)按涂料产品的主要成膜物质分：建筑涂料、其他涂料、辅助材料。本任务主要按此分类，主要成膜物质见表14.4。

表14.4 主要成膜物质

名称	主要成膜物质	名称举例
油脂漆类	天然植物油、动物油(酯)、合成油	清油、厚漆、调和漆、防锈漆、其他油脂漆
天然树脂漆类	松香、虫胶、乳酪素、动物胶及其衍生物	清漆、调和漆、磁漆、底漆、绝缘漆、生漆、其他天然树脂漆
酚醛树脂漆类	酚醛树脂、改性酚醛树脂等	清漆、调和漆、磁漆、底漆、绝缘漆、船舶漆、防锈漆、耐热漆、黑板漆、防腐漆、其他酚醛树脂漆
沥青漆类	天然沥青、石油沥青、煤焦沥青	清漆、磁漆、底漆、绝缘漆、防污漆、船舶漆、耐酸漆、锅炉漆、其他沥青漆
醇酸树脂漆类	甘油醇酸树脂、季戊四醇醇酸树脂、其他醇类的醇酸树脂、改性醇酸树脂等	清漆、调和漆、磁漆、底漆、绝缘漆、船舶漆、防锈漆、汽车漆、木器漆、其他醇酸树脂漆
氨基树脂漆类	三聚氰胺甲醛树脂、尿醛及其改性树脂	清漆、磁漆、绝缘漆、美术漆、闪光漆、汽车漆、其他氨基树脂漆
硝基漆类	硝基纤维素(酯)漆	清漆、磁漆、铅笔漆、木器漆、汽车修补漆、其他硝基漆
过氯乙烯树脂漆类	过氯乙烯树脂等	清漆、磁漆、机床漆、防腐漆、可剥漆、胶液、其他过氯乙烯树脂漆
烯类树脂漆类	聚二乙烯乙炔树脂、聚多烯树脂、氯乙烯醋酸乙烯共聚物、聚乙烯醇缩醛树脂、聚苯乙烯树脂、含氟树脂、氯化聚丙烯树脂、石油树脂等	聚乙烯醇缩醛树脂漆、氯化聚烯烃树脂漆、其他烯类树脂漆
丙烯酸脂类树脂漆	热塑性丙烯酸脂类树脂、热固性丙烯酸脂类树脂等	清漆、透明漆、磁漆、汽车漆、工程机械漆、摩托车漆、家电漆、标志漆、电泳漆、乳胶漆、木器漆、汽车修补漆、粉末涂料、船舶漆、绝缘漆、其他丙烯酸脂类树脂漆
聚酯树脂漆类	饱和聚酯树脂、不饱和聚酯树脂等	粉末涂料、卷材涂料、木器漆、防锈漆、绝缘漆、其他聚酯树脂漆
环氧树脂漆类	环氧树脂、环氧酯、改性环氧树脂等	底漆、电泳漆、光固化漆、船舶漆、绝缘漆、划线漆、罐头漆、粉末涂料、其他环氧树脂漆
聚氨酯树脂漆类	聚氨(基甲酸)酯树脂等	清漆、磁漆、木器漆、汽车漆、防腐漆、飞机蒙皮漆、车皮漆、船舶漆、绝缘漆、其他聚氨酯树脂漆
元素有机漆类	有机硅、氟碳树脂等	耐热漆、绝缘漆、电阻漆、防腐漆、其他元素有机漆
橡胶漆类	氯化橡胶、环化橡胶、氯丁橡胶、氯化氯丁橡胶、丁苯橡胶、氯磺化聚乙烯橡胶等	清漆、磁漆、底漆、船舶漆、防腐漆、防火漆、划线漆、可剥漆、其他橡胶漆
其他成膜物类涂料	无机高分子材料、聚酰亚胺树脂、二甲苯树脂等以上未包括的主要成膜材料	

涂料的命名也是非常重要的，根据《涂料产品分类和命名》(GB/T 2705—2003)的规定，有以下命名原则：

(1)涂料全名一般是由颜色或涂料名称＋成膜物质名称＋基本名称；

(2)颜色名称通常有红、黄、蓝、白、黑、绿、紫、棕、灰等颜色；

(3)成膜物质名称可做适当简化，例如环氧树脂简化成环氧；

(4)基本名称表示涂料的基本品种、特性和专业用途，例如清漆、磁漆、底漆。

4. 防腐涂料的选用

涂料品种型号有几百种，性能千差万别，选用时应当根据设计要求，参照产品说明书和相关手册，合理选择，常用手册有《钢结构涂装手册》等。防腐涂料性能及推荐使用部位见表 14.5。

表 14.5　防腐涂料性能及推荐使用部位表

推荐部位	涂料名称	耐酸	耐碱	耐盐	耐水	耐候	与基层附着力	
							钢铁	水泥
室内和室外	氯化橡胶涂料	√	√	√	√	√	√	√
	氯磺化聚乙烯涂料	√	√	√	√	√	○	○
	聚氯乙烯含氟涂料	√	√	√	√	√	○	√
	过氯乙烯涂料	√	√	√	√	√	○	○
	氯乙烯醋酸乙烯共聚涂料	√	√	√	√	√	○	○
	醇酸耐酸涂料	○	×	√	○	√	√	
室内	环氧涂料	√	√	√	○	○	√	√
	聚苯乙烯涂料	√	√	√	○	○	○	√
室内和地下	环氧沥青涂料	√	√	√	√	○	√	√
	聚氨酯涂料	√	○	√	√	○	√	√
	聚氨酯沥青涂料	√	√	√	√	○	√	√
	沥青涂料	√	√	√	√	○	√	√

注：“√”表示性能优良，推荐使用；“○”表示性能良好，可使用；“×”表示性能差，不宜使用。

14.3.3　施工准备

1. 技术准备

(1)图纸会审并具有图纸会审记录。

(2)根据设计文件要求，编制施工方案、技术交底等技术文件。

(3)根据工程特点及施工进度，进行技术交底。

2. 材料准备

材料进场，检查资料是否齐全，检查有无产品合格证和质量检验报告单，经过验收后，设专门仓库存放。涂料及辅助材料不允许露天存放，须贮存在通风良好、温度为 5～35 ℃的干燥、无直射阳光和远离火源的仓库内。严禁用敞口容器贮存和运输。运输时，还应符合交通部门的有关规定。

施工前应对涂料型号、名称和颜色进行校对，检查是否与设计规定相符。同时检查制造日期，如超过贮存期，应重新取样检验，质量合格后才能使用，否则禁止使用。因大多数材料为易燃危险品，应特别注意防火，必须符合消防规定。

涂料在开桶前,应充分摇匀。开桶后,原漆应不存在结皮、结块、凝胶等现象,有沉淀应能搅起,有漆皮应除掉。

3.机具准备

根据施工要求合理选择施工机具。涂装工程一般不需要大型的机械,但为保证施工质量和施工效率,应当尽可能使用机械作业。除一般常用机具外,不同的施工对象需要一些专门工具。

4.施工人员的准备

施工人员应经过专业培训,培训合格后,由相关部门发放特殊工程作业许可证,持证上岗。施工前应对施工人员进行技术交底,对于条件特殊、技术复杂、要求高、难度大的涂装作业尚应进行专门岗前培训,并有专门技术、组织措施。

5.作业条件的准备

(1)施工现场有足够的操作空间,有适当的作业面。

(2)作业现场应有安全防护措施,有防火、防爆和通风措施以及防止人员中毒等健康保护措施和环境保护措施。

(3)防腐涂装作业前,钢结构工程已经过检查、验收,符合设计要求,验收合格,并已办理相关验收资料。

(4)当必须在露天进行防腐施工作业时,应尽可能选择适当的天气,避开大风、下雨等不利天气。在有雨、雾、雪和较大灰尘的环境下施工时,涂层可能受到油污、腐蚀介质、盐分等污染。

(5)环境温度。国家标准《建筑防腐蚀工程施工及验收规范》(GB 50212—2014)和原化工部标准《工业设备、管道防腐蚀工程施工及验收规范》(HGJ 229—1991)都规定了施工环境温度宜为15～30 ℃。但现在有很多种类的涂料,都可以在上述规定的范围之外进行施工。具体应按涂料产品说明书的规定执行。

(6)环境湿度。涂料施工一般宜在相对湿度小于80%的条件下进行。但由于各种涂料的性能不同,所要求的施工环境湿度也不同。

(7)控制钢材表面温度与露点温度。《建筑防腐蚀工程施工及验收规范》(GB 50212—2014)规定钢材表面的温度必须高于空气露点温度3 ℃以上,方能进行施工。

14.3.4 涂装施工常用的机具

1.空气压缩机

涂装施工现场一般用移动式空气压缩机,压缩机最高压力约0.7 MPa。

空气压缩机使用注意事项:

(1)输气管应避免急弯,打开送风阀前必须事先通知工作地点的有关人员。

(2)空气压缩机出口处不准有人。储气罐放置地点应通风,严禁日光曝晒和高温烘烤。

(3)压力表、安全阀和调节器等应定期进行校验,保持灵敏有效。

(4)发现气压表、机油压力表、温度表、电流表的指示值突然超过规定或指示不正常,发生漏水、漏气、漏电、漏油或冷却液突然中断,发生安全阀不停放气或空气压缩机声响不正常等情况时应立即停机检修。

(5)严禁用汽油或煤油洗刷曲轴箱、滤消器或其他空气通路的零件。

(6)关机时应先降低气压。

2.磨光机具

(1)风动砂轮机

风动砂轮机使用的砂轮、钢丝轮和布砂轮均安装在风动砂轮机的主轴上。在风动砂轮机上安装平行砂轮，适用于清除铸件毛刺、磨光焊缝以及其他需要修磨的表面。如以钢丝轮代替砂轮，则可清除金属表面的铁锈、旧漆层和型砂等。如以布砂轮来代替砂轮，还可以用来抛光、打磨腻子等。操作风动砂轮时要严格控制其回转速度。平行砂轮的线速度一般为 35～50 m/s，钢丝轮的线速度一般为 35～50 m/s，布砂轮的线速度不可超过 35 m/s。

(2)电动角向磨光机

电动角向磨光机是供表面磨削用的电动工具。适用于位置受限制不宜使用普通磨光机的场合。它还可以配多种工作头，如粗磨砂轮、细磨砂轮、抛光轮、橡皮轮、钢丝轮等，从而起到磨削、抛光、除锈等作用。

3. 喷涂设备

无气喷涂装置如图 14.2 所示。它主要由无气喷涂机、喷枪、高压输漆胶管等组成。无气喷涂机按动力源可分为气动型、电动型和油压型三种类型。

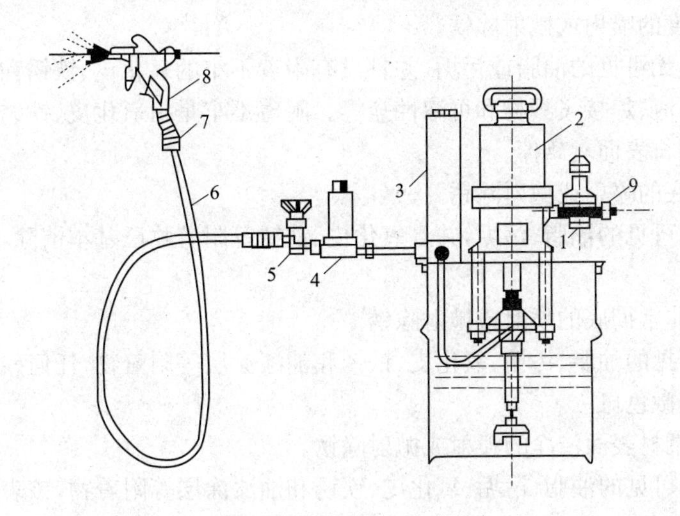

图 14.2　高压无气喷涂设备

1—高压阀；2—高压泵；3—蓄压器；4—过滤器；5—截止阀；6—高压胶管；7—旋转接头；8—喷枪；9—压缩空气入口

(1)喷枪

喷枪由枪身、喷嘴、过滤网和连接件组成。工作时依靠高速流动的压缩空气，在漆罐出口处与漆罐中形成负压，把罐中的漆吸上来，通过喷枪喷射出去。

喷嘴是无气喷枪的最重要部件之一，它直接影响到涂料雾化优劣、喷流幅度和喷出量的大小。因此要求喷嘴孔的光洁度高、几何形状精确。喷嘴一般是用耐磨性能好的硬质合金加工制造的，比较耐磨。

(2)高压输漆胶管

高压输漆管也是无气喷涂装置的重要部件之一。其要求是：耐高压(25 MPa 以上)、耐磨、耐腐蚀、耐溶剂及轻便柔软。目前生产的高压输漆管为钢丝编织合成树脂管。常用的品种有：内径为 6 mm、8 mm 和 10 mm 的三种，其工作压力分别为 48 MPa、40 MPa 和 33 MPa。一般每根长为 10 m。

14.3.5　钢结构涂装要求

涂装前钢构件表面的除锈质量是确保漆膜防腐蚀效果和使用寿命的关键因素，因此钢构件表面处理的质量控制是防腐涂层的重要环节。涂装前的钢材表面处理亦称除锈。除锈不仅包括除去钢材表面的污垢、油脂、铁锈、氧化皮、焊渣和已失效的旧漆膜的清除程度(即清洁度),还包括除锈后钢构件表面所形成的合适的"粗糙度"。

1.涂装前钢材表面锈蚀等级和除锈等级标准

(1)锈蚀等级

钢材表面分A、B、C、D四个锈蚀等级:

①A级:全面地覆盖着氧化皮而几乎没有铁锈的钢材表面;

②B级:已发生锈蚀,并且部分氧化皮已经剥落的钢材表面;

③C级:氧化皮已因锈蚀而剥落或可以刮除,并有少量点蚀的钢材表面;

④D级:氧化皮已因锈蚀而全面剥离,并且已普遍发生点蚀的钢材表面。

(2)喷射或抛射除锈等级

喷射或抛射除锈分四个等级:

①Sa1——轻度的喷射或抛射除锈。

钢构件表面应无可见的油脂或污垢,并且没有附着不牢的氧化皮、铁锈和油漆涂层等附着物。附着物是指焊渣、焊接飞溅物和可溶性盐等。附着不牢是指氧化皮、铁锈和油漆涂层等能以金属腻子刀从钢材表面剥离掉。

②Sa2——彻底的喷射或抛射除锈。

钢构件表面无可见的油脂、污垢,并且氧化皮、铁锈等附着物已基本清除,其残留物应是牢固附着的。

③Sa2.5——非常彻底的喷射或抛射除锈。

钢材表面无可见的油脂、污垢、氧化皮、铁锈和油漆涂层等附着物,任何残留的痕迹应仅是点状或条纹状的轻微色斑。

④Sa3——使钢材表面洁净的喷射或抛射除锈。

钢材表面应无可见的油脂、污垢、氧化皮、铁锈和油漆涂层等附着物,该表面应显示均匀的金属光泽。

(3)手工和动力工具除锈等级

手工和动力工具除锈有两个等级。

①St2——彻底的手工和动力工具除锈。

钢材表面应无可见的油脂和污垢,并且没有附着不牢的氧化皮、铁锈和油漆涂层等附着物。

②St3——非常彻底的手工和动力工具除锈。

钢材表面应无可见的油脂和污垢,并且没有附着过牢的氧化皮、铁锈和油漆涂层等附着物。除锈应比St2更为彻底,底材显露的表面应具有金属光泽。

(4)火焰除锈等级

火焰除锈以F1表示。

钢材表面应无氧化皮、铁锈和油漆涂层等附着物,所残留的痕迹应仅为表面变色(不同颜色的暗影)。

2.钢材表面粗糙度

钢材表面的粗糙度对漆膜的附着力、防腐蚀性能和使用寿命有很大的影响。漆膜能附着于钢材表面主要是靠漆膜中的基料分子与金属表面极性基团的范德华引力相互吸引。

钢材表面合适的粗糙度有利于漆膜保护性能的提高。

(1)粗糙度太大。如漆膜用量一定时,则会造成漆膜厚度分布的不均匀,特别是在波峰处的漆膜厚度往往低于设计要求,引起早期的锈蚀;另外,还常常在较深的波谷凹坑内截留住气泡,成为漆膜起泡的根源。

(2)粗糙度太小。不利于附着力的提高。为了确保漆膜的保护性能,对钢材的表面粗糙度应有所限制。对于普通涂料而言,合适的粗糙度范围以 30～75 μm 为宜,最大粗糙度值不宜超过 100 μm。

14.3.6 涂料施工要求

1.防腐涂料施工要求

(1)钢材表面要求

涂装前钢材表面除锈应符合设计要求。处理后的钢材表面不应有焊渣、焊疤、灰尘、油污、水和毛刺等。当设计无要求时,钢材表面除锈等级应符合表 14.6 的规定。

表 14.6 各种底漆或防锈漆要求最低的除锈等级

涂料品种	除锈等级
油性酚醛、醇酸等底漆或防锈漆	St2
高氯化聚乙烯、氯化橡胶、氯磺化聚乙烯、环氧树脂、聚氨酯等底漆或防锈漆	Sa2
无机富锌、有机硅、过氯乙烯等底漆	Sa2.5

(2)涂装施工

涂料、涂装遍数、涂层厚度均应符合设计要求。当设计对涂层厚度无要求时,涂层干漆膜总厚度:室外应为 150 μm,室内应为 125 μm,其允许偏差为－25 μm。每遍涂层于漆膜厚度的允许偏差为－5 μm。

(3)涂层外观

构件表面不应误涂、漏涂,涂层不应脱皮和返锈等。涂层应均匀、无明显皱皮、流坠、针眼和气泡等。

2.钢结构涂装准备

(1)作业条件

①施工环境应通风良好、清洁和干燥,室内施工环境温度应在 0 ℃以上,室外施工时环境温度为 5～38 ℃,相对湿度不大于 85%。雨天或钢结构表面结露时不宜作业。冬季应在采暖条件下进行作业,室温必须保持均衡。

②钢结构制作或安装已完成,并且已校正,交接验收合格。

③注意与土建工程、装饰工程等的配合。

(2)涂料的选用

涂料品种繁多,对品种的选择是直接决定涂装工程质量好坏的因素之一。一般选择时应考虑以下几方面因素:

①使用场合和环境是否有化学腐蚀作用的气体,是否为潮湿环境。

②是打底用,还是罩面用。

③在施工过程中涂料的稳定性、毒性及所需的温度条件。

④按工程质量要求、技术条件、耐久性、经济效益、临时性工程等因素,来选择适当的涂料品种。不应将优质品种降格使用,也不应勉强使用达不到性能指标的品种。

(3)涂料准备和预处理

涂料选定后,通常应进行以下处理操作程序,然后才能施涂。

①开桶:开桶前应将桶外的灰尘、杂物除净,以免其混入油漆桶内。同时对涂料的名称、型号和颜色进行检查,看是否与设计规定或选用要求相符合,并检查制造日期,看是否超过贮存期,凡不符合的应另行处理。若发现有结皮现象,应将漆皮全部取出,以免影响涂装质量。

②搅拌:将桶内的油漆和沉淀物全部搅拌均匀后才可使用。

③配比:对于双组分的涂料使用前必须严格按照说明书所规定的比例来混合。双组分涂料一旦配比混合后,就必须在规定的时间内用完。

④熟化:双组分涂料混合搅拌均匀后,需要经过一定熟化时间才能使用,对此应引起注意,以保证漆膜的性能。

⑤稀释:有的涂料因贮存条件、施工方法、作业环境、气温的高低等不同情况的影响,在使用时需要稀释剂来调整黏度。

⑥过滤:过滤是将涂料中可能产生的或混入的固体颗粒、漆皮或其他杂物滤掉,以免这些杂物堵塞喷嘴,影响漆膜的性能及外观。通常可以使用 80～120 目的金属网或尼龙丝筛进行过滤,以达到质量合格的标准。

(4)涂层结构

《钢结构防护涂装通用技术条件》(GB/T 28699—2012)规定,典型的涂料涂层体系结构如下:

a.底漆——中间漆——面漆,三层。

b.底漆——面漆,二层。

涂层的配套性如下:

a.底漆、中间漆和面漆均不能单独使用,要发挥好的作用与效果必须配套使用。

b.由于各种涂料的溶剂不相同,选用各层涂料时,如配套不当,则容易发生互溶或“咬底”的现象。

c.面漆的硬度应与底漆基本一致或略低些。

d.注意各层烘干方式的配套,在涂装烘干型涂料时,底漆的烘干温度(或耐温性)应高于或接近面漆的烘干温度,否则易产生涂层过烘干现象。

(5)涂层厚度的确定

涂层厚度的确定,应考虑钢材表面原始状况、钢材除锈后的表面粗糙度、选用的涂料品种、钢结构使用环境对涂料的腐蚀程度、预想的维护周期和涂装维护的条件等因素。钢结构涂装层厚度,可参考表 14.7 确定。

表 14.7 钢结构涂装涂层厚度(μm)

涂料种类	基本涂层和防护涂层					附加涂层
	城镇大气	工业大气	化工大气	海洋大气	高温大气	
醇酸漆	100～150	125～175				25～50
沥青漆			150～210	180～240		30～60
环氧漆			150～200	75～225	150～200	25～50
过氯乙烯漆			160～200			20～40

续上表

涂料种类	基本涂层和防护涂层					附加涂层
	城镇大气	工业大气	化工大气	海洋大气	高温大气	
丙烯酸漆		100～140	120～160	140～180		20～40
聚氨酯漆		100～140	120～160	140～180		20～40
氯化橡胶漆		120～160	140～160	160～200		20～40
氯磺化聚乙烯漆		120～160	140～160	160～200	120～160	20～40
有机硅漆					100～140	20～40

14.3.7　钢结构涂装方法

随着涂料工业和涂装技术的发展，新的涂料施工方法和施工机具不断出现，每一种方法和机具均有其各自的特点和适用范围，所以正确选择施工方法是涂装施工管理工作的重要组成部分。常用涂料的施工方法有：刷涂法、滚涂法、浸涂法、粉末涂装法、喷涂法。

1. 刷涂法

刷涂法具有工具简单、施工方便、易于掌握、适应性强、节省涂料和溶剂等优点，至今仍被普遍使用。但它也存在劳动强度大、生产效率低，施工质量取决于操作者的技能等缺点。

2. 滚涂法

滚涂法是用羊毛或分层纤维做成多孔吸附材料，贴附在空的圆筒上，制成滚子进行涂料施工的方法。该方法施工用具简单，操作方便，施工效率比刷涂法高1～2倍，用漆量和刷涂法基本相同。但劳动强度大，生产效率比喷涂法低，只适用于较大面积的物体。

3. 浸涂法

浸涂法就是将被涂物放入漆槽中浸渍，再晾干或烘干。其特点是生产效率高，操作简便，涂料损失少。适用于形状复杂的骨架状的被涂物，适用于烘烤型涂料。

4. 粉末涂装法

粉末涂装法是以固体树脂粉末作为成膜物质的一种涂装工艺，它具有很多优点，备受用户的欢迎。粉末涂装法具有不用溶剂、无环境污染、施工效率高、生产周期短、工序少、成本低，涂层质量好等优点。

5. 喷涂法

空气喷涂法是利用压缩空气的气流将涂料带入喷枪，经喷嘴吹散成雾状，并喷涂到物体表面上的一种涂装方法。其优点是：可获得均匀、光滑平整的漆膜；工效比刷涂法高3～5倍，每小时可喷涂100～150 m^2。主要用于喷涂烘干漆，也可喷涂一般合成树脂漆。其缺点是：稀释剂用量大，喷涂后形成的涂膜较薄；涂料损失较大，涂料利用率一般只有40%～60%；飞散在空气中的漆雾对操作人员的身体有害，同时污染环境。

习　题

1. 钢结构为什么要进行防护？防护方法有哪些？

2. 防火涂料的技术要求？

模块3 组合结构

项目15 钢—混凝土组合梁与新旧混凝土叠合梁

主要知识点	钢—混凝土组合梁的特点、工作性能、构造要求；新旧混凝土叠合梁的基本假定及受力特征
重点及难点	钢—混凝土组合梁的工作性能；新旧混凝土叠合梁的基本假定及受力特征
学习指导	通过本项目的学习，掌握钢—混凝土组合梁的工作性能、熟悉相关构造知识；了解新旧混凝土叠合梁的基本假定

任务15.1 熟悉钢—混凝土组合梁

钢—混凝土组合梁是在钢结构和混凝土结构基础上发展起来的一种新型结构形式。它主要通过在钢梁和混凝土翼缘板之间设置剪力连接件（栓钉、槽钢、弯筋等），抵抗两者在交界面处的掀起及相对滑移，使之成为一个整体而共同工作，如图15.1和图15.2所示。

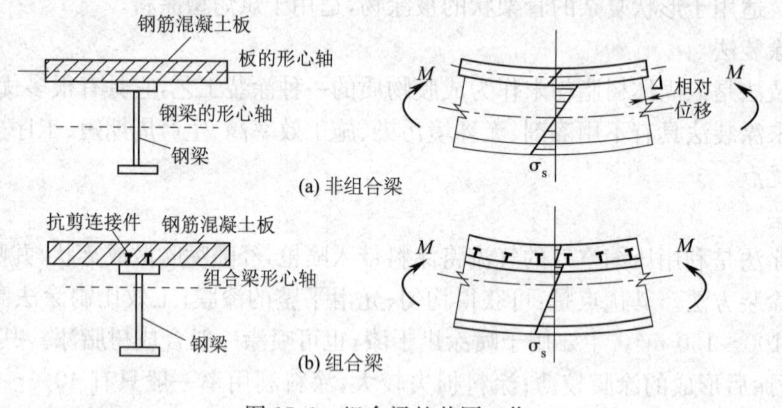

图15.1 组合梁的共同工作

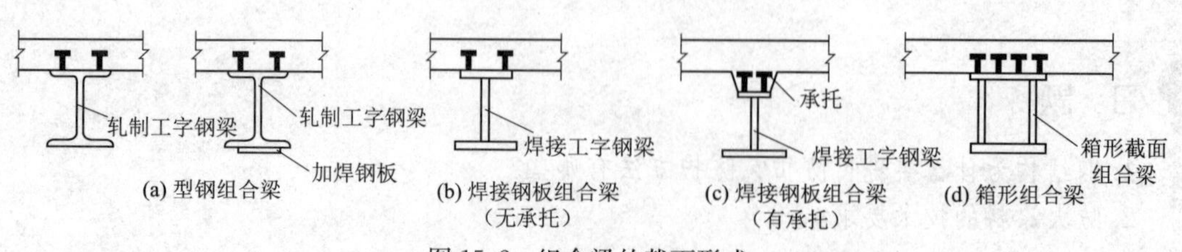

图15.2 组合梁的截面形式

15.1.1　钢—混凝土组合梁的特点及应用

组合梁中的钢筋混凝土板，其混凝土强度等级不宜低于 C20（现场浇筑）或 C30（预制）；板内的钢筋可采用 R235 级钢筋、HRB335 级钢筋。组合梁中的钢梁一般采用 Q235 钢和 Q345 钢。钢—混凝土组合梁具有以下优点：

（1）受力合理。充分发挥了钢材适用于受拉和混凝土适用于受压的材料特性。

（2）抗弯承载力高。由于钢筋混凝土板与钢板梁共同工作，提高了梁的承载能力，减小了钢板梁上翼缘的截面，节省钢材，降低造价。实践表明，组合梁比钢板梁节省钢材可达到20%～40%。

（3）梁的刚度大。由于钢筋混凝土板有效地参与工作，组合梁的计算截面比钢板梁大，增加了梁的刚度，从而减小了主梁的挠度。研究表明，梁挠度可减少 20%左右。

（4）整体稳定性和局部稳定性好。组合梁的受压翼缘为较宽和较厚的钢筋混凝土板，增强了梁的侧向刚度，能有效地防止梁的弯扭失稳倾向。钢梁部分只受到较低的压应力，大部分甚至全部截面受拉，一般不会发生局部失稳。

基于上述优点，钢—混凝土组合梁在工程中得到广泛发展。美国、德国、日本、加拿大及前苏联都制定了有关组合梁的桥梁设计规范或规程。

近年来，钢—混凝土组合梁在我国桥梁结构及建筑结构中已得到了越来越广泛的应用，并且正朝着大跨方向发展。钢—混凝土组合梁在我国的应用实践表明，它兼有钢结构和混凝土结构的优点，具有显著的技术经济效益和社会效益，适合我国基本建设的国情，是未来结构体系的主要发展方向之一。

15.1.2　钢—混凝土组合梁的计算原理

1. 基本假定

当钢—混凝土组合梁按弹性理论法计算时，考虑了以下假定：

（1）钢材与混凝土均为理想的弹性体；

（2）钢筋混凝土板与钢梁之间有可靠的连接，相对滑移很小，可以忽略不计，弯曲变形后截面仍保持平面；

（3）钢筋混凝土板按计算宽度内全部面积计算，可不扣除其中受拉开裂部分；

（4）忽略钢筋混凝土板中钢筋和承托的作用。

按照弹性理论计算原则，组合梁的应力及刚度计算一般采用工程力学的方法。因此，对于由钢与混凝土两种材料组成的组合梁截面，应该把它换算成同一种材料的截面，即换算截面。

2. 温差、混凝土收缩及徐变对组合梁的影响

（1）温差的影响

钢与混凝土的温度线膨胀系数相差不大，它们的温度变形基本是协调的。组合梁的温度应力主要来自钢梁和混凝土温度的差异。钢的导热系数很大，当环境温度有突然变化时，钢材的温度很快就接近环境温度；混凝土的导热系数只有钢材的约 1/50 左右，对环境温度的反应慢，这样，就在组合梁的钢梁和混凝土板之间产生了温度差异。在露天条件下，气温突变可能在 15 ℃左右，这时，组合梁的钢梁和混凝土板的温差约为 10 ℃，因此，对于组合梁必须考虑由于温差引起的温度应力。钢梁和混凝土板温差分布沿组合梁的截面高度是变化的，为简化计算，假定温差沿组合梁截面高度是均布的。

（2）混凝土收缩的影响

组合梁中混凝土收缩的影响相当于混凝土板的温度低于钢梁温度时的情况。由于混凝土

收缩在龄期很短时就已开始,早期收缩所占比例大,故整体浇筑的混凝土桥面板因收缩发生的变形也大,可按相当于温度降低 15～20 ℃考虑;分段浇筑的钢筋混凝土板相对于整体浇筑的收缩变形小,可按相当于温度降低 10～15 ℃考虑;预制的钢筋混凝土桥面板,在早期收缩完成后才与钢梁共同工作,故不考虑混凝土收缩影响。

(3)混凝土徐变的影响

在恒载及混凝土收缩应力的长期作用下,组合梁中的混凝土板会产生徐变变形,可近似地认为混凝土的总变形包括弹性变形和塑性变形两部分。混凝土徐变变形的影响相当于混凝土弹性模量降低。

3.工作性能

组合梁的计算与其施工方法有关。

(1)浇筑或安装钢筋混凝土板时,钢梁下不设置临时支撑

这种情况是利用钢梁作为脚手架进行钢筋混凝土桥面板施工,组合梁可分为混凝土硬化前和硬化后(混凝土强度达到设计强度的 75%以上)两个受力阶段计算:第一受力阶段(施工阶段)的荷载作用为钢梁、联结系、浇制的混凝土和模板等重量以及施工活荷载(包括人员与施工设备;第二受力阶段(使用阶段)的荷载作用为桥面铺装、栏杆、人行道等重量(二期恒载)以及车辆活载等。

按弹性方法设计时,组合梁按第一受力阶段恒载(计算钢梁应力)及第二受力阶段恒载和活载(计算组合截面应力)产生的两种应力状态叠加进行截面计算。对于模板重量无实测资料时,可按 1 kN/mm^2 计算。

(2)浇筑或安装钢筋混凝土板时,钢梁下设置支架

这种情况是在组台梁下面设置足够多的临时支撑或满堂支架,在混凝土硬化前,所有荷载由支撑或满堂支架承受;在混凝土硬化后,拆卸支撑或支架,组合梁以整体截面承受全部恒载及作用在梁上的活荷载。因此只需进行第二受力阶段的计算。

15.1.3 钢—混凝土组合梁的构造要求

(1)组合梁截面高度不宜超过钢梁截面高度的 2.5 倍;混凝土板托高度不宜超过翼板厚度的 1.5 倍;板托的顶面宽度不宜小于钢梁上翼缘宽度与 1.5 倍混凝土板托高度之和。

(2)有板托时,伸出长度不宜小于混凝土板托高度;无板托时,应同时满足伸出钢梁中心线不小于 150 mm、伸出钢梁翼缘边不小于 50 mm 的要求。

(3)连续组合梁在中间支座负弯矩区的上部纵向钢筋及分布钢筋,应按现行国家标准《混凝土结构设计规范》(GB 50010—2010)的规定设置。

(4)抗剪连接件的设置应符合以下规定:

①栓钉连接件钉头下表面或槽钢连接件上翼缘下表面高出翼板底部钢筋顶面不宜小于 30 mm;

②连接件沿梁跨度方向的最大间距不应大于混凝土翼板(包括板托)厚度的 4 倍,且不大于 400 mm;

③连接件的外侧边缘与钢梁翼缘边缘之间的距离不应小于 20 mm;

④连接件的外侧边缘至混凝土翼板边缘间的距离不应小于 100 mm;

⑤连接件顶面的混凝土保护层厚度不应小于 15mm。

(5)栓钉连接件除应满足《钢结构设计规范》(GB 50017－2003)第 11.5.4 条要求外,尚应

符合下列规定：

①当栓钉位置不正对钢梁腹板时，如钢梁上翼缘承受拉力。则栓钉杆直径不应大于钢梁上翼缘厚度的1.5倍；如钢梁上翼缘不承受拉力，则栓钉杆直径不应大于钢梁上翼缘厚度的2.5倍。

②栓钉长度不应小于其杆径的4倍。

③栓钉沿梁轴线方向的间距不应小于杆径的6倍；垂直于梁轴线方向的间距不应小于杆径的4倍。

④用压型钢板做底模的组合梁，栓钉杆直径不宜大于19 mm，混凝土凸肋宽度不应小于栓钉杆直径的2.5倍。

(6)弯筋连接件尚应满足以下规定：弯筋连接件宜采用直径不小于12 mm的钢筋成对布置，用两条长度不小于4倍（Ⅰ级钢筋）或5倍（Ⅱ级钢筋）钢筋直径的侧焊缝焊接于钢梁翼缘上，其弯起角度一般为45°，弯折方向应与混凝土翼板对钢梁的水平剪力方向相同。在梁跨中纵向水平剪力方向变化的区段，必须在两个方向均设置弯起钢筋。从弯起点算起的钢筋长度不宜小于其直径的25倍（Ⅰ级钢筋另加弯钩），其中水平段长度不宜小于其直径的10倍。弯筋连接件沿梁长度方向的间距不宜小于混凝土翼板（包括板托）厚度的0.7倍。

(7)槽钢连接件一般采用Q235钢，截面不宜大于[12.6。

(8)钢梁顶面不得涂刷油漆，在浇灌（或安装）混凝土翼板以前应清除铁锈、焊渣、冰层、积雪、泥土和其他杂物。

(9)组合梁翼缘板采用的混凝土强度等级不宜低于C20；

(10)组合梁中的钢梁可采用和Q235、Q345和Q390钢；

(11)组合梁中的混凝土受力钢筋可用Ⅰ级、Ⅱ级钢筋，分布钢筋可用Ⅰ级钢筋；

(12)组合梁抗剪连接件宜采用栓钉，也可采用槽钢、弯筋或有可靠论证的其他类型连接件。

(13)抗剪连接件的计算应以支座点、弯矩绝对值最大点及零弯矩点为界限。

任务15.2　熟悉新旧混凝土叠合梁

混凝土叠合结构最初是为了解决全预制结构吊装能力不足，或者是为了解决现浇整体结构现场浇筑混凝土时施工模板支撑困难，或占用工期较长等施工问题而发展起来的。一般是指在预制的钢筋混凝土或预应力混凝土梁（板）上后浇混凝土所形成的两次浇筑混凝土结构，按其受力性能可以分为"一次受力叠合结构"和"二次受力叠合结构"两类。图15.3所示为典型的混凝土叠合梁板结构。若施工时预制的梁板吊装就位后，在其下设置可靠的支撑，施工阶段的荷载将全部由支撑承受，预制梁板只起到叠合层现浇混凝土的模板作用，待叠合层现浇混凝土达到强度后再拆除支撑，由两次浇筑后所形成的叠合截面便能够承受使用期的全部作用荷载了，整个截面的受力是一次发生的，从而构成了"一次受力叠合结构"。

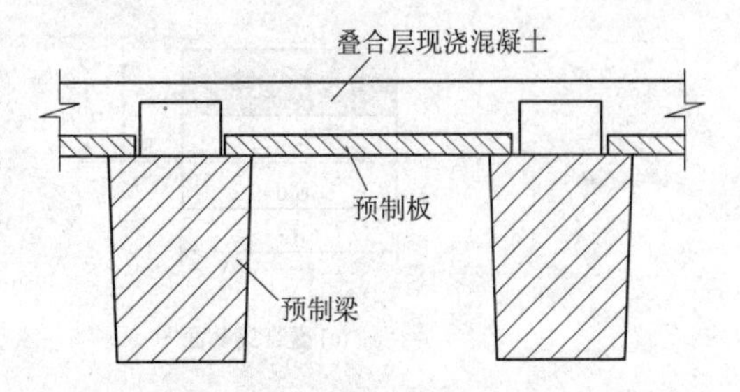

图15.3　叠合梁板结构示意图

同样是图15.3所示的混凝土叠合梁板结构，若施工时预制的梁板吊装就位后，直接以预制部分的钢筋混凝土或预应力混凝土梁(板)作为现浇层混凝土的模板并承受施工期荷载,待其上现浇层混凝土达到设计强度后,再由预制部分和现浇部分形成的叠合截面承受使用荷载,叠合截面的应力状态是由两次受力产生的,便构成了"二次受力叠合结构"。"一次受力叠合结构"除在必要时需做预制与现浇混凝土的界面—叠合面抗剪强度验算外,其余设计计算方法与普通混凝土结构相同。本任务所讲的混凝土叠合结构泛指"二次受力叠合结构"。

15.2.1 混凝土叠合结构的截面组成

常见的叠合梁板结构如图 15.4 所示。

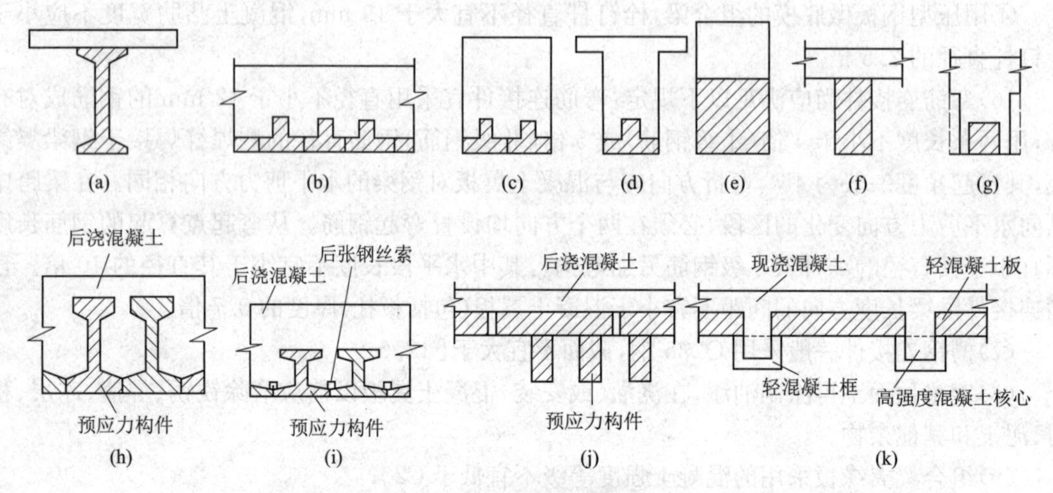

图 15.4 叠合梁板截面型式

15.2.2 考虑荷载作用的新旧混凝土叠合梁的解析解法

新旧混凝土叠合梁在使用荷载作用下,为了简化计算做了如下四点假定:

(1)新旧混凝土梁均为线弹性材料;

(2)新旧混凝土梁符合 Bernoulli 假定,即平截面在弯曲后仍为平面;

(3)在新旧混凝土梁之间的界面上,剪应力沿梁长均匀分布并与界面滑移量成正比;

(4)忽略任何向上的掀起对叠合梁的影响,新旧混凝土梁的竖向挠度相等。

对新旧混凝土叠合梁,取出一微段 dx 进行分析,新梁和旧梁的受力如图 15.5 所示。N_n 和 N_o 分别为新梁和旧梁的轴向力;M_n 和 M_o 分别为作用在新梁和旧梁上的弯矩;V_n 和 V_o 分别为作用在新梁和旧梁上的剪力;r 为单位梁长的竖向挤压力;q_u 为单位梁长新梁和旧梁的界面剪力。根据新梁和旧梁的受力及平衡条件可得:

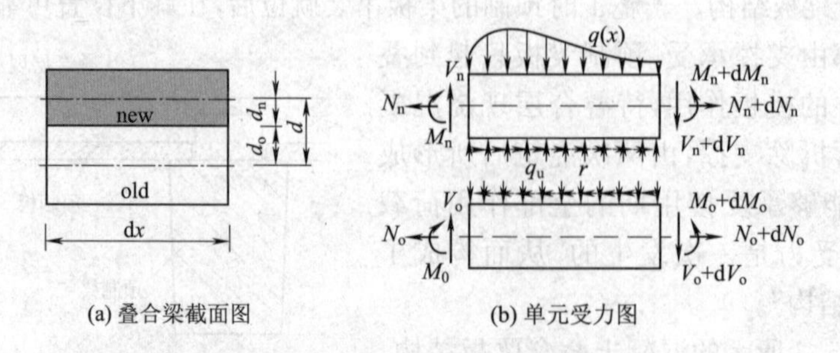

图 15.5 叠合梁截面图及单元受力图

$$\frac{\mathrm{d}M_n}{\mathrm{d}x}=V_n-d_n q_u \tag{15.1}$$

$$\frac{\mathrm{d}M_o}{\mathrm{d}x}=V_o-d_o q_u \tag{15.2}$$

$$\frac{\mathrm{d}V_n}{\mathrm{d}x}=r-q(x) \tag{15.3}$$

$$\frac{\mathrm{d}V_o}{\mathrm{d}x}=-r \tag{15.4}$$

$$\frac{\mathrm{d}N_n}{\mathrm{d}x}=q_u \tag{15.5}$$

$$\frac{\mathrm{d}N_o}{\mathrm{d}x}=-q_u \tag{15.6}$$

利用位移—内力关系可得：

$$M_n=-E_n I_n y'' \tag{15.7}$$

$$M_o=-E_o I_o y'' \tag{15.8}$$

$$N_n=E_n A_n u'_n \tag{15.9}$$

$$N_o=E_o A_o u'_o \tag{15.10}$$

式中，E_n，I_n，A_n，E_o，I_o，A_o 分别为新梁和旧梁的弹性模量、截面惯性矩、横截面面积。

经过力学推导，可以得到考虑滑移的叠合梁以挠度表示的六阶微分方程：

$$y^{(6)}-\frac{C_L\nu^2}{EI}y^{(4)}=-\frac{C_L}{EI_0EI}q(x) \tag{15.11}$$

式中　C_L——黏结滑移约束刚度；

v^2——轴向变形影响系数；

EI——抗弯刚度，$EI=E_n I_n+E_0 I_0$；

EI_0——轴向变形弯曲刚度。

新旧混凝土叠合梁的研究是混凝土维修加固领域中的一个重要问题，合理地计算其内力、变形对于实际工程具有重要意义。本任务考虑了荷载条件和收缩徐变两种工况，分别推导了两种工况下内力和变形的计算公式。为了更好的将叠合梁计算理论应用于工程实践，我们进一步推导了荷载条件下以挠度表示的微分方程和收缩徐变条件下以轴力表示的微分方程，这是后续叠合梁计算理论学习的基础。

15.2.3　考虑收缩、徐变影响的新旧混凝土叠合梁的解析解法

1. 徐变效应分析

在叠合施工完成后，新老混凝土存在收缩、徐变差异，由于后浇混凝土梁的收缩、徐变受到先浇混凝土梁的约束，在叠合面上会产生约束应力。

此处采用按混凝土龄期调整的有效弹性模量来考虑混凝土徐变的影响。

混凝土徐变是指在荷载持续作用下，混凝土的变形随时间而增长的现象。在 t_0 至 t 期间，不变的应力 $\sigma_c(t_0)$ 作用在混凝土上，则混凝土的瞬时应变和徐变总和为

$$\Delta\varepsilon_c(t)=\frac{\sigma_c(t_0)}{E_c(t_0)}+\frac{\sigma_c(t_0)\varphi(t,t_0)}{E_c(t_0)}=\frac{\sigma_c(t_0)[1+\varphi(t,t_0)]}{E_c(t_0)} \tag{15.12}$$

式中，$E_c(t_0)$为混凝土在龄期 t_0 时的弹性模量；$\varphi(t,t_0)$为 t_0 时刻作用应力 $\sigma_c(t_0)$引起的 t 时刻的徐变系数，则(15.12)式可改写为

$$\Delta\varepsilon_c(t)=\frac{\sigma_c(t_0)}{E_c(t,t_0)} \tag{15.13}$$

式中,$E_c(t,t_0)$为混凝土龄期有效弹性模量,则有

$$E_c(t,t_0)=\frac{E_c(t_0)}{1+\varphi(t,t_0)} \tag{15.14}$$

由于微差应力是随时间变化的,不是常量,当其作用到混凝土上时,徐变系数因应力的改变而异。采用折减徐变系数来考虑混凝土的老化,则(15.14)式可变化为

$$E_c(t,t_0)=\frac{E_c(t_0)}{1+\chi(t,t_0)\varphi(t,t_0)}=\frac{E_c(t_0)}{1+\varphi'(t,t_0)} \tag{15.15}$$

式中 $\chi(t,t_0)$——混凝土的老化系数;
$\varphi'(t,t_0)$——t 时刻的折减徐变系数。

混凝土的老化系数为

$$\chi=\frac{1}{1-0.91\mathrm{e}^{-0.686\varphi}}-\frac{1}{\varphi} \tag{15.16}$$

特别注意,新混凝土层的有效弹性模量为 E_n,基层混凝土的有效弹性模量为 E_o。

2. 收缩效应分析

混凝土收缩经验公式很多,都能在某一特定条件下反映一定的规律。但是,实际工程所处条件变化较多,使得各种经验公式都带有一定的局限性。经综合分析,本书决定采用美国 ACI209 委员会方法。

潮湿养护 7 天以后的自由收缩为

$$\varepsilon_{sh}(t)=\frac{t}{35+t}\varepsilon_{sh,\infty} \tag{15.17}$$

式中 t 为养护终了以后的天数。

$$\varepsilon_{sh,\infty}=780\gamma_{cp}\cdot\gamma_\lambda\cdot\gamma_h\cdot\gamma_s\cdot\gamma_\varphi\cdot\gamma_c\cdot\gamma_\alpha\times10^{-6}\quad(\mathrm{mm/mm}) \tag{15.18}$$

式中 $\varepsilon_{sh,\infty}$——普通养护条件下的终极收缩值;
780×10^{-6}——在标准条件下的自由收缩应变;
γ_{cp}——初始养护条件的校正系数;
γ_λ——环境相对湿度校正系数;
γ_h——平均厚度校正系数;
γ_s——坍落度校正系数;
γ_φ——细集料含量校正系数;
γ_c——水泥含量校正系数;
γ_α——空气含量校正系数。

3. 叠合梁以轴力表示的微分方程

对旧梁进行改造加固所采用的叠合结构形式,一般采用无支架施工的方法,即以旧梁为承重结构,叠合前后按照两阶段受力模式进行结构的计算。在混凝土收缩变形作用下,远离叠合梁端部的中部区域全截面受力较均匀(均匀受拉或受压)。分析中作如下基本假定:

(1)混凝土的收缩假定遵循时间函数 $\varepsilon_{sh}(t)$;

(2)新旧混凝土均为线弹性材料;

(3)新旧混凝土梁符合 Bernoulli 假定,即平截面在弯曲后仍为平面;

(4)在新旧混凝土梁之间的界面上，剪应力与界面滑移量成正比；

(5)忽略任何向上的掀起对叠合梁的影响，新旧混凝土梁的竖向挠度相等。

取新旧叠合梁中一个长为 $\mathrm{d}x$ 的微段，其变形及受力分别如图 15.6 和图 15.7 所示。

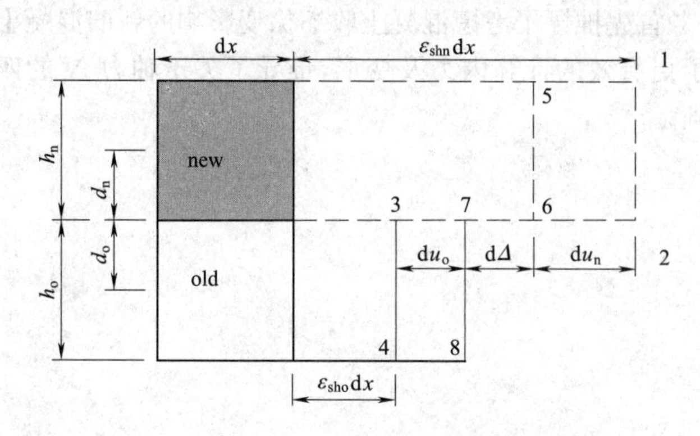

图 15.6 微段变形图

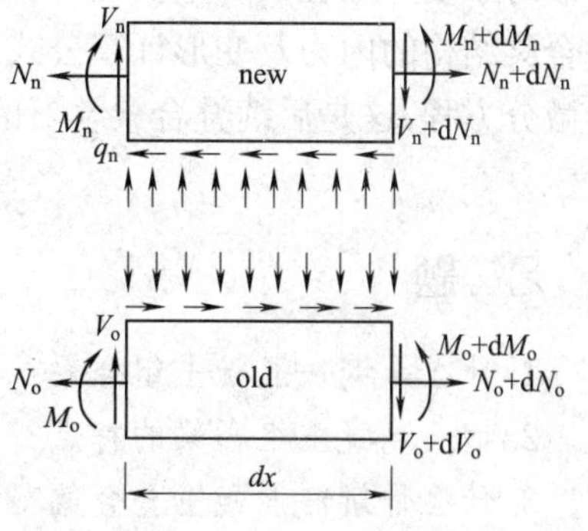

图 15.7 微段受力图

$$N_n=-N_o=N \tag{15.19}$$

$$M_n+M_o-Nd=0 \tag{15.20}$$

式中，d 为叠合截面上新混凝土梁形心轴至旧混凝土梁形心轴的距离($d=d_n+d_o$)。

$$\frac{\mathrm{d}N_n}{\mathrm{d}x}=q_u \tag{15.21}$$

$$\frac{\mathrm{d}N_o}{\mathrm{d}x}=-q_u \tag{15.22}$$

$$V_n=\frac{\mathrm{d}M_n}{\mathrm{d}x}-d_n\frac{\mathrm{d}N_n}{\mathrm{d}x} \tag{15.23}$$

$$V_o=\frac{\mathrm{d}M_o}{\mathrm{d}x}-d_o\frac{\mathrm{d}N_o}{\mathrm{d}x} \tag{15.24}$$

由图 15.6 可知，新旧混凝土梁在叠合面上的变形协调条件为

$$\Delta_{sh}^{*}=\Delta_{sh}\mathrm{d}x=\mathrm{d}\Delta+\mathrm{d}u_n+\mathrm{d}u_o \tag{15.25}$$

式中 $\Delta_{sh}=\varepsilon_{shn}-\varepsilon_{sho}$ 为无黏结时，新旧混凝土梁在叠合面处的相对滑移；$\mathrm{d}u_n$ 和 $\mathrm{d}u_o$ 分别为新旧混凝土梁之间由于存在变形相互约束而导致的在叠合面上的附加变形。

经过推导可得到关于轴力 N 的四阶微分方程($\xi=\frac{x}{l}$)：

$$A\frac{\mathrm{d}^4N}{l^4\mathrm{d}\xi^4}-B\frac{\mathrm{d}^2N}{l^2\mathrm{d}\xi^2}+CN+D=0 \tag{15.26}$$

式中 $A=\dfrac{1}{\overline{GA}\cdot\overline{dEI}\cdot K_u}$，微分方程四阶计算系数，与抗剪刚度、抗弯刚度和接触刚度有关；

$B=\dfrac{1}{K_u\cdot\overline{dEI}\cdot\overline{EI}}+\left[\dfrac{\mu_n}{G_nA_n}\left(\dfrac{1}{\overline{EA}}+\dfrac{dd_o}{E_oI_o}\right)+\dfrac{\mu_o}{G_oA_o}\left(\dfrac{1}{\overline{EA}}+\dfrac{dd_n}{E_nI_n}\right)\right]\dfrac{1}{\overline{dEI}}-\left[\dfrac{\mu_nd_n}{G_nA_n}-\dfrac{\mu_od_o}{G_oA_o}\right]$，微分方程二阶计算系数，与抗剪刚度、抗拉压刚度和抗弯刚度有关；

$C=\dfrac{1}{\overline{dEI}\cdot\overline{EI}\cdot\overline{EA}}+\dfrac{d^2}{\overline{dEI}\cdot E_nI_n\cdot E_oI_o}$，微分方程零阶计算系数，与抗弯刚度有关；

$D=\frac{\Delta_{sh}}{dEI \cdot EI}$,微分方程常数项,与收缩量有关。

新旧混凝土叠合梁的研究是混凝土维修加固领域中的一个重要问题,合理地计算其内力、变形对于实际工程具有重要意义。本任务首先推导了考虑混凝土收缩徐变影响的新旧混凝土叠合梁结构的内力及变形计算公式,为了更有效的计算内力及变形,推导了关于轴力 N 的四阶微分方程,这是后续叠合梁学习的基础。

习 题

1. 什么是钢—混凝土组合梁?
2. 钢—混凝土组合梁的特点?
3. 什么是新旧混凝土叠合梁?
4. 新旧混凝土叠合梁的特点?

项目 16　钢管混凝土构件

主要知识点	钢管混凝土的特点、工作性能、构造要求
重点及难点	钢管混凝土的工作性能
学习指导	通过本项目的学习，掌握钢管混凝土的工作性能、熟悉相关构造知识

钢管混凝土就是把混凝土灌入钢管中并捣实以加大钢管的强度和刚度。一般的，我们把混凝土强度等级在 C50 以下的钢管混凝土称为普通钢管混凝土；混凝土强度等级在 C50 以上的钢管混凝土称为钢管高强混凝土；混凝土强度等级在 C100 以上的钢管混凝土称为钢管超高强混凝土。钢管混凝土受压构件如图 16.1 所示，钢管混凝土拱桥的主拱截面形式如图 16.2所示。

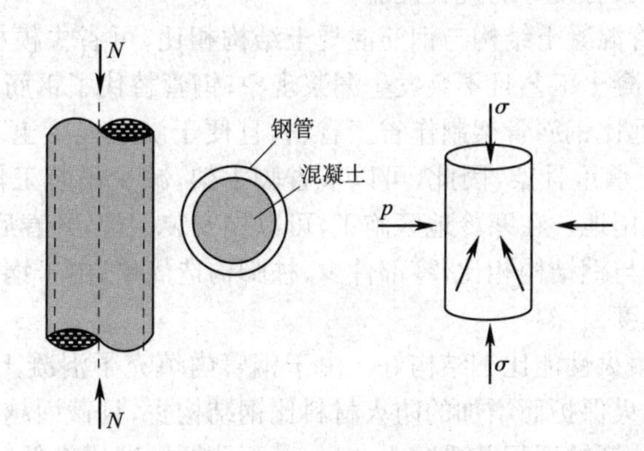

图 16.1　钢管混凝土受压构件

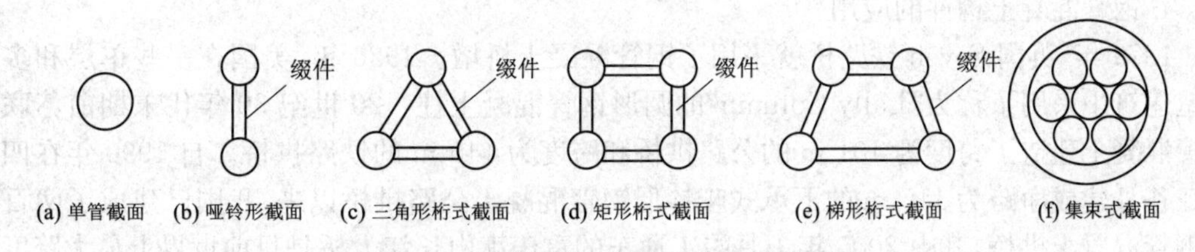

图 16.2　钢管混凝土拱桥的主拱截面形式

任务 16.1　熟悉钢管混凝土构件的特点及应用

1. 套箍作用

配有纵向钢筋和螺旋箍筋的钢筋混凝土轴心受压构件，当螺旋箍筋间距较小时，可以使核心混凝土三向受压而提高其抗压强度，从而提高了受压构件的承载能力。工程界常把用外部材料（如钢筋）有效约束内部材料（如混凝土）的横向变形，从而提高后者的抗压强度和变形能力的这种作用称为套箍或约束作用。

2. 钢管混凝土的起源

钢管混凝土就是将混凝土填入钢管内，由钢管对核心混凝土施加套箍作用的一种约束混凝土，它是在螺旋箍筋钢筋混凝土及钢管结构基础上演变发展起来的。一方面，钢管对混凝土的套箍作用，不仅使混凝土的抗压强度提高，而且还使混凝土由脆性材料转变为塑性材料。另一方面，钢管内部的混凝土提高了薄壁钢管的局部稳定性，使钢管的屈服强度可以得到利用。

3. 钢管混凝土的特点

在钢管混凝土构件中，两种材料能相互弥补，发挥各自的优点。因此，钢管混凝土构件具有如下特点：

(1)承载力高。由于钢管和混凝土两种材料的最佳组合使用，构件有很高的抗压、抗剪和抗扭承载力，其中抗压承载力约为钢管和核心混凝土单独承载力之和的 1.7～2.0 倍。由于承载力高，钢管混凝土受压构件比钢筋混凝土受压构件小而轻，适于做成更大跨度的拱结构。

(2)塑性与韧性好。单纯的混凝土属于脆性材料，但钢管内的核心混凝土在钢管的约束下，不仅扩大了弹性工作阶段，而且破坏时产生很大的塑性变形。试验表明，钢管混凝土构件在反复荷载作用下的荷载—位移滞回曲线饱满且刚度退化很小，说明其耗能性能高、延性和韧性好，适于承受动力荷裁，有较好的抗震性能。

(3)施工方便。钢管混凝土结构与钢筋混凝土结构相比，可省去模板，钢管本身作为模板适于采用先进的泵送混凝土工艺且不会发生漏浆现象；钢管替代了钢筋，兼有纵向钢筋和箍筋的作用，但钢管的制作远比钢筋骨架制作省工省料，且便于浇筑混凝土。在施工阶段，钢管本身重量轻又可作为施工承重骨架，因此，可以节省脚手架，减少吊装工作量，简化施工安装工艺，缩短工期，减少施工用地。在寒冷地区施工，可以先安装钢管，开春后再浇筑混凝土，因此，施工受季节的影响小。与钢结构相比，零部件少，柱脚构造简单；由于钢管较薄，大大减轻了现场焊接工作量和施焊难度。

(4)耐锈蚀性能与耐火性能比钢结构好。由于钢管内填充了混凝土，能吸收热量，故耐火极限高于钢结构。为抗火保护而增加的防火材料比钢结构少，且截面越大，防火材料相对减少很多。与钢结构相比，防锈蚀面积几乎减少一半，因而防锈蚀费用较低。

4. 钢管混凝土构件的应用

1879 年，英国 Seven 铁路桥就采用了钢管混凝土桥墩。1926 年，美国在一些单层和多层房屋建筑中采用了称为“Lally Column”的圆形钢管混凝土柱。20 世纪 30 年代末期前苏联用钢管混凝土建造了跨度为 101 m 的公路拱桥和跨度为 140 m 的铁路拱桥。自 1990 年在四川省旺苍县建成净跨为 115 m 的下承式哑铃形钢管混凝土公路拱桥以来，我国已建成了两百多座钢管混凝土拱桥，其中 2005 年 1 月竣工通车的重庆巫山长江大桥是目前世界上最大跨度的钢管混凝土拱桥(主跨跨径 460 m，主拱肋采用四管桁式截面)。

任务 16.2　熟悉钢管混凝土构件的工作性能

钢管混凝土受压构件在荷载作用下的应力状态和应力途径十分复杂。

(1)最简单的加载情况是荷载仅施加于核心混凝土上，钢管不直接承受纵向压力，只起套箍作用，犹如钢筋混凝土柱中的螺旋箍筋一样。

(2)钢管与核心混凝土同时共同承担荷载。

(3)钢管先于核心混凝土承受预压应力。例如,空钢管骨架在浇灌混凝土以前,即受到施工安装荷载所引起的预压应力;混凝土干缩会使钢管端头高于混凝土端面等。上述情况可模拟为三种加载方式(图16.3)。

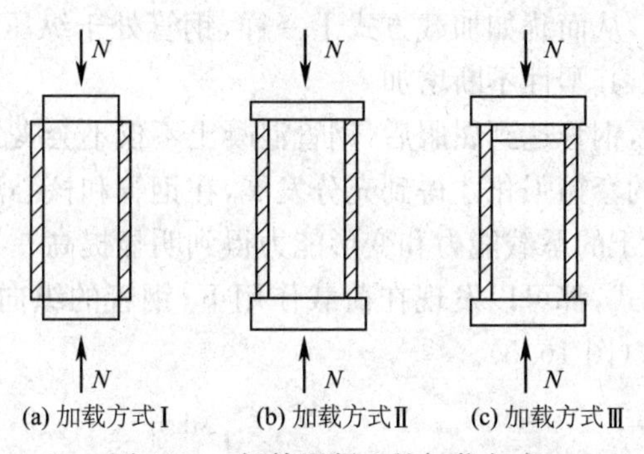

图16.3　钢管混凝土的加载方式

①加载方式Ⅰ:荷载直接施加于核心混凝土上,钢管不直接承受纵向荷载;

②加载方式Ⅱ:荷载直接同时施加于钢管和核心混凝土上;

③加载方式Ⅲ:钢管预先单独承受荷载,直至钢管被压缩到与核心混凝土齐平后,方与核心混凝土共同承受荷载。

试验证明,上述三种加载方式对压力 N 和核心混凝土纵向应变 ε_c 的变形特征(图16.4)有明显影响。例如,在低荷载阶段,即钢管未屈服前,加载方式Ⅰ的纵向压缩变形较加载方式Ⅱ的大;随着荷载的增大,差异逐渐缩小,当达到极限荷载时,二者差异已不明显。但是,上述不同加载方式对钢管混凝土柱的极限承载力能力没有明显影响。

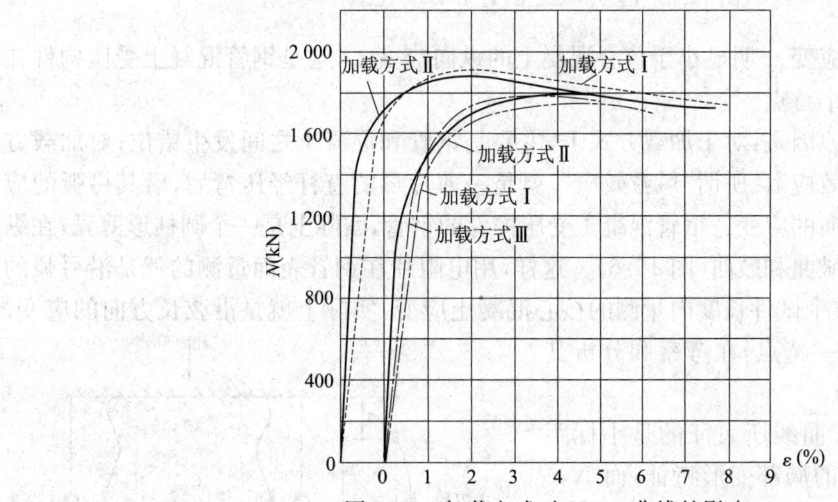

图16.4　加载方式对 $N-\varepsilon_c$ 曲线的影响

对于加载方式Ⅰ的情况,在荷载作用的初始阶段,核心混凝土未出现微裂缝以前,钢管中应力几乎为零,核心混凝土单独承担全部纵向压力。随着荷载的增加,混凝土因内部开始出现微裂而向外挤胀,在混凝土与钢管壁之间出现径向压力,钢管壁开始受到环向拉应力,同时,由于钢管与混凝土接触面间的摩擦力,使钢管也受到不同程度的纵向压应力。从而,钢管即处于纵压—环拉的双向应力状态,而核心混凝土则处于三向受压状态,此后核心混凝土的脆性减小而塑性增加。

对于加载方式Ⅱ(或加载方式Ⅲ),在荷载作用的初始阶段,混凝土的横向变形系数小于钢管的泊松系数,因此,混凝土与钢管之间不会发生挤压,钢管如同普通纵向钢筋一样,与核心混凝土共同承受纵向压力。随着荷载的增加,混凝土内部发生微裂并不断发展,混凝土的侧向膨胀超过了钢管的侧向膨胀,从而犹如加载方式Ⅰ一样,钢管处于纵压一环拉的双向应力状态,混凝土处于三向受压状态,其塑性不断增加。

从以上分析可以看出,钢管达到屈服后,钢管混凝土不仅不会丧失承载能力,相反,在钢管屈服过程中,核心混凝土的套箍强化才得到充分发展,在钢管和核心混凝土之间才产生持续的内力重分布而使钢管混凝土的承载能力和变形能力得到明显提高。

无论采取哪种加载方式,都可以发现在荷载作用下,钢管的纵向应变 ε_s 与核心混凝土的纵向应变 ε_c 并不协调一致(图 16.5)。

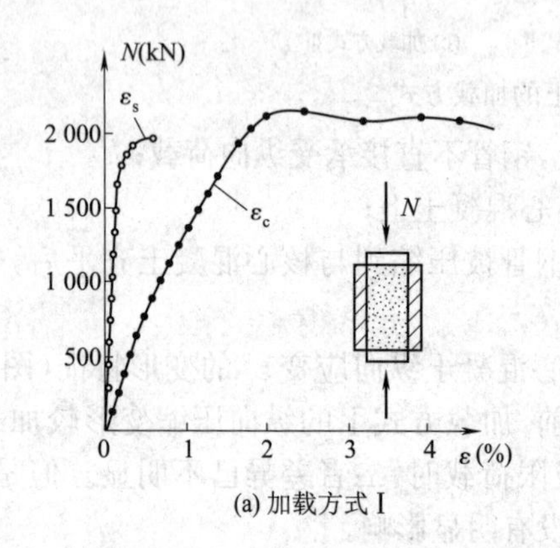

(a) 加载方式Ⅰ

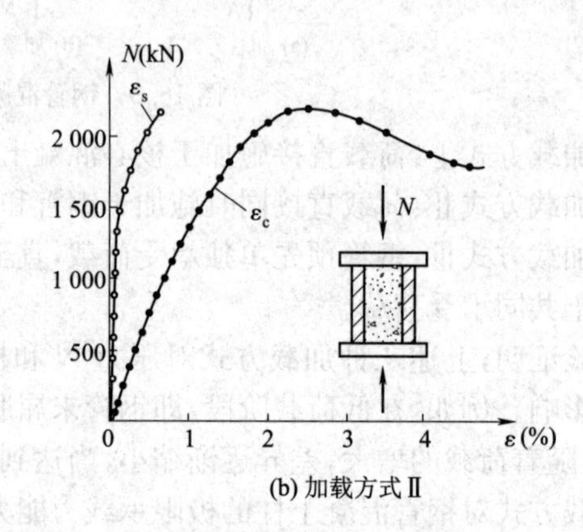

(b) 加载方式Ⅱ

图 16.5 钢管混凝土的 ε_s 和 ε_c 对比图

钢管表面的纵向应变 ε_s 明显小于核心混凝土的纵向应变 ε_c,这是钢管混凝土受压构件在荷载作用下变形的一个特点。

产生这一现象的原因是:对于加载方式Ⅰ,主要是钢管和混凝土之间发生错位;对加载方式Ⅱ,则主要是"弓弦效应"。所谓"弓弦效应",就是一薄片形的直杆经压弯后,沿其弓弧的应变总是小于沿弦长方向的应变。钢管混凝土受压构件的钢管,实际上是一个圆柱形薄壳,在纵向压力作用下会发生皱曲和鼓曲(图 16.6)。这样,用电阻片在钢管表面量测的就是沿弓弧的应变,而用千分表在整个试件长度内量测的核心混凝土应变,实际上就是沿弦长方向的应变。钢管混凝土变形的这一特点,在考察和分析其力学性能时,应予注意。

一般说来,N—ε_s 曲线所表征的是小标距范围内顺着钢管表面的局部变形特征,而 N—ε_c 曲线则是较大标距范围内钢管混凝土受压构件整体行为的表征。

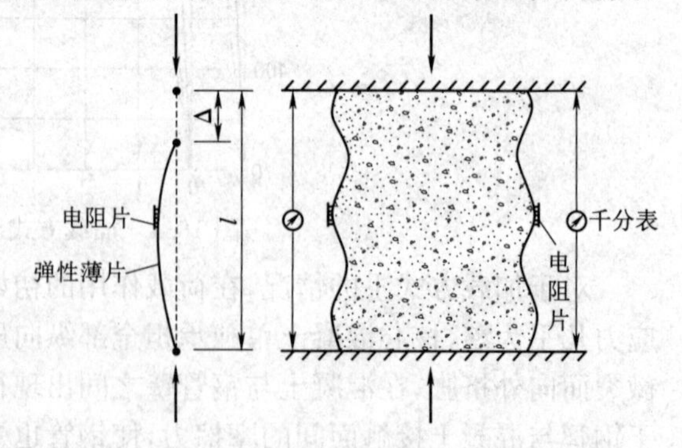

图 16.6 钢管与核心混凝土的纵向应变的弓弦效应

无论采用哪种加载方式,钢管的屈服、皱曲、核心混凝土的开裂、错动和滑移等现象所造成的位移,都可以在 N—ε_c 曲线上很稳定地反映出来。因此,通常把以核心混凝土的 N—ε_c 曲线,作为描述和评价钢管混凝土受压构件力学行为的依据。

对于钢管外径 D 与其厚度 t 之比(简称径厚比)$D/t \geqslant 20$ 的钢管混凝土轴心受压短柱,试验得到的 $N—\varepsilon_c$ 典型曲线如图 16.7 所示。

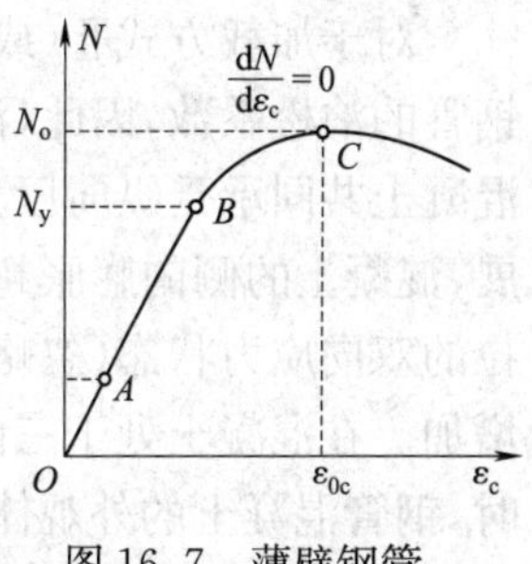

图 16.7　薄壁钢管混凝土短柱 $N—\varepsilon_c$ 曲线

由图 16.7 可见,在较低的荷载阶段,$N-\varepsilon_c$ 大致为一直线(图中的 OAB 段)。当荷载增加至 B 点时,钢管开始屈服,其表面或出现吕德尔斯滑移斜线,或开始有铁皮剥落,这意味着钢管已经屈服,$N—\varepsilon_c$ 曲线明显偏离其初始的直线,显露出塑性的特点。而切线模量 $dN/d\varepsilon_c$ 由 B 点开始,随着荷载增加而不断减小,直至 C 点处 $dN/d\varepsilon_c=0$,荷载达到最大值。随后,$dN/d\varepsilon_c$ 变为负值,$N—\varepsilon_c$ 曲线逐渐下降。对于 D/t 值较大的薄壁钢管混凝土试件,往往在 $N—\varepsilon_c$ 曲线下降过程中,钢管被胀裂,出现纵向裂缝而完全破坏;对于 D/t 值较小的试件,在荷载缓慢下降过程中,变形仍持续发展而不破坏。

对应于图 16.7 中 B 点的荷载,定义为屈服荷载 N_y;对应于 C 点的荷载,定义为极限荷载 N_0,相应的混凝土应变,被定义为极限应变 ε_{oc}。相同尺寸的三组钢管混凝土短柱、素混凝土(配少量构造钢筋)和钢管的比较试验表明,钢管混凝土短柱的极限承载力比钢管与核心混凝土柱体两者极限承载力之和大,大致相当于两根钢管的承载力与核心混凝土柱体承载力之和的 1.7～2 倍。极限应变值 ε_{oc} 比普通混凝土大几倍或十几倍。要认识钢管混凝土工作的机理,必须按照混凝土和钢管两种材料的特点区分出各自的不同工作阶段。

对于加载方式Ⅰ的情况,在荷载作用的初始阶段,即核心混凝土未出现微裂缝以前,钢管中应力几乎为零,核心混凝土单独承担全部纵向压力 σ_c(图 16.8a)。随着荷载的增加,混凝土因内部开始出现微裂而向外挤胀,在混凝土与钢管壁之间出现径向压力 p,钢管壁开始受到环向拉应力 σ_2[图 16.9(a)],同时,由于钢管与混凝土接触面间的摩擦力,使钢管也受到不同程度的纵向压应力 σ_1。从此,钢管即处于纵压—环拉的双向应力状态(径向压应力 p 相对较小,可以忽略),而核心混凝土则处于三向受压状态,此后核心混凝土的脆性减小而塑性增加。

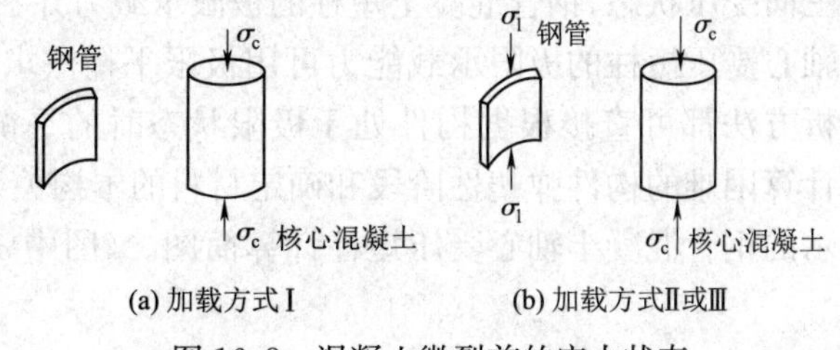

图 16.8　混凝土微裂前的应力状态

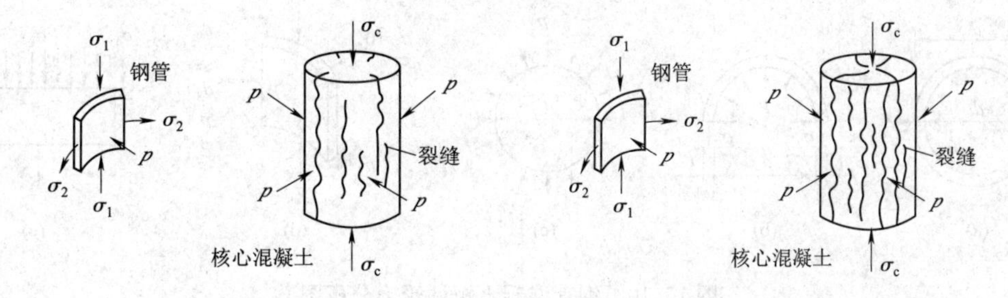

图 16.9　混凝土微裂后的应力状态

对于加载方式Ⅱ(或加载方式Ⅲ)多在荷载作用的初始阶段。混凝土的横向变形系数小于钢管的泊松系数,因此,混凝土与钢管之间不会发生挤压,钢管如同普通纵向钢筋一样,与核心混凝土共同承受纵向压力 σ_1[图 16.8(b)]。随着荷载的增加,混凝土内部发生微裂并不断发展,混凝土的侧向膨胀超过了钢管的侧向膨胀,从此犹如加载方式Ⅰ一样,钢管处于纵压—环拉的双向应力状态(忽略径向压应力 p),混凝土处于三向受压状态[图 16.9(a)],其塑性不断增加。在混凝土处于三向受压状态后,无论何种加载方式,当双向受力的钢管还处于弹性阶段时,钢管混凝土的外观体积变化不大。但是,当钢管达到屈服阶段后(钢管表面掉皮或出现吕德尔斯滑移线),钢管混凝土的应变发展加剧,钢管混凝土的外观体积因核心混凝土微裂缝发展而急剧增长。按照 Von Mises 钢材屈服条件可知,钢管的环向拉应力不断增大,纵向压应力相应不断减小,在钢管与核心混凝土之间产生纵向压力的重分布:一方面,钢管承受的压力减小;另一方面,核心混凝土因受到较大的约束而具有更高的抗压强度。

钢管由主要承受纵向压应力转变为主要承受环向拉应力(图 16.9b)。最后,当钢管和核心混凝土所能承担的纵向压力之和达到最大值时,钢管混凝土即达到极限状态。以后,随着变形的增加,一方面钢管会发生皱曲,另一方面钢管可能将进入强化阶段,应力状态将变得十分复杂,已没必要作进一步的探讨。从以上分析可以看出,钢管达到屈服后钢管混凝土不仅不会丧失承载能力,恰恰相反,在钢管屈服过程中,核心混凝土的套箍强化才得到充分发展,在钢管和核心混凝土之间才产生持续的内力重分布而使钢管混凝土的承载能力和变形能力得到明显提高。

任务 16.3　掌握钢管混凝土受压构件的承载力计算

16.3.1　钢管混凝土轴心受压短柱的极限分析

钢管混凝土受压短柱的变形过程很复杂,且因加载方式不同而有所差异,但在钢管达到屈服而开始塑流以后,各种加载方式下的应力状态、性质上都是相同的,即钢管处于纵压—环拉状态,核心混凝土处于三向受压状态,钢管混凝土短柱的极限承载力并不受变形历史的影响。

因此,钢管混凝土轴心受压短柱的极限承载能力可用极限平衡法求解。不管加载历程和变形过程,极限平衡分析方法都可直接根据构件处于极限状态时的平衡条件确定极限荷载。这种方法,因不必考虑计算困难的构件弹塑性阶段和确定材料的本构关系,因而计算简单。为此,采用如图 16.10 所示的钢管混凝土轴心受压短柱计算简图。(图中 σ_3' 为混凝土对钢管的法向应力)

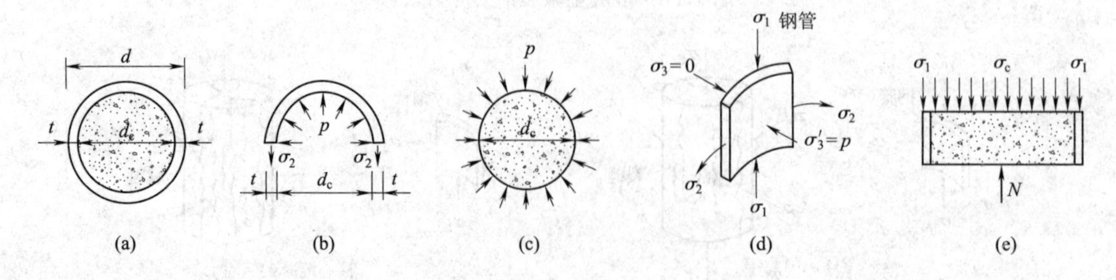

图 16.10　钢管混凝土短柱受力分析图

基本假设如下:

(1)轴心受压短柱的应变场呈轴对称分布。

(2)在极限状态时,对于 $D/t \geqslant 20$ 的薄壁钢管,因其所受的径向应力 $\sigma_3 = p$ 远比 σ_2 小,可忽略不计。钢管的应力状态可简化为纵向受压、环向受拉的双向应力状态,并沿钢管壁厚度均匀分布。

(3)钢管和核心混凝土两种材料的屈服条件都是稳定的,不因塑性变形的发展而改变或弱化,即钢管采用如下 V_{on} Misess 屈服条件:

$$(\sigma_1)^2 + \sigma_1\sigma_2 + (\sigma_2)^2 = (f_y)^2 \tag{16.1}$$

式中 f_y——钢材在单轴应力下的屈服极限。

经过推导,最后得到

$$N_0 = A_c f_c (1 + \sqrt{\theta} + \theta) \tag{16.2}$$

式中 N_0——钢管混凝土轴压短柱极限承载力;

θ——套箍指标。

16.3.2 钢管混凝土设计的一般原则

进行钢管混凝土构件设计时的一般原则如下:

(1)钢管混凝土结构设计必须贯彻执行国家技术经济政策,充分考虑工程情况、材料供应、构件运输、安装和施工的具体条件,合理选用结构方案,做到安全、经济和适用,同时注意结构的抗腐蚀性能。

(2)钢管混凝土结构构件应根据承载能力极限状态和正常使用极限状态的要求,进行下列计算和验算:

①承载力和稳定性:所有结构构件均应进行承载力计算,必要时应进行结构的抗倾覆和滑移验算。

②变形:对使用上需控制变形的结构构件,应进行变形验算。

(3)按承载能力极限状态设计钢管混凝土结构时,应考虑荷载效应的基本组合(可变荷载为主的组合和永久荷载为主的组合)。必要时还应考虑荷载效应的偶然组合,按正常使用极限状态设计钢管混凝土结构时,应考虑荷载的标准组合及准永久组合。

(4)计算结构或构件的强度、稳定性及连接的强度时,应采用荷载设计值(荷载标准值乘以荷载分项系数)。

(5)对于直接承受动力荷载的钢管混凝土结构,在计算强度和稳定性时,动力荷载设计值应乘以动力系数,在计算疲劳和变形时,动力荷载标准值不应乘以动力系数。

(6)在抗震设计时,对采用钢筋混凝土框架梁的框架,其结构抗震等级可按照钢筋混凝土结构的等级划分;对采用钢梁或钢—混凝土组合梁的框架,可按混合结构相关规定采用。钢管混凝土的抗震和抗风计算参数,在无法确定时,可按钢筋混凝土结构取值。

(7)钢管的外直径或最小外边长不宜小于 100 mm,钢管的壁厚不宜小于 4 mm。

(8)研究结果表明,钢管混凝土钢管壁的稳定性会由于核心混凝土的存在而有所提高。

(9)对于矩形截面钢管混凝土构件,为了保证矩形钢管和核心混凝土之间有效的共同工作,其钢管截面长边边长与短边边长之不宜大于 2。

(10)钢管混凝土宜用作轴心受压或小偏心受压构件,当大偏心受压采用单根构件不够经济合理时,宜采用格构式构件。对于厂房柱和构架柱,常用截面形式有单肢、双肢、三肢和四肢 4 种,设计时应根据厂房高度、跨度、结构形式、荷载情况和使用要求确定。由于厂房框架柱多为承载力高的偏压构件,采用格构式柱时,使柱肢处于轴压或小偏压状态,可以充分发挥钢管混凝土的优越性。

任务16.4　熟悉钢管混凝土构件的构造要求

钢管混凝土结构的构造大都参考钢结构的构造要求,但它也有自身的构造特点。一般而言,钢管混凝土结构的构造必须满足构造简单、传力明确、安全可靠、节约材料和施工方便的要求。下面是对钢管混凝土结构的一般构造要求。

(1)钢管可采用直缝焊接管、螺旋形缝焊接管和无缝钢管。焊缝必须采用对接焊缝,并达到与母材等强的要求。

(2)钢管材料可选用Q235(A3)钢、Q345(16 Mn)钢或Q390(15 MnV)钢,有可靠依据时,可采用其他钢材。

(3)混凝土采用普通混凝土,其强度等级不宜低于C30。Q235(A3)钢宜配C30或C40级混凝土,Q345(16Mn)钢宜配C40、C50或C60级混凝土,Q390(15MnV)钢宜配C50或C60级混凝土。

(4)钢管接长时,如管径不变,宜采用等强度的坡口焊缝;如管径改变,可采用法兰盘和螺栓连接。法兰盘采用带孔板,使管内混凝土保持连续。

(5)为保证混凝土的浇筑质量,钢管外径不宜小于100 mm;为满足焊接所需的最小厚度要求,钢管壁厚不宜小于4 mm。

(6)为防止空钢管在施工过程中受力时发生管壁局部失稳,钢管的外径与壁厚之比,宜限制在20至$85\sqrt{235/f_y}$之间。

(7)为防止混凝土强度等级较高时钢管的套箍作用不够而导致脆性破坏,套箍指标θ不宜太小;为防止因混凝土强度等级过低而使构件在使用荷载下产生塑性变形,套箍指标θ又不宜太大。大量试验表明,钢管混凝土的套箍指标θ宜限制在0.3～3。套箍指标满足此要求的构件,在使用荷载作用下处于弹性工作阶段,而在最终破坏前又具有良好的延性。

习　题

1. 什么是钢管混凝土构件?
2. 钢管混凝土的用途?
3. 什么是核心混凝土?
4. 什么是无缝钢管?
5. 钢管套箍指标的用途?
6. 什么是三向受压状态?

参考文献

[1] 中华人民共和国建设部. 建筑结构可靠度设计统一标准:GB 50068—2001. 北京:中国建筑工业出版社,2001.

[2] 中国工程建设标准化协会. 钢结构设计规范:GB 50017—2003. 北京:中国建筑工业出版社,2002.

[3] 中华人民共和国建设部. 建筑结构荷载规范:GB 50009—2001,北京:中国建筑工业出版社,2001.

[4] 叶见曙. 结构设计原理[M]. 2 版. 北京:人民交通出版社,2013.

[5] 苏彦江. 钢结构设计原理[M]. 北京:中国铁道出版社,2007.

[6] 许红叶,杨维国. 考虑收缩徐变影响的新旧混凝土叠合梁单元刚度矩阵改进[J]. 力学与实践,2016,38(6):658-663.

[7] 中华人民共和国住房和城乡建设部. 混凝土结构设计规范:GB 50010—2010. 北京:中国建筑工业出版社,2010.

[8] 杨维国,许红叶. 考虑收缩徐变影响的新旧混凝土叠合梁非线性实用分析方法[J]. 力学与实践,2017(4).

[9] 张庆芳,张志国. 钢结构[M]. 北京:中国铁道出版社,2008.

[10] 中国国家标准化管理委员会. 焊缝符号表示法:GB 324－2008. 北京:中国标准出版社. 2008.

[11] 王丽娟,徐光华. 钢筋混凝土结构与钢结构[M]. 北京:中国铁道出版社,2012.

[12] 中交公路规划设计院. 公路钢筋混凝土及预应力混凝土桥涵设计规范:JTG/D 62－2004. 北京:人民交通出版社,2011.

[13] 中华人民共和国住房和城乡建设部. 钢结构工程施工规范:GB 50755—2012. 北京:中国建筑工业出版社,2012.

[14] 王熙. 探析钢筋混凝土轴心受拉构件的受力特点[J]. 科技传播,2010(12):146.

附　　录

模块 1　附　　表

附表 1.1　混凝土强度标准值和设计值(MPa)

强度种类		符号	混凝土强度等级						
			C20	C25	C30	C35	C40	C45	C50
强度标准值	轴心抗压	f_{ck}	13.4	16.7	20.1	23.4	26.8	29.6	32.4
	轴心抗拉	f_{tk}	1.54	1.78	2.01	2.20	2.40	2.51	2.65
强度设计值	轴心抗压	f_{cd}	9.2	11.5	13.8	16.1	18.4	20.5	22.4
	轴心抗拉	f_{td}	1.06	1.23	1.39	1.52	1.65	1.74	1.83

附表 1.2　混凝土的弹性模量($\times 10^4$ MPa)

混凝土强度等级	C20	C25	C30	C35	C40	C45	C50
E_c	2.55	2.80	3.00	3.15	3.25	3.35	3.45

附表 1.3　普通钢筋强度标准值和设计值(MPa)

强度种类	直径 d(mm)	符号	抗拉强度标准值 f_{sk}	抗拉强度设计值 f_{sd}/f_{sv}	抗压强度设计值 f'_{sd}
R235/HPB235	8～20	Φ	235	195	195
HPB300	6～22	Φ	300	270	270
HRB335	6～50	Φ	335	280	280
HRB400	6～50	Φ	400	330	330
HRB500	6～50	Φ	500	435	410

附表 1.4　普通钢筋的弹性模量($\times 10^5$ MPa)

钢筋种类	弹性模量 E_s
R235/HPB235/HPB300	2.1
HRB335/ HRB400/ HRB500	2.0

附表 1.5　普通钢筋的截面面积、重量表

公称直径(mm)	不同根数钢筋的公称截面面积(mm^2)						重量(kg/m)	内径(mm)	外径(mm)
	1	2	3	4	5	6			
6	28.3	57	85	113	141	170	0.222	6	7.0
8	50.3	101	151	201	251	302	0.395	8	9.3
10	78.5	157	236	314	393	471	0.617	10	11.6
12	113.1	226	339	452	566	679	0.888	12	13.9
14	153.9	308	462	616	770	924	1.21	14	16.2
16	201.1	402	603	804	1 005	1 206	1.58	16	18.4
18	254.5	509	763	1 018	1 272	1 527	2.00	18	20.5
20	314.2	628	942	1 256	1 570	1 884	2.47	20	22.7
22	380.1	760	1 140	1 520	1 900	2 281	2.98	22	25.1
25	490.9	982	1 473	1 964	2 454	2 945	3.85	25	28.4
28	615.8	1 232	1 847	2 463	3 079	3 695	4.83	28	31.6
32	804.2	1 608	2 413	3 217	4 021	4 826	6.31	32	35.8

附表 1.6　普通钢筋和预应力直线形钢筋最小保护层厚度(mm)

序号	构件类别	环境条件		
		Ⅰ(优)	Ⅱ(中)	Ⅲ、Ⅳ(差)
1	梁、板、墩台	30	40	45
2	基础	40	50	60
3	箍筋	20	25	30

附表 1.7　钢筋混凝土构件中纵向受力钢筋的最小配筋率(%)

受力类型		最小配筋率
受弯构件、偏心受拉构件及轴心受拉构件的一侧受拉钢筋		0.2 和 $45\frac{f_{td}}{f_{sd}}$中较大值
受压构件	全部纵向钢筋	0.5
	一侧纵向钢筋	0.2

附表 1.8　钢筋混凝土轴心受压构件的稳定系数 φ

φ	1.0	0.98	0.95	0.92	0.87	0.81	0.75	0.70	0.65
l_0/b	≤8	10	12	14	16	18	20	22	24
l_0/d	≤7	8.5	10.5	12	14	15.5	17	19	21
l_0/r	≤28	35	42	48	55	62	69	76	83

注:表中 l_0 为构件计算长度,b 为矩形截面短边尺寸,d 为圆形截面直径,r 为截面最小回转半径。

附表 1.9 预应力钢筋强度设计值(MPa)

钢筋种类	极限强度标准值 f_{ptk}	抗拉强度设计值 f_{py}	抗压强度设计值 f'_{py}
中强度预应力钢丝	800	510	410
	970	650	
	1 270	810	
消除应力钢丝	1 470	1 040	410
	1 570	1 110	
	1 860	1 320	
钢绞线	1 570	1 110	390
	1 720	1 220	
	1 860	1 320	
	1 960	1 390	
预应力螺纹钢筋	980	650	410
	1 080	770	
	1 230	900	

模块2 附 表

附表2.1 钢材的强度设计值(MPa)

钢材		抗拉 抗压 f 抗弯	抗剪 f_v
牌号	厚度或直径(mm)		
Q235钢	≤16	215	125
	＞16～40	205	120
	＞40～60	200	115
	＞60～100	190	110
Q345钢	≤16	310	180
	＞16～35	295	170
	＞35～50	265	155
	＞50～100	250	145

注:表中的厚度系指计算点的钢材厚度,对轴心受力构件系指截面中较厚板件的厚度

附表2.2 焊缝的强度设计值(MPa)

焊接方法和焊条型号	构件钢材		对接焊缝				角焊缝
	牌号	厚度或直径(mm)	抗压 f_c^w	焊缝质量为下列等级时,抗拉 f_t^w		抗剪 f_v^w	抗拉、抗压和抗剪 f_f^w
				一级、二级	三级		
自动焊、半自动焊和E43型焊条的手工焊	Q235钢	≤16	215	215	185	125	160
		＞16～40	205	205	175	120	
		＞40～60	200	200	170	115	
		＞60～100	190	190	160	110	
自动焊、半自动焊和E50型焊条的手工焊	Q345钢	≤16	310	310	265	180	200
		＞16～35	295	295	250	170	
		＞35～50	265	265	225	155	
		＞50～100	250	250	210	145	

附表 2.3 螺栓连接的强度设计值和构件钢材的强度设计值(MPa)

螺栓的性能等级和构件钢材的牌号		普通螺栓						承压型连接高强度螺栓		
		C级螺栓			A、B及螺栓					
		抗拉 f_t^b	抗剪 f_v^b	承压 f_c^b	抗拉 f_t^b	抗剪 f_v^b	承压 f_c^b	抗拉 f_t^b	抗剪 f_v^b	承压 f_c^b
普通螺栓	4.6级、4.8级	170	140							
	5.6级				210	190				
	8.8级				400	320				
承压型连接高强度螺栓	8.8级							400	250	
	10.9级							500	310	
构件	Q235钢			305			405			470
	Q345钢			385			510			590

附表 2.4 轴心受压构件的整体稳定系数 φ(a类截面)

$\lambda\sqrt{\frac{f_y}{235}}$	0	1	2	3	4	5	6	7	8	9
0	1.000	1.000	1.000	1.000	0.999	0.999	0.998	0.998	0.997	0.996
10	0.995	0.994	0.993	0.992	0.991	0.989	0.988	0.986	0.985	0.983
20	0.981	0.979	0.977	0.976	0.974	0.972	0.970	0.968	0.966	0.964
30	0.963	0.961	0.959	0.957	0.955	0.952	0.950	0.948	0.946	0.944
40	0.941	0.939	0.937	0.934	0.932	0.929	0.927	0.924	0.921	0.919
50	0.916	0.913	0.910	0.907	0.904	0.900	0.897	0.894	0.890	0.886
60	0.883	0.879	0.875	0.871	0.867	0.863	0.858	0.854	0.849	0.884
70	0.839	0.834	0.829	0.824	0.818	0.813	0.807	0.801	0.795	0.789
80	0.783	0.776	0.770	0.763	0.757	0.750	0.743	0.736	0.728	0.721
90	0.914	0.706	0.699	0.691	0.684	0.676	0.668	0.661	0.653	0.645
100	0.638	0.630	0.622	0.615	0.607	0.600	0.592	0.585	0.577	0.570
110	0.563	0.555	0.548	0.541	0.534	0.527	0.520	0.514	0.507	0.500
120	0.494	0.488	0.481	0.475	0.469	0.463	0.457	0.451	0.445	0.440
130	0.434	0.429	0.423	0.418	0.412	0.407	0.402	0.397	0.392	0.387
140	0.383	0.378	0.373	0.369	0.364	0.360	0.356	0.351	0.347	0.343
150	0.339	0.335	0.331	0.327	0.323	0.320	0.316	0.312	0.309	0.305

附表 2.5 轴心受压构件的整体稳定系数 φ(b类截面)

$\lambda\sqrt{\frac{f_y}{235}}$	0	1	2	3	4	5	6	7	8	9
0	1.000	1.000	1.000	0.999	0.999	0.998	0.997	0.996	0.995	0.994
10	0.992	0.991	0.989	0.987	0.985	0.983	0.981	0.978	0.976	0.973
20	0.970	0.967	0.963	0.960	0.957	0.953	0.950	0.946	0.943	0.939
30	0.936	0.932	0.929	0.925	0.922	0.918	0.914	0.910	0.906	0.903
40	0.899	0.895	0.891	0.887	0.882	0.878	0.874	0.870	0.865	0.861
50	0.856	0.852	0.847	0.842	0.838	0.833	0.828	0.823	0.818	0.813
60	0.807	0.802	0.797	0.791	0.786	0.780	0.774	0.769	0.763	0.757

续上表

$\lambda\sqrt{\frac{f_y}{235}}$	0	1	2	3	4	5	6	7	8	9
70	0.751	0.745	0.739	0.732	0.726	0.720	0.714	0.707	0.701	0.694
80	0.688	0.681	0.675	0.668	0.661	0.655	0.648	0.641	0.635	0.628
90	0.621	0.614	0.608	0.601	0.594	0.588	0.581	0.575	0.568	0.561
100	0.555	0.549	0.542	0.536	0.529	0.523	0.517	0.511	0.505	0.499
110	0.493	0.487	0.481	0.475	0.470	0.464	0.458	0.453	0.447	0.442
120	0.437	0.432	0.426	0.421	0.416	0.411	0.406	0.402	0.397	0.392
130	0.387	0.383	0.378	0.374	0.370	0.365	0.361	0.357	0.353	0.349
140	0.345	0.341	0.337	0.333	0.329	0.326	0.322	0.318	0.315	0.311
150	0.308	0.304	0.301	0.298	0.295	0.291	0.288	0.285	0.282	0.279

附表 2.6　轴心受压构件的整体稳定系数 φ（c类截面）

$\lambda\sqrt{\frac{f_y}{235}}$	0	1	2	3	4	5	6	7	8	9
0	1.000	1.000	1.000	0.999	0.999	0.998	0.997	0.996	0.995	0.993
10	0.992	0.990	0.988	0.986	0.983	0.981	0.978	0.976	0.973	0.970
20	0.966	0.959	0.953	0.947	0.940	0.934	0.928	0.921	0.915	0.909
30	0.902	0.896	0.890	0.884	0.877	0.871	0.865	0.858	0.852	0.846
40	0.839	0.833	0.826	0.820	0.814	0.807	0.801	0.794	0.788	0.781
50	0.775	0.768	0.762	0.755	0.748	0.742	0.735	0.729	0.722	0.715
60	0.709	0.702	0.695	0.689	0.682	0.676	0.669	0.662	0.656	0.649
70	0.648	0.636	0.629	0.623	0.616	0.610	0.604	0.597	0.591	0.584
80	0.578	0.572	0.566	0.559	0.553	0.547	0.541	0.535	0.529	0.523
90	0.517	0.511	0.505	0.500	0.494	0.488	0.483	0.477	0.472	0.467
100	0.463	0.458	0.454	0.449	0.445	0.441	0.436	0.432	0.428	0.423
110	0.419	0.415	0.411	0.407	0.403	0.399	0.395	0.391	0.387	0.383
120	0.379	0.375	0.371	0.367	0.364	0.360	0.356	0.353	0.349	0.346
130	0.342	0.339	0.335	0.332	0.328	0.325	0.322	0.319	0.315	0.312
140	0.309	0.306	0.303	0.300	0.297	0.294	0.291	0.288	0.285	0.282
150	0.280	0.277	0.274	0.271	0.269	0.266	0.264	0.261	0.258	0.256

附表 2.7　轴心受压构件的整体稳定系数 φ（d类截面）

$\lambda\sqrt{\frac{f_y}{235}}$	0	1	2	3	4	5	6	7	8	9
0	1.000	1.000	0.999	0.999	0.998	0.996	0.994	0.992	0.990	0.987
10	0.984	0.981	0.978	0.974	0.969	0.965	0.960	0.955	0.949	0.944
20	0.937	0.927	0.918	0.909	0.900	0.891	0.883	0.874	0.865	0.857

续上表

$\lambda\sqrt{\frac{f_y}{235}}$	0	1	2	3	4	5	6	7	8	9
30	0.848	0.840	0.831	0.823	0.815	0.807	0.799	0.790	0.782	0.774
40	0.766	0.759	0.751	0.743	0.735	0.728	0.720	0.712	0.705	0.697
50	0.690	0.683	0.675	0.668	0.661	0.654	0.646	0.639	0.632	0.625
60	0.618	0.612	0.605	0.598	0.591	0.585	0.578	0.572	0.565	0.559
70	0.552	0.546	0.540	0.534	0.528	0.522	0.516	0.510	0.504	0.498
80	0.493	0.487	0.481	0.476	0.470	0.465	0.460	0.454	0.449	0.444
90	0.439	0.434	0.429	0.424	0.419	0.414	0.410	0.405	0.401	0.397
100	0.394	0.390	0.387	0.383	0.380	0.376	0.373	0.370	0.366	0.363
110	0.359	0.356	0.353	0.350	0.346	0.343	0.340	0.337	0.334	0.331
120	0.328	0.325	0.322	0.319	0.316	0.313	0.310	0.307	0.304	0.301
130	0.299	0.296	0.293	0.290	0.288	0.285	0.282	0.280	0.277	0.275
140	0.272	0.270	0.267	0.265	0.262	0.260	0.258	0.255	0.253	0.251
150	0.248	0.246	0.244	0.242	0.240	0.237	0.235	0.233	0.231	0.229

附表 2.8 轧制普通工字钢简支梁的整体稳定系数 φ_b

项次	荷载情况			工字钢型号	自由长度 l_1(m)								
					2	3	4	5	6	7	8	9	10
1	跨中无侧向支承点的梁	集中荷载作用于	上翼缘	10～20 22～32 36～63	2.00 2.40 2.80	1.30 1.48 1.60	0.99 1.09 1.07	0.80 0.86 0.83	0.68 0.72 0.68	0.58 0.62 0.56	0.53 0.54 0.50	0.48 0.49 0.45	0.43 0.45 0.40
2			下翼缘	10～20 22～40 45～63	3.10 5.50 7.30	1.95 2.80 3.60	1.34 1.84 2.30	1.01 1.37 1.62	0.82 1.07 1.20	0.69 0.86 0.96	0.63 0.73 0.80	0.57 0.64 0.69	0.52 0.56 0.60
3		均布荷载作用于	上翼缘	10～20 22～40 45～63	1.70 2.10 2.60	1.12 1.30 1.45	0.84 0.93 0.97	0.68 0.73 0.73	0.57 0.60 0.59	0.50 0.51 0.50	0.45 0.45 0.44	0.41 0.40 0.38	0.37 0.36 0.35
4			下翼缘	10～20 22～40 45～63	2.50 4.00 5.60	1.55 2.20 2.80	1.08 1.45 1.80	0.83 1.10 1.25	0.68 0.85 0.95	0.56 0.70 0.78	0.52 0.60 0.65	0.47 0.52 0.55	0.42 0.46 0.49
5	跨中有侧向支承点的梁(荷载作用在截面高度位置)			10～20 22～40 45～63	2.20 3.00 4.00	1.39 1.80 2.20	1.01 1.24 1.38	0.79 0.96 1.01	0.66 0.76 0.80	0.57 0.65 0.66	0.52 0.56 0.56	0.47 0.49 0.49	0.42 0.43 0.43

注:表中的 φ 适用于 Q235 钢。对其他钢号,表中数值应乘以 $235/f_y$。

附表 2.9　常见截面回转半径的近似值

截面	回转半径	截面	回转半径	截面	回转半径
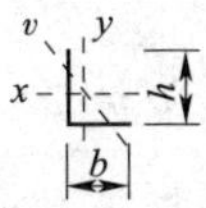	$i_x=0.30h$ $i_y=0.30b$ $i_v=0.195h$	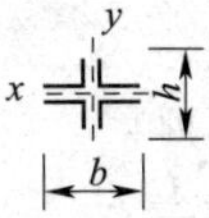	$i_x=0.21h$ $i_y=0.21b$	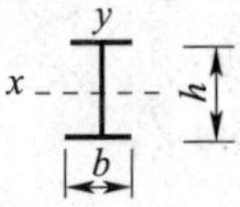	$i_x=0.43h$ $i_y=0.24b$
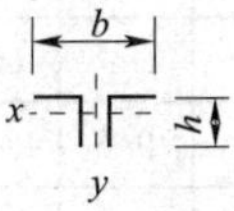	等边 $i_x=0.30h$ $i_y=0.215b$	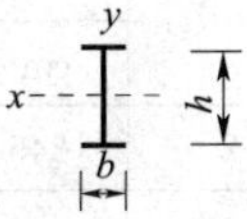	$i_x=0.39h$ $i_y=0.20b$	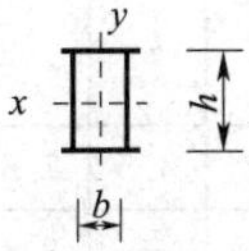	$i_x=0.39h$ $i_y=0.39b$
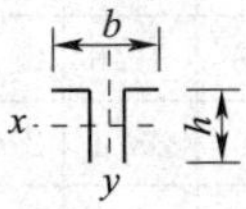	长边相连 $i_x=0.32h$ $i_y=0.20b$	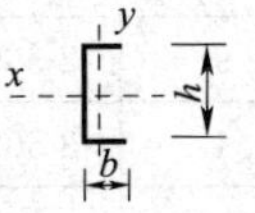	$i_x=0.38h$ $i_y=0.29b$	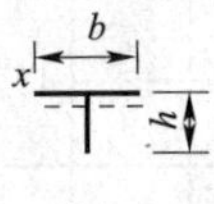	$i_x=0.26h$ $i_y=0.24b$
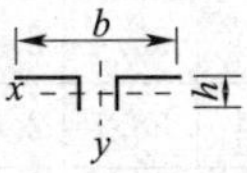	短边相连 $i_x=0.28h$ $i_y=0.24b$	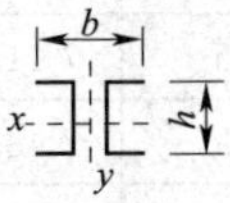	$i_x=0.38h$ $i_y=0.20b$	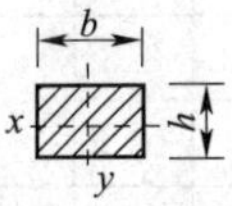	$i_x=0.29h$ $i_y=0.29b$
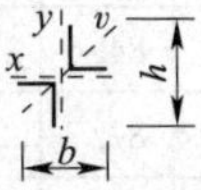	$i_x=0.21h$ $i_y=0.21b$ $i_v=0.185h$	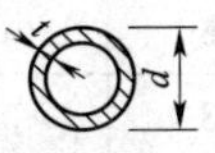	$i=0.35(d-t)$ $i=0.32d,\frac{d}{t}=10$ $i=0.34d,\frac{d}{t}=30\sim40$	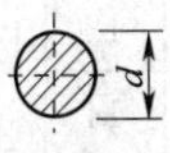	$i=0.25d$
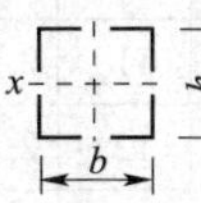	$i_x=0.43b$ $i_y=0.43h$	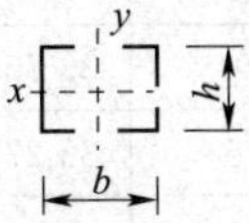	$i_x=0.44b$ $i_y=0.38h$	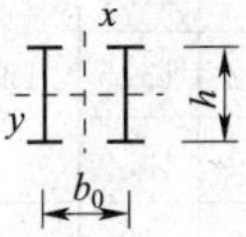	$i_x=0.50b_0$ $i_y=0.39h$

注：$i_x=\alpha_1 h, i_y=\alpha_2 b, i_v=\alpha_3 h$。

附表 2.10 热轧普通工字钢的规格及截面特性

符号：h—高度；
b—宽度；
t_w—腹板厚度；
t—翼缘平均厚度；
I—惯性矩；
W—截面模量。

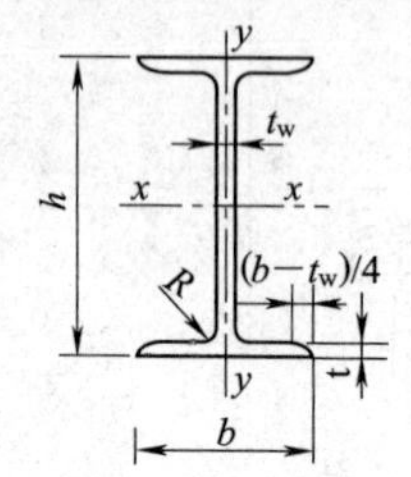

i—回转半径；
S—半截面的面积矩。
长度：
型号 10～18，长 5～19 m；
型号 20～63，长 6～19 m。

规格		尺寸(mm)					截面面积 (cm²)	理论重量 (kg/m)	x-x 轴				y-y 轴		
		h	b	t_w	t	R			I_x	W_x	i_x	I_x/S_x	I_y	W_y	i_y
									cm⁴	cm³	cm	cm	cm⁴	cm³	cm
10		100	68	4.5	7.6	6.5	14.3	11.2	245	49	4.14	8.69	33	9.6	1.51
12.6		126	74	5	8.4	7	18.1	14.2	488	77	5.19	11	47	12.7	1.61
14		140	80	5.5	9.1	7.5	21.5	16.9	712	102	5.75	12.2	64	16.1	1.73
16		160	88	6	9.9	8	26.1	20.5	1 127	141	6.57	13.9	93	21.1	1.89
18		180	94	6.5	10.7	8.5	30.7	24.1	1 699	185	7.37	15.4	123	26.2	2.00
20	a	200	100	7	11.4	9	35.5	27.9	2 369	237	8.16	17.4	158	31.6	2.11
	b		102	9			39.5	31.1	2 502	250	7.95	17.1	169	33.1	2.07
22	a	220	110	7.5	12.3	9.5	42.1	33	3 406	310	8.99	19.2	226	41.1	2.32
	b		112	9.5			46.5	36.5	3 583	326	8.78	18.9	240	42.9	2.27
25	a	250	116	8	13	10	48.5	38.1	5 017	401	10.2	21.7	280	48.4	2.4
	b		118	10			53.5	42	5 278	422	9.93	21.4	297	50.4	2.36
28	a	280	122	8.5	13.7	10.5	55.4	43.5	7 115	508	11.3	24.3	344	56.4	2.49
	b		124	10.5			61	47.9	7 481	534	11.1	24	364	58.7	2.44
32	a	320	130	9.5	15	11.5	67.1	52.7	11 080	692	12.8	27.7	459	70.6	2.62
	b		132	11.5			73.5	57.7	11 626	727	12.6	27.3	484	73.3	2.57
	c		134	13.5			79.9	62.7	12 173	761	12.3	26.9	510	76.1	2.53
36	a	360	136	10	15.8	12	76.4	60	15 796	878	14.4	31	555	81.6	2.69
	b		138	12			83.6	65.6	16 574	921	14.1	30.6	584	84.6	2.64
	c		140	14			90.8	71.3	17 351	964	13.8	30.2	614	87.7	2.6
40	a	400	142	10.5	16.5	12.5	86.1	67.6	21 714	1 086	15.9	34.4	660	92.9	2.77
	b		144	12.5			94.1	73.8	22 781	1 139	15.6	33.9	693	96.2	2.71
	c		146	14.5			102	80.1	23 847	1 192	15.3	33.5	727	99.7	2.67
45	a	450	150	11.5	18	13.5	102	80.4	32 241	1433	17.7	38.5	855	114	2.89
	b		152	13.5			111	87.4	33 759	1 500	17.4	38.1	895	118	2.84
	c		154	15.5			120	94.5	35 278	1 568	17.1	37.6	938	122	2.79
50	a	500	158	12	20	14	119	93.6	46 472	1 859	19.7	42.9	1 122	142	3.07
	b		160	14			129	101	48 556	1 942	19.4	42.3	1 171	146	3.01
	c		162	16			139	109	50 639	2 026	19.1	41.9	1 224	151	2.96

附表 2.11　热轧普通槽钢的规格及截面特性

符号：

I—惯性矩；

W—截面模量；

S—半截面的面积矩；

i—回转半径。

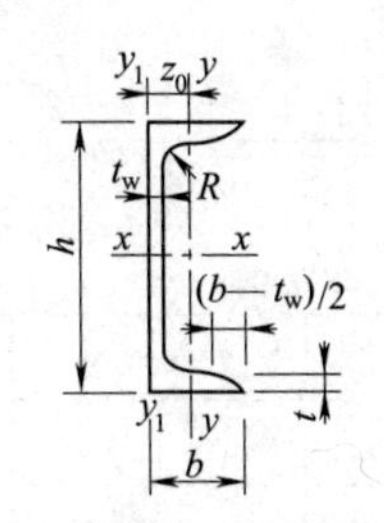

长度：

型号 5～8，长 5～12 m；

型号 10～18，长 5～19 m；

型号 20～20，长 6～19 m。

规格		尺寸(mm)					截面面积	理论重量	x-x 轴			y-y 轴			y_1-y_1 轴	z_0
		h	b	t_w	t	R	(cm²)	(kg/m)	I_x	W_x	i_x	I_y	W_y	x_y	I_{y1}	
									cm⁴	cm³	cm	cm⁴	cm³	cm	cm⁴	cm
5		50	37	4.5	7	7	6.92	5.44	26	10.4	1.94	8.3	3.5	1.1	20.9	1.35
6.3		63	40	4.8	7.5	7.5	8.45	6.63	51	16.3	2.46	11.9	4.6	1.19	28.3	1.39
8		80	43	5	8	8	10.24	8.04	101	25.3	3.14	16.6	5.8	1.27	37.4	1.42
10		100	48	5.3	8.5	8.5	12.74	10	198	39.7	3.94	25.6	7.8	1.42	54.9	1.52
12.6		126	53	5.5	9	9	15.69	12.31	389	61.7	4.98	38	10.3	1.56	77.8	1.59
14	a	140	58	6	9.5	9.5	18.51	14.53	564	80.5	5.52	53.2	13.0	1.7	107.2	1.71
	b		60	8	9.5	9.5	21.31	16.73	609	87.1	5.35	61.2	14.1	1.69	120.6	1.67
16	a	160	63	6.5	10	10	21.95	17.23	866	108.3	6.28	73.4	16.3	1.83	144.1	1.79
	b		65	8.5	10	10	25.15	19.75	935	116.8	6.1	83.4	17.6	1.82	160.8	1.75
18	a	180	68	7	10.5	10.5	25.69	20.17	1 273	141.4	7.04	98.6	20.0	1.96	189.7	1.88
	b		70	9	10.5	10.5	29.29	22.99	1 370	152.2	6.84	111	21.5	1.95	210.1	1.84
20	a	200	73	7	11	11	28.83	22.63	1 780	178	7.86	128	24.2	2.11	244.0	2.01
	b		75	9	11	11	32.83	25.77	1 914	191.4	7.64	143.6	25.9	2.09	268.4	1.95
22	a	220	77	7	11.5	11.5	31.84	24.99	2 394	217.6	8.67	157.8	28.2	2.23	298.2	2.10
	b		79	9	11.5	11.5	36.24	28.45	2 571	233.8	8.42	176.5	30.1	2.21	326.3	2.03
25	a	250	78	7	12	12	34.91	27.4	3 359	268.7	9.81	175.9	30.7	2.24	324.8	2.07
	b		80	9	12	12	39.91	31.33	3 619	289.6	9.52	196.4	32.7	2.22	355.1	1.99
	c		82	11	12	12	44.91	35.25	3 880	310.4	9.3	215.9	34.6	2.19	388.6	1.96
28	a	280	82	7.5	12.5	12.5	40.02	31.42	4 753	339.5	10.9	217.9	35.7	2.33	393.3	2.09
	b		84	9.5	12.5	12.5	45.62	35.81	5 118	365.6	10.59	241.5	37.9	2.3	428.5	2.02
	c		86	11.5	12.5	12.5	51.22	40.21	5 484	391.7	10.35	264.1	40	2.27	467.3	1.99
32	a	320	88	8	14	14	48.5	38.07	7 511	469.4	12.44	304.7	46.4	2.51	547.5	2.24
	b		90	10	14	14	54.9	43.1	8 057	503.5	12.11	335.6	49.1	2.47	592.9	2.16
	c		92	12	14	14	61.3	48.12	8 603	537.7	11.85	365	51.6	2.44	642.7	2.13
36	a	360	96	9	16	16	60.89	47.8	11 874	659.7	13.96	455	63.6	2.73	818.5	2.44
	b		98	11	16	16	68.09	53.45	12 652	702.9	13.63	496.7	66.9	2.70	880.5	2.37
	c		100	13	16	16	75.29	59.1	13 429	746.1	13.36	536.6	70	2.67	948	2.34

附表 2.12 热轧等边角钢的规格及截面特性

规格		单角钢										双角钢		
		圆角	重心矩	截面积	质量	惯性矩	截面模量		回转半径			i_y 当 a 为下列数值		
		R	z_0	A		I_x	$W_{x\max}$	$W_{x\min}$	i_x	i_{x0}	i_{y0}	6 mm	8 mm	10 mm
		mm		cm^2	kg/m	cm^4	cm^3		cm			cm		
L 40×	3	5	10.9	2.36	1.85	3.59	3.28	1.23	1.23	1.55	0.79	1.86	1.94	2.01
	4		11.3	3.09	2.42	4.60	4.05	1.60	1.22	1.54	0.79	1.88	1.96	2.04
	5		11.7	3.79	2.98	5.53	4.72	1.96	1.21	1.52	0.78	1.90	1.98	2.06
L 45×	3	5	12.2	2.66	2.09	5.17	4.25	1.58	1.39	1.76	0.90	2.06	2.14	2.21
	4		12.6	3.49	2.74	6.65	5.29	2.05	1.38	1.74	0.89	2.08	2.16	2.24
	5		13	4.29	3.37	8.04	6.20	2.51	1.37	1.72	0.88	2.10	2.18	2.26
	6		13.3	5.08	3.99	9.33	6.99	2.95	1.36	1.71	0.88	2.12	2.2	2.28
L 50×	3	5.5	13.4	2.97	2.33	7.18	5.36	1.96	1.55	1.96	1.00	2.26	2.33	2.41
	4		13.8	3.90	3.06	9.26	6.70	2.56	1.54	1.94	0.99	2.28	2.36	2.43
	5		14.2	4.80	3.77	11.21	7.90	3.13	1.53	1.92	0.98	2.30	2.38	2.45
	6		14.6	5.69	4.46	13.05	8.95	3.68	1.51	1.91	0.98	2.32	2.4	2.48
L 56×	3	6	14.8	3.34	2.62	10.19	6.86	2.48	1.75	2.2	1.13	2.50	2.57	2.64
	4		15.3	4.39	3.45	13.18	8.63	3.24	1.73	2.18	1.11	2.52	2.59	2.67
	5		15.7	5.42	4.25	16.02	10.22	3.97	1.72	2.17	1.10	2.54	2.61	2.69
	8		16.8	8.37	6.57	23.63	14.06	6.03	1.68	2.11	1.09	2.60	2.67	2.75
L 63×	4	7	17	4.98	3.91	19.03	11.22	4.13	1.96	2.46	1.26	2.79	2.87	2.94
	5		17.4	6.14	4.82	23.17	13.33	5.08	1.94	2.45	1.25	2.82	2.89	2.96
	6		17.8	7.29	5.72	27.12	15.26	6.00	1.93	2.43	1.24	2.83	2.91	2.98
	8		18.5	9.51	7.47	34.45	18.59	7.75	1.90	2.39	1.23	2.87	2.95	3.03
	10		19.3	11.66	9.15	41.09	21.34	9.39	1.88	2.36	1.22	2.91	2.99	3.07
L 70×	4	8	18.6	5.57	4.37	26.39	14.16	5.14	2.18	2.74	1.4	3.07	3.14	3.21
	5		19.1	6.88	5.40	32.21	16.89	6.32	2.16	2.73	1.39	3.09	3.16	3.24
	6		19.5	8.16	6.41	37.77	19.39	7.48	2.15	2.71	1.38	3.11	3.18	3.26
	7		19.9	9.42	7.40	43.09	21.68	8.59	2.14	2.69	1.38	3.13	3.2	3.28
	8		20.3	10.67	8.37	48.17	23.79	9.68	2.13	2.68	1.37	3.15	3.22	3.30
L 75×	5	9	20.3	7.41	5.82	39.96	19.73	7.30	2.32	2.92	1.5	3.29	3.36	3.43
	6		20.7	8.80	6.91	46.91	22.69	8.63	2.31	2.91	1.49	3.31	3.38	3.45
	7		21.1	10.16	7.98	53.57	25.42	9.93	2.30	2.89	1.48	3.33	3.4	3.47
	8		21.5	11.50	9.03	59.96	27.93	11.2	2.28	2.87	1.47	3.35	3.42	3.50
	10		22.2	14.13	11.09	71.98	32.40	13.64	2.26	2.84	1.46	3.38	3.46	3.54

续上表

规格		单角钢										双角钢		
		圆角	重心矩	截面积	质量	惯性矩	截面模量		回转半径			i_y 当 a 为下列数值		
		R	z_0	A		I_x	$W_{x\max}$	$W_{x\min}$	i_x	i_{x0}	i_{y0}	6 mm	8 mm	10 mm
		mm		cm^2	kg/m	cm^4	cm^3		cm			cm		
L 80×	5	9	21.5	7.91	6.21	48.79	22.70	8.34	2.48	3.13	1.6	3.49	3.56	3.63
	6		21.9	9.40	7.38	57.35	26.16	9.87	2.47	3.11	1.59	3.51	3.58	3.65
	7		22.3	10.86	8.53	65.58	29.38	11.37	2.46	3.1	1.58	3.53	3.60	3.67
	8		22.7	12.30	9.66	73.50	32.36	12.83	2.44	3.08	1.57	3.55	3.62	3.70
	10		23.5	15.13	11.87	88.43	37.68	15.64	2.42	3.04	1.56	3.58	3.66	3.74

附表 2.13　热轧不等边角钢的规格及截面特性

角钢型号 $B\times b\times t$		单角钢								双角钢					
		圆角	重心矩		截面积	质量	回转半径			i_y，当 a 为下列数值			i_y 当 a 为下列数值		
		R	z_x	z_y	A		i_x	i_y	i_{y0}	8 mm	10 mm	12 mm	8 mm	10 mm	12 mm
		mm			cm^2	kg/m	cm			cm			cm		
L 25×16×	3	3.5	4.2	8.6	1.16	0.91	0.44	0.78	0.34	0.93	1.02	1.11	1.48	1.57	1.65
	4		4.6	9.0	1.50	1.18	0.43	0.77	0.34	0.96	1.05	1.14	1.51	1.6	1.68
L 32×20×	3	3.5	4.9	10.8	1.49	1.17	0.55	1.01	0.43	1.05	1.14	1.23	1.79	1.88	1.96
	4		5.3	11.2	1.94	1.52	0.54	1.00	0.43	1.08	1.16	1.25	1.82	1.90	1.99
L 40×25×	3	4	5.9	13.2	1.89	1.48	0.70	1.28	0.54	1.21	1.30	1.38	2.14	2.23	2.31
	4		6.3	13.7	2.47	1.94	0.69	1.26	0.54	1.24	1.32	1.41	2.17	2.25	2.34
L 45×28×	3	5	6.4	14.7	2.15	1.69	0.79	1.44	0.61	1.31	1.39	1.47	2.36	2.44	2.52
	4		6.8	15.1	2.81	2.2	0.78	1.43	0.60	1.33	1.41	1.50	2.39	2.47	2.55
L 50×32×	3	5.5	7.3	16	2.43	1.91	0.91	1.60	0.70	1.45	1.53	1.61	2.56	2.64	2.72
	4		7.7	16.5	3.18	2.49	0.90	1.59	0.69	1.47	1.55	1.64	2.59	2.67	2.75
L 56×36×	3	6	8.0	17.8	2.74	2.15	1.03	1.8	0.79	1.59	1.66	1.74	2.82	2.90	2.98
	4		8.5	18.2	3.59	2.82	1.02	1.79	0.78	1.61	1.69	1.77	2.85	2.93	3.01
	5		8.8	18.7	4.42	3.47	1.01	1.77	0.78	1.63	1.71	1.79	2.88	2.96	3.04

续上表

角钢型号 $B \times b \times t$		单角钢								双角钢					
		圆角	重心矩		截面积	质量	回转半径			i_y，当 a 为下列数值			i_y 当 a 为下列数值		
		R	z_x	z_y	A		i_x	i_y	i_{y0}	8 mm	10 mm	12 mm	8 mm	10 mm	12 mm
		mm			cm^2	kg/m	cm			cm			cm		
∟63×40×	4	7	9.2	20.4	4.06	3.19	1.14	2.02	0.88	1.74	1.81	1.89	3.16	3.24	3.32
	5		9.5	20.8	4.99	3.92	1.12	2.00	0.87	1.76	1.84	1.92	3.19	3.27	3.35
	6		9.9	21.2	5.91	4.64	1.11	1.99	0.86	1.78	1.86	1.94	3.21	3.29	3.37
	7		10.3	21.6	6.80	5.34	1.10	1.96	0.86	1.80	1.88	1.97	3.23	3.30	3.39
∟70×45×	4	7.5	10.2	22.3	4.55	3.57	1.29	2.25	0.99	1.91	1.99	2.07	3.46	3.54	3.62
	5		10.6	22.8	5.61	4.40	1.28	2.23	0.98	1.94	2.01	2.09	3.49	3.57	3.64
	6		11.0	23.2	6.64	5.22	1.26	2.22	0.97	1.96	2.04	2.11	3.51	3.59	3.67
	7		11.3	23.6	7.66	6.01	1.25	2.20	0.97	1.98	2.06	2.14	3.54	3.61	3.69
∟75×50×	5	8	11.7	24.0	6.13	4.81	1.43	2.39	1.09	2.13	2.20	2.28	3.68	3.76	3.83
	6		12.1	24.4	7.26	5.70	1.42	2.38	1.08	2.15	2.23	2.30	3.70	3.78	3.86
	8		12.9	25.2	9.47	7.43	1.40	2.35	1.07	2.19	2.27	2.35	3.75	3.83	3.91
	10		13.6	26.0	11.6	9.10	1.38	2.33	1.06	2.24	2.31	2.40	3.79	3.87	3.96
∟80×50×	5	8	11.4	26.0	6.38	5.00	1.42	2.57	1.10	2.09	2.17	2.24	3.95	4.03	4.10
	6		11.8	26.5	7.56	5.93	1.41	2.55	1.09	2.11	2.19	2.27	3.98	4.05	4.13
	7		12.1	26.9	8.72	6.85	1.39	2.54	1.08	2.13	2.21	2.29	4.00	4.08	4.16
	8		12.5	27.3	9.87	7.75	1.38	2.52	1.07	2.15	2.23	2.31	4.02	4.10	4.18
∟90× 56×	5	9	12.5	29.1	7.21	5.66	1.59	2.90	1.23	2.29	2.36	2.44	4.39	4.47	4.55
	6		12.9	29.5	8.56	6.72	1.58	2.88	1.22	2.31	2.39	2.46	4.42	4.50	4.57
	7		13.3	30.0	9.88	7.76	1.57	2.87	1.22	2.33	2.41	2.49	4.44	4.52	4.60
	8		13.6	30.4	11.2	8.78	1.56	2.85	1.21	2.35	2.43	2.51	4.47	4.54	4.62
∟100× 63×	6	10	14.3	32.4	9.62	7.55	1.79	3.21	1.38	2.56	2.63	2.71	4.85	4.92	5.00
	7		14.7	32.8	11.1	8.72	1.78	3.20	1.37	2.58	2.65	2.73	4.87	4.95	5.03
	8		15	33.2	12.6	9.88	1.77	3.18	1.37	2.6	2.67	2.75	4.90	4.97	5.05
	10		15.8	34	15.5	12.1	1.75	3.15	1.35	2.64	2.72	2.79	4.94	5.02	5.10
∟100× 80×	6	10	19.7	29.5	10.6	8.35	2.40	3.17	1.73	3.38	3.45	3.52	4.62	4.69	4.76
	7		20.1	30	12.3	9.66	2.39	3.16	1.71	3.39	3.47	3.54	4.64	4.71	4.79
	8		20.5	30.4	13.9	10.9	2.37	3.15	1.71	3.41	3.49	3.56	4.66	4.73	4.81
	10		21.3	31.2	17.2	13.5	2.35	3.12	1.69	3.45	3.53	3.60	4.70	4.78	4.85

续上表

角钢型号 $B\times b\times t$		单角钢								双角钢					
		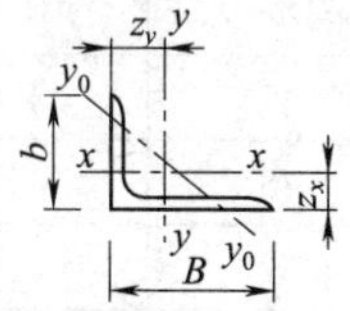 圆角	重心矩		截面积	质量	回转半径			 i_y，当 a 为下列数值			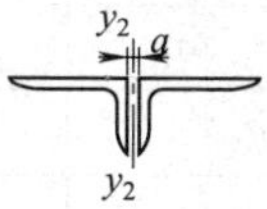 i_y 当 a 为下列数值		
		R	z_x	z_y	A		i_x	i_y	i_{y0}	8 mm	10 mm	12 mm	8 mm	10 mm	12 mm
		mm			cm²	kg/m	cm			cm			cm		
∟100×70×	6	10	15.7	35.3	10.6	8.35	2.01	3.54	1.54	2.81	2.88	2.96	5.29	5.36	5.44
	7		16.1	35.7	12.3	9.66	2.00	3.53	1.53	2.83	2.90	2.98	5.31	5.39	5.46
	8		16.5	36.2	13.9	10.9	1.98	3.51	1.53	2.85	2.92	3.00	5.34	5.41	5.49
	10		17.2	37.0	17.2	13.5	1.96	3.48	1.51	2.89	2.96	3.04	5.38	5.46	5.53
∟125×80×	7	11	18.0	40.1	14.1	11.1	2.30	4.02	1.76	3.18	3.25	3.33	5.97	6.04	6.12
	8		18.4	40.6	16.0	12.6	2.29	4.01	1.75	3.20	3.27	3.35	5.99	6.07	6.14
	10		19.2	41.4	19.7	15.5	2.26	3.98	1.74	3.24	3.31	3.39	6.04	6.11	6.19
	12		20.0	42.2	23.4	18.3	2.24	3.95	1.72	3.28	3.35	3.43	6.08	6.16	6.23
∟140×90×	8	12	20.4	45.0	18.0	14.2	2.59	4.50	1.98	3.56	3.63	3.70	6.65	6.73	6.80
	10		21.2	45.8	22.3	17.5	2.56	4.47	1.96	3.59	3.66	3.73	6.70	6.77	6.85
	12		21.9	46.6	26.4	20.7	2.54	4.44	1.95	3.63	3.70	3.77	6.74	6.81	6.89
	14		22.7	47.4	30.5	23.9	2.51	4.42	1.94	3.66	3.74	3.81	6.78	6.86	6.93
∟160×100×	10	13	22.8	52.4	25.3	19.9	2.85	5.14	2.19	3.91	3.98	4.05	7.63	7.70	7.78
	12		23.6	53.2	30.1	23.6	2.82	5.11	2.18	3.94	4.01	4.09	7.67	7.75	7.82
	14		24.3	54.0	34.7	27.2	2.8	5.08	2.16	3.98	4.05	4.12	7.71	7.79	7.86
	16		25.1	54.8	39.3	30.8	2.77	5.05	2.15	4.02	4.09	4.16	7.75	7.83	7.90
∟180×110×	10	14	24.4	58.9	28.4	22.3	3.13	8.56	5.78	4.16	4.23	4.30	8.49	8.72	8.71
	12		25.2	59.8	33.7	26.5	3.10	8.60	5.75	4.19	4.33	4.33	8.53	8.76	8.75
	14		25.9	60.6	39.0	30.6	3.08	8.64	5.72	4.23	4.26	4.37	8.57	8.63	8.79
	16		26.7	61.4	44.1	34.6	3.05	8.68	5.81	4.26	4.30	4.40	8.61	8.68	8.84
∟200×125×	12	14	28.3	65.4	37.9	29.8	3.57	6.44	2.75	4.82	4.88	4.95	9.47	9.54	9.62
	14		29.1	66.2	43.9	34.4	3.54	6.41	2.73	4.85	4.92	4.99	9.51	9.58	9.66
	16		29.9	67.8	49.7	39.0	3.52	6.38	2.71	4.88	4.95	5.02	9.55	9.62	9.70
	18		30.6	67.0	55.5	43.6	3.49	6.35	2.70	4.92	4.99	5.06	9.59	9.66	9.74

附表 2.14　螺栓螺纹处的有效截面面积

螺栓直径	螺纹间距	螺栓有效直径	螺栓有效面积	螺栓直径	螺纹间距	螺栓有效直径	螺栓有效面积
d(mm)	p(mm)	d_e(mm)	A_e(mm^2)	d(mm)	p(mm)	d_e(mm)	A_e(mm^2)
10	1.5	8.59	58	45	4.5	40.78	1 305
12	1.8	10.36	84	48	5.0	43.31	1 472
14	2.0	12.12	115	52	5.0	47.31	1 757
16	2.0	14.12	157	56	5.5	50.84	2 029
18	2.5	15.65	192	60	5.5	54.84	2 361
20	2.5	17.65	245	64	6.0	58.37	2 675
22	2.5	19.65	303	68	6.0	62.37	3 054
24	3.0	21.19	352	72	6.0	66.37	3 458
27	3.0	24.19	459	76	6.0	70.37	3 887
30	3.5	26.72	560	80	6.0	74.37	4 342
33	3.5	29.72	693	85	6.0	79.37	4 945
36	4.0	32.25	816	90	6.0	84.37	5 588
39	4.0	35.25	975	95	6.0	89.37	6 270
42	4.5	37.78	1 120	100	6.0	94.37	6 991